高等职业学校"十四五"规划土建类工学结合系列教材

工程测量

主　审　　胡瑛莉

主　编　　蒋中洲　赵静舒　陈　乘

副主编　　何晓凤　唐宇韬　黄　阳

　　　　　江　越　倪睿一

华中科技大学出版社

中国·武汉

内 容 简 介

本书根据高等职业教育教学及改革的实际需求,以生产实际工作岗位所需的基础知识和实践技能为基础,更新了教学内容,引入行业新装备、新技术、新规范及生产案例,适当扩展了知识面,侧重技能传授,弱化理论,强化实践内容。本书按模块化结构组织教学内容,注重分析和解决问题的方法与思路的引导,注重理论与实践的紧密结合。

全书共14个项目,分别是测量基础知识、水准测量、角度测量、小区域控制测量、测量误差的基本知识、GNSS测量技术、地形图测绘及应用、测设的基本工作、建筑施工测量、建筑物的变形观测和竣工总平面图的编绘、道路中线测量、道路纵横断面测量、无人机测绘技术、三维激光扫描技术等内容。书中内容能满足不同行业岗位需求,衔接职业技能等级考试和比赛相关内容。

本书既可作为高职高专院校建筑工程技术、工程监理、工程造价和建筑测绘等土建类专业的教材,也可作为相关工程技术人员的培训、自学参考用书。

图书在版编目(CIP)数据

工程测量 / 蒋中洲,赵静舒,陈乘主编. -- 武汉:华中科技大学出版社,2025.7. -- ISBN 978-7-5772 -1947-9

Ⅰ. TB22

中国国家版本馆 CIP 数据核字第 2025Y2T625 号

工程测量
Gongcheng Celiang

蒋中洲　赵静舒　陈　乘　主编

策划编辑:金　紫
责任编辑:王炳伦
封面设计:原色设计
责任校对:林宁婕
责任监印:朱　玢
出版发行:华中科技大学出版社(中国·武汉)　　电话:(027)81321913
　　　　　武汉市东湖新技术开发区华工科技园　　邮编:430223
录　　排:华中科技大学惠友文印中心
印　　刷:武汉科源印刷设计有限公司
开　　本:787mm×1092mm　1/16
印　　张:16.25
字　　数:416千字
版　　次:2025年7月第1版第1次印刷
定　　价:49.80元

前　言

本书是在新时代工程测量技术不断进步的大背景下编写的。为了更好地满足教学需要，适应测绘技术的发展，切合职业教育的培养目标，侧重技能传授，弱化理论，强化实践内容，编者广泛征求了一些企业和兄弟院校专家的意见，并结合测量规范、1＋X 职业技能等级证书标准，删减了一些在生产单位已经淘汰的测量技术方法，弱化了传统仪器的原理构造、操作方法和检验校正等内容，强化了现代测量工作中常用仪器（如电子水准仪、全站仪、RTK）的操作和技术内容。同时，立足新型测量技术技能人才培养需要，增加了无人机测绘技术、三维激光扫描技术等方面的内容，引入行业新装备、新技术、新规范及生产案例，基于作业流程组织教学内容，使教学与生产紧密结合。

本书由广西生态工程职业技术学院蒋中洲、广西安全工程职业技术学院赵静舒、柳州城市职业学院陈乘担任主编；广西工业职业技术学院胡瑛莉担任主审；广西生态工程职业技术学院何晓凤、广西安全工程职业技术学院唐宇韬、邵阳职业技术学院黄阳、广西生态工程职业技术学院江越、江西铜业建设监理咨询有限公司倪睿一担任副主编；广西安全工程职业技术学院韦伯茂、广西生态工程职业技术学院颜闽参编。全书共分 14 个项目，编写人员及分工如下：项目 1、2 由陈乘编写，项目 3 由韦伯茂编写，项目 4、7 由赵静舒编写，项目 5 由何晓凤编写，项目 6、10、14 由蒋中洲编写，项目 8 由唐宇韬编写，项目 9 由黄阳编写，项目 11 由江越编写，项目 12 由倪睿一编写，项目 13 由颜闽编写，全书由胡瑛莉负责内容的审定，最后由蒋中洲负责统稿。

本书以基本理论和基本技能及应用方法为主要内容，突出测量技术在实际工程中的应用，加强了实践环节的教学内容。在本书编写过程中，得到了许多单位和院校的大力支持，并参考了一些院校的同类教材，在此表示感谢！

由于编者水平有限，书中内容难免有不妥之处，敬请广大读者批评指正。

编　者

2025 年 4 月

目　　录

项目 1 测量基础知识

【学习目标】

1. 知识目标

(1)熟悉测量学的定义,了解工程测量的任务;

(2)熟悉水准面、大地水准面等概念;

(3)熟悉地理坐标和平面直角坐标的概念;

(4)熟悉测量工作的基本程序和原则。

2. 技能目标

熟悉高斯平面直角坐标系,熟悉投影带的划分及 3°带、6°带中央子午线经度的计算。

3. 思政目标

(1)培养严谨细致的工作态度,遵守法律法规和行业规范,遵守测量工作的程序和原则,确保测量数据的准确性和可靠性。

(2)提升责任意识,理解测量精度对工程质量的直接影响。

【项目导入】

通过本项目学习,了解测量学的定义和建筑工程测量的主要任务,了解地球的形状和大小,掌握确定地面点位的原理和方法;清楚地球曲率对测量工作的影响,并对测量工作的基本内容和基本原则有初步的认识,为以后的课程学习打下基础。

任务 1.1 测量学的研究内容及工程测量的作用

1.1.1 测量学的研究内容

测量学是研究地球形状、大小及确定地球表面空间点位,以及对空间点位信息进行采集、处理、储存、管理的学科。

1. 测量学分类

按照研究的范围、对象及技术手段不同,测量学有以下分支学科。

1)大地测量学

研究和确定地球形状、大小、重力场、整体与局部运动和地面点的几何位置以及它们的变化的理论和技术的学科。按照测量手段的不同,大地测量学又分为常规大地测量学、卫星大地测量学及物理大地测量学等。

2)摄影测量学

研究利用航空和航天对地面摄影或遥感,以获取地物和地貌的影像和光谱,并进行分析处理,从而绘制成地形图的基本理论和方法的学科。根据获得影像的方式及遥感距离的不同,摄影测量学又分为地面摄影测量学、航空摄影测量学和航天遥感测量学等。

3)地形测量学

研究将地球表面局部地区的自然地貌、人工建筑和行政权属界线等测绘成地形图、地籍图的基本理论和方法的学科。

4)地图制图学

研究和模拟数字地图的基础理论、设计、编绘、复制的技术、方法及应用的学科。它的基本任务是利用各种测量成果编制各类地图,其内容一般包括地图投影、地图编制、地图整饰和地图制印等。

5)海洋测绘学

以海洋和陆地水域为对象进行测量和海图编制的工作统称为海洋测绘。它既是测绘学科的一个重要分支,又是一门涉及许多相关学科的综合性学科,是陆地测绘方法在海洋的应用与发展。

6)工程测量学

研究在工程建设的设计、施工和管理各阶段进行测量工作的理论、方法和技术。

2. 测量的内容

1)测定

测定是指使用测量仪器和工具,通过测量和计算得到一系列测量数据,将地球表面的地物和地貌缩绘成地形图,供经济建设、国防建设、规划设计及科学研究使用。

2)测设

测设是指通过用一定的测量方法,按照要求的精度将设计图纸上规划设计好的建筑物、构筑物等的位置,在实地标定出来,作为施工的依据。

1.1.2 工程测量的任务

工程测量是测量学的组成部分,是研究工程建设在勘测设计、施工和运营管理阶段进行各种测量工作的理论、技术和方法的学科。它的主要任务如下。

1. 测绘大比例地形图

把将要进行工程建设的地区的各种地物(如房屋、道路、铁路、森林植被与河流等)和地貌(地面的高低起伏,如山头、盆地、丘陵与平原等)通过外业实际观测和内业数据计算整理,按一定的比例尺绘制成各种地形图、断面图,或用数字表示出来,为工程建设的各个阶段提供必要的图纸和数据资料。

2. 建筑和道路工程的施工放样

将图纸上设计好的建筑物、构筑物、道路桥梁等,按照设计和施工的具体要求在实地标定出来,作为施工的依据。另外,在设备的安装过程中,也要进行各种测量工作,以配合和指导施工,确保施工和安装的质量。

3. 绘制竣工总平面图

为了检查工程施工、定位质量等,在工程竣工后,必须对建(构)筑物、各种生产生活管道等设施,特别是对隐蔽工程的平面位置和高程位置进行竣工测量,绘制竣工总平面图,为建

（构）筑物交付使用前的验收，以及以后的改建、扩建和使用中的检修提供必要资料。

4.监测

在建筑物、构筑物、桥梁等的施工和使用阶段，为了监测其基础和结构的安全稳定状况，了解设计施工是否合理，必须定期对其位移、沉降、倾斜及摆动进行监测，为工程质量的鉴定、工程结构和地基基础的研究，以及建筑物、构筑物、桥梁等的安全保护提供资料。

测量工作贯穿工程建设的整个过程，测量工作的质量直接关系到工程建设的质量。所以，每一位从事工程建设的人员，都必须掌握必要的测量知识和技能。通过本课程的学习，学生能掌握测量基本理论和技术原理，熟练操作常规测量仪器，正确地应用工程测量基本理论和方法，并独立完成测量工作相关任务。

任务1.2 地面点位的确定

1.2.1 地球的形状和大小

测量工作是在地球的自然表面进行的，而地球自然表面是不平坦和不规则的，有高达8848.86 m的珠穆朗玛峰，也有深至10923 m的马里亚纳海沟，虽然它们高低起伏悬殊，但与地球的半径6371 km相比较，还是微不足道的。另外，地球表面海洋面积约占71%，陆地面积仅占29%。欲确定地表上某点的位置，必须建立一个相应的基准面和基准线作为参考。

因此，人们设想以一个静止不动的海水面延伸穿越陆地，形成一个闭合的曲面包围整个地球，这个闭合曲面称为水准面。水准面的特点是水准面上任意一点的铅垂线都垂直于该点的曲面。水准面有无数个，其中与平均海水面相吻合的水准面称为大地水准面，它是测量工作的基准面。由于地球的自转，地球上任一点都同时受到离心力和地球引力的作用，这两个力的合力称为重力，重力的方向线称为铅垂线，它是测量工作的基准线。水准面的特性是其处处与铅垂线垂直。与水准面相切的平面，称为水平面。如图1-1所示，由大地水准面所包围的形体称为大地体，通常用大地体来代表地球的真实形状和大小。研究地球形状和大小，就是研究大地水准面的形状和大地体的大小。

由于地球内部质量分布不均匀，引起铅垂线的方向产生不规则的变化，大地水准面成为一个有微小起伏的复杂曲面，人们无法在这样的曲面上直接进行测量数据的处理。为了解决这个问题，人们选用了一个既非常接近大地水准面，又能用数学式表示的几何形体来代替地球的形状。这个几何形体是由椭圆绕其短轴旋转而成的旋转椭球体，称为地球椭球体，如图1-2所示。

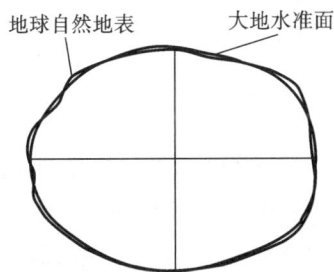

图1-1 地球自然表面　　　　　图1-2 地球椭球体

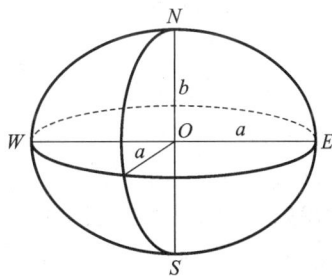

决定地球椭球体形状和大小的参数:椭圆的长半径 a、短半径 b 及扁率 α,其关系见式 (1-1)。

$$\alpha = \frac{a-b}{a} \tag{1-1}$$

我国目前采用的地球椭球体的参数值为:$a = 6378136$ m,$b = 6356752$ m,$\alpha = 1/298.257$。

由于地球椭球体的扁率 α 很小,当测区面积不大时,可将地球当作半径为 6371 km 的圆球体。在小范围内进行测量工作时,可以用水平面代替大地水准面。

1.2.2 地面点位的确定方法

测量工作的实质是确定地面点的空间位置,而地面点的空间位置须由三个参数来确定,即该点在大地水准面上的投影位置(x 坐标和 y 坐标)和该点的高程。地面点在大地水准面上的投影位置,可用地理坐标和平面直角坐标表示。

1. 地面点的坐标

1)大地坐标

大地坐标是以参考椭球面为基准面的坐标,又称地理坐标。地面点 P 的位置用大地经度 λ、大地纬度 φ 和大地高 H 表示。它适用于在地球椭球面上确定点位。

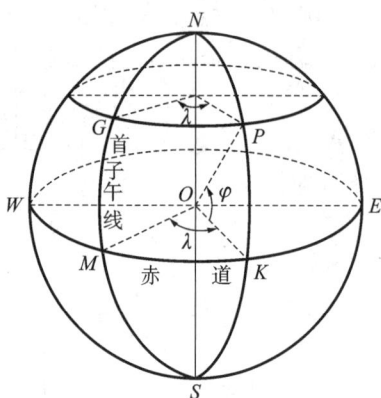

图 1-3 大地坐标

如图 1-3 所示,以 O 为中心的地球椭球体,地球北极 N 与南极 S 的连线称为地轴 NS。地理坐标系以地轴为极轴,所有通过地球南北极的平面均称为子午面。例如,过地面点 P 和地轴 NS 组成的平面即称为子午面,子午面与地球表面的交线称为子午线。其中,经过英国伦敦格林尼治天文台的子午面称为首子午面,相应的子午线称为首子午线,其经度为 0°。地面上任意一点 P 的子午面与首子午面间的夹角 λ 称为 P 点的经度。

规定以首子午面起算,向东 0°~180° 称为东经;向西 0°~180° 称为西经。通过地心且垂直于地轴的平面称为赤道面,赤道面与地球表面的交线称为赤道;地面点 P 的铅垂线与赤道面所形成的夹角 φ 称为 P 点的纬度。由赤道面向北 0°~90° 称为北纬;向南 0°~90° 称为南纬。如北京某点的大地坐标为东经 116°28′,北纬 39°54′。大地高是地面点沿法线到参考椭球面的距离。地面点的大地经度和大地纬度可以通过大地测量的方法确定。

2)高斯平面直角坐标

地球椭球面是一个不可展的曲面,大地坐标建立在球面基础上,不能直接用于地形图测绘、工程建设规划、设计、施工。必须通过投影的方法将地球椭球面的点位换算到平面上。地图投影方法有多种,我国采用的是高斯投影法。利用高斯投影法建立的平面直角坐标系,称为高斯平面直角坐标系。在广大区域内确定点的平面位置,一般采用高斯平面直角坐标系。

高斯投影法是将地球划分成若干带,如图 1-4 所示,然后将每带投影到平面上。投影带一般分为 6°带和 3°带两种,如图 1-5 所示。

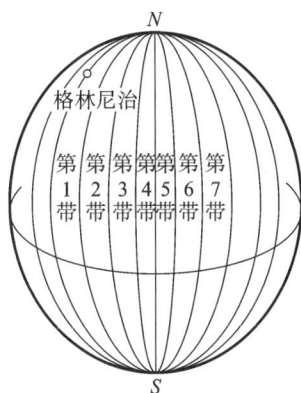

图 1-4　投影分带

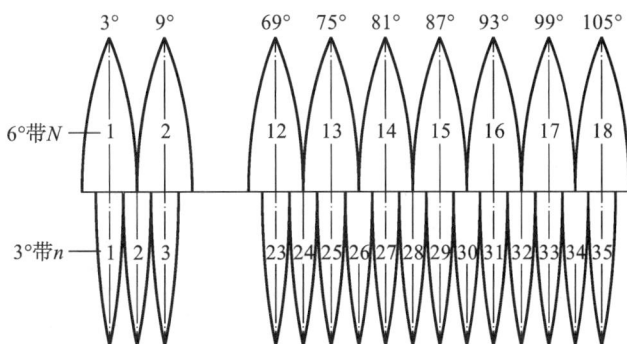

图 1-5　6°带和 3°带投影带

6°带投影带是从首子午线起,自西向东,每隔经度 6°划分一带,将整个地球划分成 60带。带号从首子午线起自西向东编,0°～6°为第 1 带,6°～12°为第 2 带,其余依此类推。位于各带中央的子午线,称为中央子午线。高斯投影没有角度变形,但有长度变形和面积变形,离中央子午线越远,变形就越大。为了对变形加以控制,将投影区域限制在中央子午线两侧一定的范围,所以采用分带投影。第 1 带中央子午线的经度为 3°,任意号带中央子午线的经度 L_0,可按式(1-2)计算。

$$L_0 = 6N - 3 \tag{1-2}$$

式中,N 为 6°带的带号。

在投影精度要求较高时,可以采用 3°带。3°带投影带是在 6°带投影带的基础上划分的。每 3°为一带,共 120 带,其中央子午线在奇数带时与 6°带投影中央子午线重合,每带的中央子午线经度 L_0' 可用下式计算:

$$L_0' = 3n \tag{1-3}$$

式中,n 为 3°带的带号。

我国领土位于东经 72°～136°之间,共包括了 11 个 6°带投影带,即 13～23 带;22 个 3°带投影带,即 24～45 带。

从几何意义上看,高斯投影法就是假设一个椭圆柱横套在地球椭球体外,使圆柱的轴心通过圆球的中心,并与椭球面上某一投影带的中央子午线相切。在图形保持等角的条件下,将该投影带上的图形投影到圆柱面上。然后,将圆柱面沿过南、北极的母线剪开,并展开成平面,这个平面称为高斯投影平面,如图 1-6 所示。

规定中央子午线的投影为高斯平面直角坐标系的纵轴,用 x 表示。赤道的投影为高斯平面直角坐标系的横轴,用 y 表示。两坐标轴的交点为坐标原点,用 O 表示。令 x 轴向北为正,y 轴向东为正,由此构成的平面直角坐标系称为高斯平面直角坐标系,如图 1-7 所示。对应于每一个投影带,就有一个独立的高斯平面直角坐标系,用相应投影带的带号进行区分。

由于我国位于北半球,x 坐标均为正值,但在每一投影带内,y 坐标则有正有负。这会对计算和使用造成不便,为了避免 y 坐标出现负值,故将纵坐标轴向西平移 500 km,并在 y 坐标前加上投影带的带号。如图 1-7 中的 A 点位于第 18 带,其自然坐标为 $x = 3482692$ m,

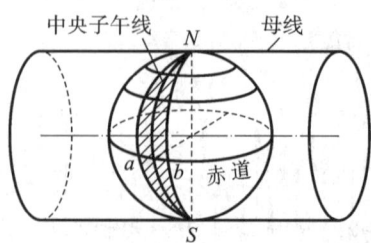

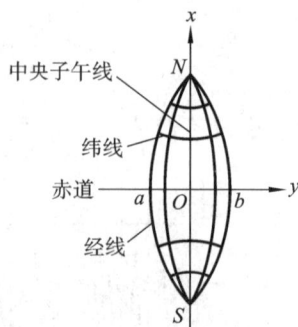

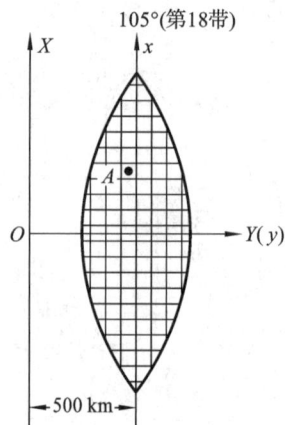

图 1-6 高斯投影原理 图 1-7 高斯平面直角坐标系

$y = -71253$ m,它在第 18 带中的高斯通用坐标则为 $X = 3482692$ m,$Y = 428747$ m。

在高斯投影中,投影后的中央子午线为直线,无长度变化。除中央子午线外,球面上其余的曲线投影后都会产生变形。离中央子午线近的部分变形小,离中央子午线越远则变形越大。

3)独立平面直角坐标

当测区范围较小(半径不大于 10 km)时,可将地球表面视作平面,可以用与测区中心点相切的水平面来代替大地水准面,直接将地面点沿铅垂线方向投影到水平面上,用平面直角坐标表示该点的投影位置。如图 1-8 所示,这个在平面上建立的测区平面直角坐标系,称为独立平面直角坐标系。在局部区域内确定点的平面位置,可以采用独立平面直角坐标系。

如图 1-9 所示,在独立平面直角坐标系中,规定南北方向为纵坐标轴,记作 x 轴,x 轴向北为正,向南为负;以东西方向为横坐标轴,记作 y 轴,y 轴向东为正,向西为负;坐标原点 O 一般选在测区的西南方向,如此测区内各点的 x、y 坐标均为正值;坐标象限按顺时针方向编号,其目的是便于将数学中的公式直接应用到测量计算中,而不需要进行任何变更。

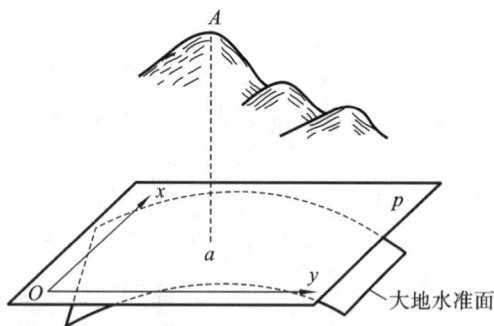

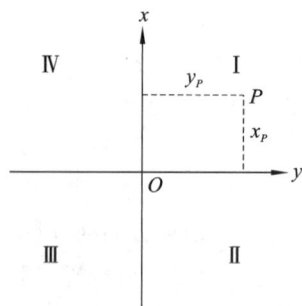

图 1-8 地面点位的确定 图 1-9 独立平面直角坐标系

2.地面点的高程

1)绝对高程

在一般的测量工作中,大地水准面为高程起算的基准面。因此,地面任意一点到大地水准面的铅垂距离,称为该点的绝对高程,又称海拔,简称高程,用 H 表示。如图 1-10 所示,图中的 A、B 两点的高程分别用 H_A、H_B 来表示。

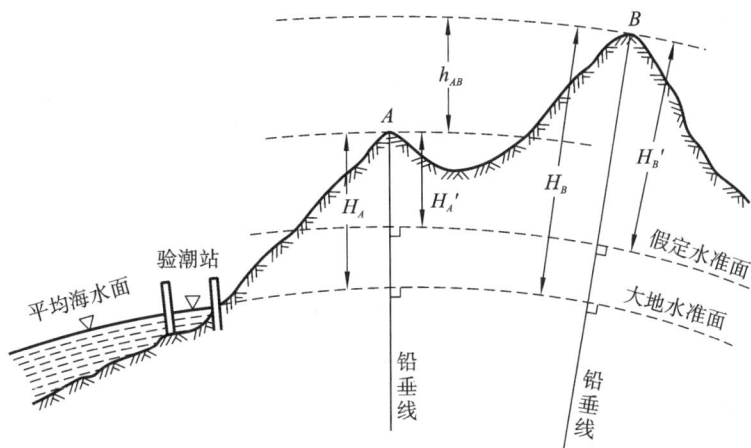

图 1-10 高程和高差

我国在青岛设立验潮站,长期观测和记录黄海海水面的高低变化,取其平均值作为绝对高程的基准面。在 1950—1956 年建立的高程系统称为"1956 年黄海高程系",其高程值为72.289 m。目前,我国采用的"1985 国家高程基准",是以 1952—1979 年青岛验潮站观测资料确定的黄海平均海水面,作为绝对高程基准面,并在青岛建立了国家水准原点,其高程为72.260 m。

2)相对高程

当测区附近受条件限制没有国家高程点可联测时,也可临时假定一个水准面作为该测区的高程起算面。这个水准面称为假定水准面,地面点沿铅垂线至假定水准面的距离,称为该点的相对高程或假定高程。图 1-10 中地面上 A、B 两点的假定高程分别为 H_A'、H_B'。

3)高差

地面上两点之间的高程之差称为高差,用 h 表示。高差有方向和正负。A、B 两点的高差计算见式(1-4)。

$$h_{AB} = H_B - H_A \tag{1-4}$$

当 h_{AB} 为正时,B 点高于 A 点;当 h_{AB} 为负时,B 点低于 A 点。B、A 两点的高差计算见式(1-5)。

$$h_{BA} = H_A - H_B \tag{1-5}$$

A、B 两点的高差与 B、A 两点的高差,绝对值相等,符号相反,见式(1-6)。

$$h_{AB} = -h_{BA} \tag{1-6}$$

因此,我们只要知道地面点的三个参数 x、y、H,那么地面点的空间位置就可以确定了。

任务 1.3 地球曲率对测量工作的影响

由于测量工作的基准面是大地水准面,它是一个曲面,当测区范围较小时,可以把水准面看作水平面。这样可使测量的计算和绘图工作大为简化,但不可避免会产生误差。当测区范围较大时,就必须考虑地球曲率的影响。那么多大范围内才能允许用水平面代替水准面呢?对距离、角度和高程有什么影响呢?

1.3.1 对距离的影响

如图 1-11 所示,地面上 A、B 两点在大地水准面上的投影点分别是 a、b,用过 a 点的水平面代替大地水准面,则 B 点在水平面上的投影为 b'。

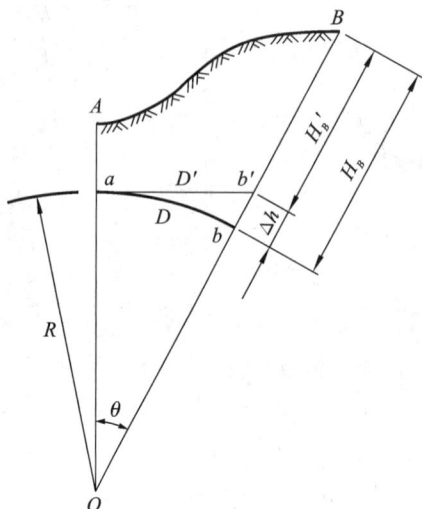

图 1-11 用水平面代替水准面对距离和高程的影响

设 ab 的弧长为 D,ab' 的长度为 D',球面半径为 R,D 所对圆心角为 θ,则以水平长度 D' 代替弧长 D 所产生的误差 ΔD 为:

$$\Delta D = D' - D = R\tan\theta - R\theta = R(\tan\theta - \theta) \tag{1-7}$$

将 $\tan\theta$ 用级数展开,并取级数前两项,得:

$$\Delta D = R\left(\theta + \frac{1}{3}\theta^3 - \theta\right) = \frac{1}{3}R\theta^3 \tag{1-8}$$

因为 $\theta = \dfrac{D}{R}$,故:

$$\Delta D = \frac{D^3}{3R^2} \tag{1-9}$$

$$\frac{\Delta D}{D} = \frac{D^2}{3R^2} \tag{1-10}$$

取地球半径 $R = 6371 \text{ km}$,将距离 D 取不同值代入式(1-10)中,则可求出距离误差 ΔD 和相对误差 $\Delta D/D$,如表 1-1 所示。

表 1-1 水平面代替水准面的距离误差和相对误差

距离 D/km	距离误差 ΔD/cm	相对误差 $\Delta D/D$
10	0.8	1∶1250000
25	12.8	1∶200000
50	102.6	1∶49000
100	821.2	1∶12000

由此可以得出结论:在距离为 10 km 的范围内进行距离测量时,可以用水平面代替水准

面,而不必考虑地球曲率对距离的影响。

1.3.2　对高程的影响

如图 1-11 所示,地面点 B 的绝对高程为 H_B,用水平面代替水准面后,B 点的高程为 H'_B,H_B 与 H'_B 的差值,即为水平面代替水准面产生的高程误差,用 Δh 表示,则:

$$\Delta h = H_B - H'_B = Ob' - Ob = R\sec\theta - R = R(\sec\theta - 1) \tag{1-11}$$

把 $\sec\theta$ 展开成级数,则 $\sec\theta = 1 + \dfrac{1}{2}\theta^2 + \dfrac{5}{24}\theta^4 + \cdots$,因为 θ 角度很小,因此可以只取级数前面两项代入式(1-11)中,又因 $\theta = \dfrac{D}{R}$,则可得到:

$$\Delta h = R\left(1 + \frac{1}{2}\theta^2 - 1\right) = \frac{1}{2}\theta^2 = \frac{D^2}{2R} \tag{1-12}$$

以不同的距离 D 值代入式(1-12),可求出相应的高程误差 Δh,如表 1-2 所示。

表 1-2　水平面代替水准面的高程误差

距离 D/km	0.1	0.2	0.3	0.4	0.5	1	2	5	10
Δh/mm	0.8	3	7	13	20	78	314	1962	7848

由此可以得出结论:用水平面代替水准面,对高程的影响是很大的,因此在进行高程测量时,即使距离很短,也应考虑地球曲率对高程的影响。

任务 1.4　测量工作概述

1.4.1　测量工作的基本内容

测量的主要工作是测定和测设。无论是测定还是测设,都必须要确定点的位置。因此,距离测量、角度测量、高差测量是测量工作的基本内容。测定是将实地上的地形碎部点测绘到图纸上,而测设则相反,是将图纸上设计的建筑物、构筑物等标定到实地上。

在测量工作中为了避免测量误差的积累,保证测区内所有地物和地貌的点位具有必要的精度,使所测绘的地形图的内容准确,或者使所测设的建筑物、构筑物的位置及尺寸关系正确,测量工作必须按照一定的程序和原则来进行。下面以地形图测绘为例介绍测量工作的基本程序和基本原则。

1.4.2　测量工作的基本程序

如图 1-12 所示,有一幢房屋,其平面位置由房屋轮廓线的一些折线所组成,如能确定 165～170 各点的平面位置,则这幢房屋的位置就确定了。图上还有一条道路,它的边线虽然很不规则,但弯曲部分可看成是由折线所组成,只要确定 23～34 各点的平面位置,这条道路的位置也就确定了。

为了避免测量工作中误差逐点传递积累,最后导致图形变形,达不到应有的精度,必须先在整个测区范围内选择若干具有控制意义的点(称为控制点),以较精确的方法测定其平面位置和高程(称为控制测量),然后以这些控制点为依据测绘周围局部地区的碎部点(称为

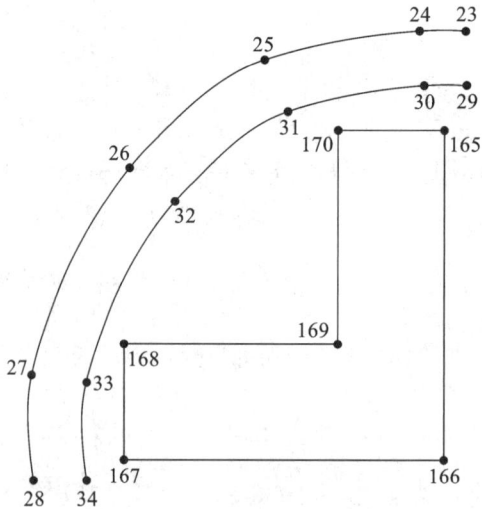

图 1-12 测量的基本要素

碎部测量)。当测区较大时,仅做一级控制不能满足测图要求,则可做多级控制。做多级控制时,上一级的精度应比下一级的精度高,由高级到低级分级布设。如此在测区内建立统一的坐标系统和高程系统,安排多个测量小组同时在各个局部区域进行碎部测量工作,按照这个程序测图,不但可以保证成果的精度,还可加快工作的进程。

因此测量工作必须按照一定的程序进行,上述测量工作的基本程序可以归纳为先控制后碎部、从整体到局部和由高级到低级。

1.4.3 测量工作的基本原则

测量成果的错误会影响成果质量,造成返工浪费,甚至会影响工程建设的质量与安全,造成难以挽回的损失。为了避免出错,保证测量成果准确无误,在测量工作过程中,必须边工作边检核,即在测量工作中,不管是外业观测、放样还是内业计算、绘图,必须遵循"前一步工作未做检核,不进行下一步工作"的原则。实践证明,做好检核工作,可以防止错漏发生,可大大减少测量成果出错的机会,保证测量成果的正确性,同时,由于每步都有检核,可以及早发现错误,减少返工重测的工作量,对提高测量工作的效率也很有意义。

【复习思考】

1.工程测量的任务是什么?

2.水平面、水准面、大地水准面有何差异?

3.何为绝对高程?何为相对高程?

4.用水平面代替水准面对距离和高程有什么影响?

5.测量工作的基本程序和原则是什么?

项目 2　水　准　测　量

【学习目标】

1. 知识目标

(1) 熟悉高程测量的方法和原理。

(2) 熟悉水准仪的基本构造,熟悉水准测量的方法。

(3) 熟悉水准仪的检验和校正方法。

(4) 了解水准测量的误差来源和注意事项。

2. 技能目标

(1) 熟悉水准路线的布设形式,能够熟练使用水准仪进行水准测量工作,并完成相关内业计算。

(2) 能够熟练对水准仪进行检验和校正。

(3) 能够在复杂地形条件下,选择合适方法完成水准测量工作。

3. 思政目标

(1) 培养严谨细致的工作态度,做到精益求精,确保水准测量数据的准确性和可靠性。

(2) 增强团队协作能力,培养团队意识,在水准测量过程中各队员之间能有效沟通。

(3) 树立安全意识,严格遵守国家法律法规,遵守测量仪器的操作规范和现场施工要求。

(4) 培养解决问题的能力,能够针对工程问题提出合理解决方案。

(5) 提升责任意识,理解测量精度对工程质量的直接影响,确保水准测量工作的规范性。

【项目导入】

测量地面点高程的工作称为高程测量。按使用的仪器和施测方法的不同,高程测量分为水准测量、三角高程测量和气压高程测量。水准测量是精确测定地面点高程的一种主要方法,具有操作简便、精度高的特点,在工程测量中被广泛采用。本项目介绍了水准测量的原理;DS$_3$型水准仪的组成和使用;水准误差的来源和调整。通过本项目学习,学生应了解水准测量的原理和水准仪的基本构造;自动安平水准仪和精密水准仪的特点;掌握 DS$_3$ 型水准仪的使用方法、水准测量的施测方法和内业计算;视差及消除视差的方法。

任务 2.1　水准测量的原理

水准测量是借助水准仪提供水平视线,利用竖立在地面点上的水准尺,通过用水准仪和水准尺相互配合测量地面两点间的高差,然后通过已知点的高程,求出未知点高程的一种测量方法。

如图 2-1 所示,设已知 A 点的高程为 H_A,欲测定 B 点的高程 H_B,则可在 A、B 两点上分别竖立有刻度的尺子(即水准尺),并在 A、B 两点之间安置一台能提供水平视线的仪器(即水准仪)。根据仪器提供的水平视线,在 A 点尺上读数,设 A 尺读数为 a;在 B 点尺上读数,设 B 尺读数为 b,则 A、B 两点间的高差为:

$$h_{AB} = a - b \tag{2-1}$$

则 B 点的高程为:

$$H_B = H_A + h_{AB} \tag{2-2}$$

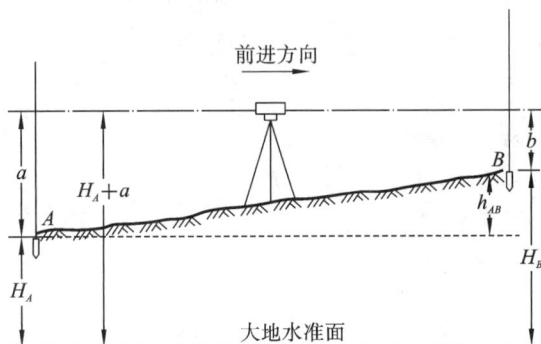

图 2-1　水准测量原理

如图 2-1 中的前进方向所示,由于测量是从已知点 A 向待定点 B 进行的,则称 A 点为后视点,A 点上尺子读数 a 为水准测量后视读数;B 点为前视点,B 点上尺子读数 b 为前视读数。A、B 两点间的高差,等于后视读数减去前视读数。高差可以有正、有负。当读数 $a >$ b 时,h_{AB} 为正值,说明 B 点比 A 点高;反之,当读数 $a < b$ 时,h_{AB} 为负值,说明 B 点比 A 点低。此外还可以通过仪器的视线高程 H_i 计算 B 点的高程,见式(2-3)。

$$\left. \begin{array}{l} H_i = H_A + a \\ H_B = H_i - b \end{array} \right\} \tag{2-3}$$

由式(2-2)根据高差计算高程,称为高差法;由式(2-3)根据视线高程计算高程,称为视线高程法。当需要安置一次仪器就能确定若干个地面点高程时,使用视线高程法比较方便。

任务 2.2　水准测量的仪器和工具

水准测量所使用的仪器称为水准仪,工具包括水准尺和尺垫。水准仪按其精度分有 $DS_{0.5}$、DS_1、DS_3、DS_{10} 等。"D"和"S"分别是"大地"和"水准仪"的汉语拼音的第一个字母,其下标数字 0.5、1、3、10 表示该类仪器的精度,即每千米往、返测高差中数的偶然中误差(毫米数)。数字越小,精度越高。工程测量中一般多使用 DS_3 型水准仪,使用该仪器进行水准测量,每千米往、返测高差中数的偶然中误差为 ± 3 mm。下面主要介绍自动安平水准仪。

2.2.1　自动安平水准仪

自动安平水准仪是一种只需粗略整平即可获得水平视线读数的仪器,即利用水准仪上的圆水准器将仪器粗略整平时,由于仪器内部自动安平补偿器的作用,十字丝交点上读得的读数始终为视线水平时的读数。自动安平水准仪操作迅速简便,测量精度高,深受测量人员的欢迎。近些年来,自动安平水准仪已广泛应用于工程测量作业中。本节简要介绍该仪器的自动安平原理、国产 DZS3-1 型自动安平水准仪的结构特点和使用方法。

图 2-2 所示为 DZS3-1 型自动安平水准仪构造,其结构特点是没有管水准器和微倾螺旋,水准仪主要由基座、望远镜、水准器和视线水平补偿器构成。

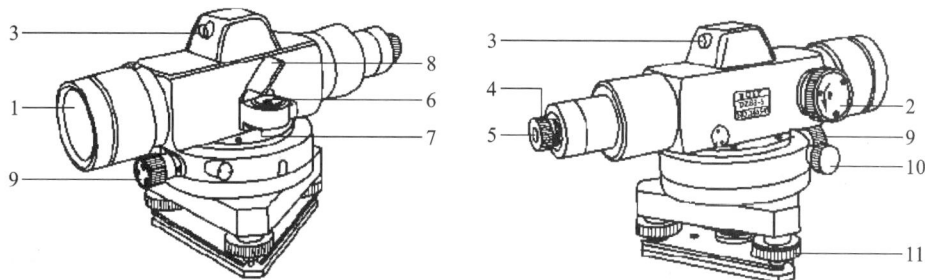

图 2-2　DZS3-1 型自动安平水准仪构造

1—物镜;2—物镜调焦螺旋;3—粗瞄器;4—目镜调焦螺旋;5—目镜;6—圆水准器;
7—圆水准器校正螺钉;8—圆水准器反光镜;9—制动螺旋;10—微动螺旋;11—脚螺旋

1. 望远镜

望远镜是构成水平视线、瞄准目标并对水准尺进行读数的主要部件。图 2-3 是水准仪望远镜的构造图,主要由物镜、目镜、调焦透镜、十字丝分划板等组成。

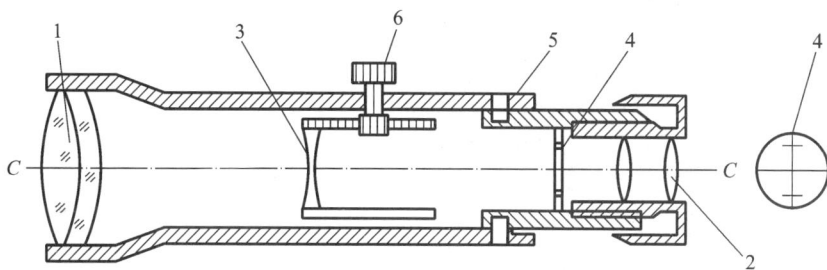

图 2-3　水准仪望远镜构造

1—物镜;2—目镜;3—调焦透镜;4—十字丝分划板;5—连接螺钉;6—调焦螺旋

物镜和目镜多采用由几个光学透镜组成的复合透镜组。物镜的作用是和调焦透镜一起使远处的目标落在十字丝分划板上,形成缩小的实像。转动物镜调焦螺旋,可使不同距离目标的成像清晰地落在十字丝分划板上,该过程称为调焦或物镜对光。目镜的作用是将物镜所成的实像与十字丝一起放大,转动目镜调焦螺旋,可使十字丝影像清晰,该过程称目镜对光,它形成的是虚像。DS$_3$ 级水准仪望远镜的放大率一般为 25～30 倍。

十字丝分划板是一块刻有分划线的圆形透明平板玻璃片。分划板上有互相垂直的两条长丝,称为十字丝。竖直的一条称为纵丝,水平的一条称为横丝,横丝又称中丝,与横丝平行的上、下两条对称的短丝称为视距丝,可以用于测定距离。

十字丝交点与物镜光心的连线,如图 2-3 中的 C—C,称为望远镜的视准轴。水准测量是在视准轴水平时,用十字丝的中丝读取水准尺上的读数。

2. 水准器

水准器是用来整平仪器、指示视准轴是否水平,供操作人员判断水准仪是否置平的重要部件。水准器有圆水准器和管水准器两种。

圆水准器构造如图 2-4 所示。圆水准器为一密闭的玻璃圆盒,它的顶面内壁为球面,内部装有混合液,密封后形成气泡。球面中心刻画有圆形分划圈,圆圈的中心为圆水准器的零点。通过零点与球面球心的连线称为圆水准器轴。当气泡居中时,圆水准器轴处于竖直位置;气泡偏离零点,轴线呈倾斜状态。气泡中心偏离零点 2 mm,轴线所倾斜的角值,称为圆水准器的分划值。DS₃ 型水准仪圆水准器分划值一般为 8′～10′。圆水准器的功能是用于仪器的粗略整平。

管水准器又称水准管,它是一个玻璃管(见图 2-5)。将玻璃管纵向内壁磨成圆弧,内装有混合液,有一个较长的气泡,圆弧中心为水准管零点。由于气泡较液体轻,气泡恒处于最高位置。水准管内壁圆弧的中心点(最高点)为水准管的零点,过零点与圆弧相切的切线称水准管轴(图 2-5 中 $L—L$)。当气泡中点处于零点位置时,称气泡居中,这时水准管轴处于水平位置。水准管的两端各刻有数条间隔为 2 mm 的分划线,水准管上 2 mm 间隔的圆弧所对的圆心角,称为水准管的分划值,水准管的分划值一般为 20″～60″,精度远高于圆水准器。

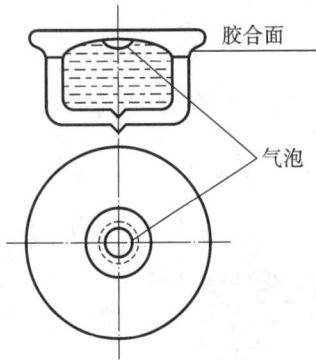

图 2-4　圆水准器构造

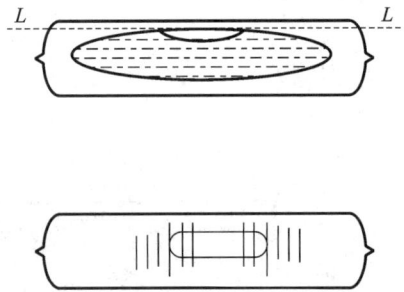

图 2-5　管水准器构造

3. 基座

基座主要由轴座、脚螺旋、底板和三角压板构成,作用是支承仪器的上部并与三脚架连接,仪器上部通过竖轴插入轴座内旋转,由基座承托。脚螺旋用于调节圆水准器气泡居中,底板通过连接螺旋与三脚架连接。

4. 视线水平补偿器

气泡式水准仪除安装一个圆水准器外,还安装一个与望远镜平行的管水准器,通过调整管水准器气泡居中来获得一条水平视线。自动安平水准仪则是利用自动安平补偿器代替水准管,自动获得一条水平视线。使用自动安平水准仪时,只要使圆水准器气泡居中,仪器大致水平,即可瞄准水准尺读数。

自动安平原理如图 2-6 所示,当圆水准器气泡居中后,虽然视准轴仍存在一个较小的倾角 α,但通过物镜光心的水平光线经补偿器后仍能通过十字丝交点,这样十字丝交点上读得的便是视线水平时应该得到的读数。因此,使用自动安平水准仪可以大大缩短水准测量的工作时间,简化操作,既可以避免水准仪整平问题、地面微小的震动或脚架的不规则下沉等原因使视线不水平产生的误差,又可以避免外界温度变化导致水准管与视准轴不平行带来的误差,从而提高观测成果的精度。

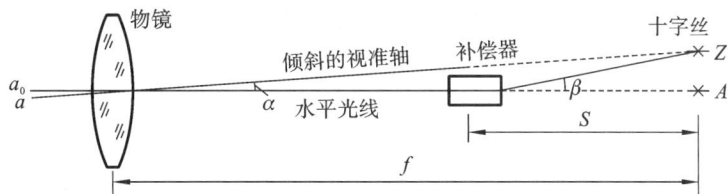

图 2-6　自动安平原理

2.2.2　水准尺

水准尺是水准测量时使用的标尺,其质量好坏直接影响水准测量的精度。因此,水准尺需要用伸缩性小、不易变形的优质材料制成,如优质木材、玻璃钢、铝合金等。常用的水准尺有塔尺和双面尺两种,如图 2-7 所示。

塔尺仅用于等外水准测量,如图 2-7(a)所示,一般由两节或三节套接而成,其长度有 3 m 和 5 m 两种。塔尺可以伸缩,尺的底部为零点。尺上黑白格相间,每格宽度为 1 cm,有的为 0.5 cm,每米和分米处皆注有数字。数字有正字和倒字两种。数字上加红点表示米数。塔尺因携带方便,在施工测量中使用广泛。

双面尺如图 2-7(b)所示,多用于三、四等水准测量,其长度为 3 m,两根尺为一对。尺的两面均有刻度,一面为红白相间的红面尺;另一面为黑白相间的黑面尺,两面的最小刻画均为 1 cm,并在每一分米处标有数字注记。两根尺的黑面均由零开始;而红面,一根尺底部起点由 4.687 m 开始,另一根底部起点由 4.787 m 开始。其目的是避免观测时的读数错误,以便校核读数;同时用红、黑面读数求得高差,可进行测站检核计算,可用于精度较高的水准测量。

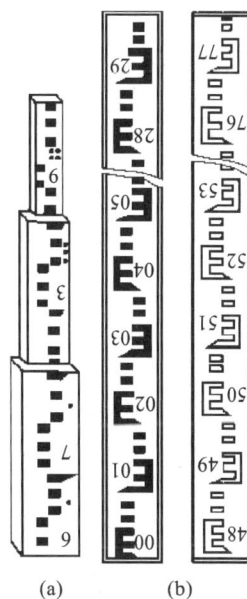

图 2-7　水准尺

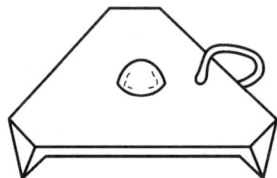

图 2-8　尺垫

2.2.3　尺垫

尺垫由生铁铸造而成,用于在转点处放置水准尺,如图 2-8 所示。尺垫一般为三角形,中间有一突起的半球体,下方有三个支脚。使用时将支脚牢固地踩入土中,以防下沉,水准尺立于上方突起的半球形顶点上。

任务 2.3　水准仪的使用

普通水准仪的使用包括仪器安置、粗略整平、瞄准(照准水准尺)、读数等操作步骤,其中自动安平水准仪不需要进行精确整平操作,下面介绍水准仪的使用方法。

2.3.1　仪器安置

在测站上安置三脚架,根据需要的高度调整架腿的长度,使其与观测者身高相适应,张开三脚架将架腿踩实,使腿架稳当,并使三脚架架头大致水平。将水准仪从仪器箱中取出,小心安置仪器,拧紧固定螺旋。

2.3.2 粗略整平

粗略整平就是通过调节脚螺旋使圆水准器的气泡居中,使仪器竖轴大致竖直,视线粗略水平。具体步骤:先松开水平制动螺旋,然后缓慢移动脚架使圆水准器气泡基本居中,将架脚踩实。再转动脚螺旋,使气泡居中,达到整平仪器的目的。如图 2-9(a)所示,如若气泡不在圆水准器的中心而位于点 *a* 处,首先用双手同时向内或向外转动脚螺旋①和②,使气泡从 *a* 移动到 *b*,如图 2-9(b)所示,再转动脚螺旋③,即可使气泡居中。这时仪器竖轴基本处于铅垂位置。气泡移动的方向与左手大拇指移动方向一致。

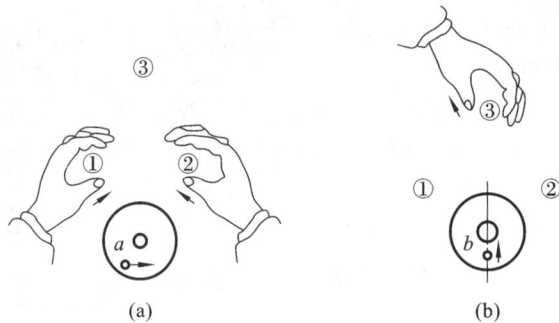

图 2-9 圆水准器整平示意

2.3.3 照准水准尺

先将望远镜对着明亮背景,根据观测者的视力,转动十字丝调焦螺旋,使十字丝看得十分清晰。松开制动螺旋,转动望远镜,利用镜筒上的缺口和准星粗略瞄准目标,在望远镜内看到水准尺后,拧紧制动螺旋。转动对光螺旋,使水准尺的成像清晰。再转动微动螺旋,使十字丝竖丝对准水准尺,以便读取读数。瞄准目标时,如对光不完善,尺像就不能落在十字丝的平面上,眼睛靠近目镜端上下微动。若发现十字丝与目标影像有相对移动,这种现象称为十字丝视差。产生视差的原因是水准尺没有恰好成像于十字丝分划板平面。十字丝视差的存在将影响读数的正确性,消除的方法是反复交替调节十字丝调焦螺旋和物镜对光螺旋,直到十字丝和尺像稳定、读数不变为止。此时,从目镜端看到十字丝与目标的像十分清晰。

2.3.4 读数

使用自动安平水准仪不用进行精确整平操作,在粗略整平后照准水准尺即可读数。每次读数前,要检查圆水准器气泡是否居中。水准仪的十字丝横丝有三根,上下两根短的为视距丝,能粗略读出仪器到标尺的距离;中间的长丝为中丝,读数时用十字丝中丝在水准尺上读数。直接读出米、分米和厘米,估读毫米。如图 2-10 所示,读数为 2.315 m。

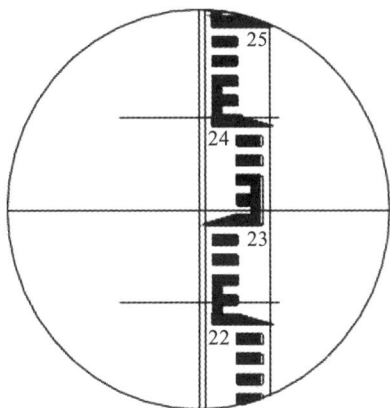

图 2-10　水准尺读数

任务 2.4　水准测量方法

2.4.1　水准点

国家测绘部门在全国范围内布设了多个高程控制标志,称为水准点,按其精度从高到低分为一、二、三、四等。实际工作中会在国家等级水准点上进行加密,普通水准测量的水准点有永久性和临时性两种。如图 2-11 所示,永久性水准点一般用石料或钢筋混凝土制成,深埋到地面冻结线以下,在标石的顶面设有不锈钢或其他不易锈蚀材料制成的半球状标志。半球状标志顶点表示水准点的点位。有的用金属标志埋设于基础稳固的建筑物墙脚下,称为墙上水准点,如图 2-12 所示。

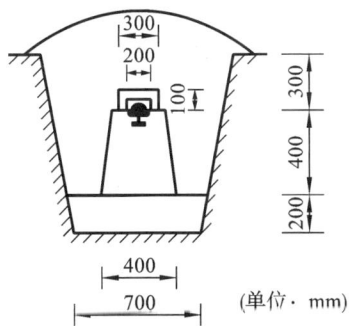

图 2-11　埋地水准点

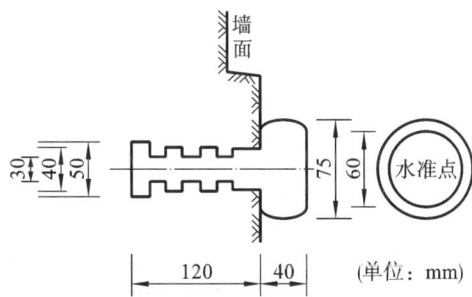

图 2-12　墙上水准点

工地上的临时性水准点可选在突出地面的坚硬岩石或房屋勒脚、台阶上,用红漆做标记;也可用大木桩打入地下,桩顶上钉一半球形钉子作为标志(见图 2-13)。埋设水准点的地点应能保证标石稳定、安全、长期保存,而且又便于使用。埋设水准点后,为了便于寻找水准点,应绘出能标记水准点位置的草图,图上要注明水准点的编号、与周围地物的位置关系。

2.4.2　水准路线的布设

水准测量经过的路线称为水准路线。在水准测量中,为了避免观测、记录和计算中发生

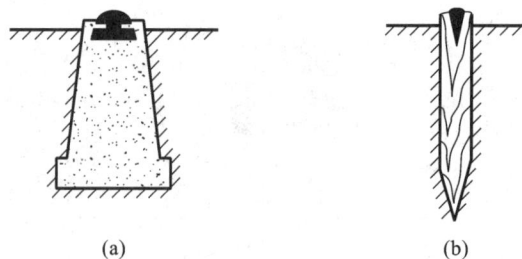

图 2-13　临时性水准点

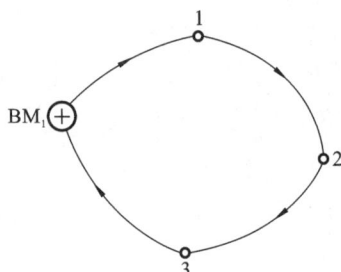

图 2-14　闭合水准路线

人为粗差,并保证测量成果能达到一定的精度要求,必须布设某种形式的水准路线,利用一定的条件来检核所测结果的正确性。在一般的工程测量中,水准路线主要有如下 3 种形式。

1. 闭合水准路线

如图 2-14 所示,从水准点 BM_1 出发,沿待定高程点 1、2、3 进行水准测量,最后回到原始出发点 BM_1 的路线,称为闭合水准路线。从理论上讲,闭合水准路线上各点之间的高差代数和应等于零,即 $\sum h = 0$。

2. 附合水准路线

如图 2-15 所示,从水准点 BM_A 出发,沿各个待定高程点 1、2、3 进行水准测量,最后附合到另一水准点 BM_B 的路线,称为附合水准路线。从理论上讲,附合水准路线上各点间高差的代数和应等于始、终两个水准点的高程之差,即若设 BM_B 的高程为 H_B,BM_A 的高程为 H_A,则 $\sum h = H_B - H_A$。

3. 支水准路线

如图 2-16 所示,从已知水准点 BM_5 出发,沿待定高程点 1、2 进行水准测量,既不闭合又不附合,这种水准路线称为支水准路线。支水准路线要进行往、返观测,以便检核,$\sum h_{往} + \sum h_{返} = 0$。

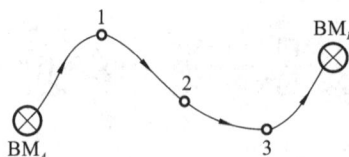

图 2-15　附合水准路线

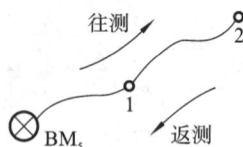

图 2-16　支水准路线

2.4.3　观测记录及计算

水准点埋设完毕,即可按拟定的水准路线进行水准测量。当已知高程的水准点距欲测定高程点较远或高差很大时,就需要在两点间加设若干个立尺点,分段设站,连续进行观测。加设的这些立尺点并不需要测定其高程,它们只起传递高程的作用,故称之为转点,用 TP 表示。

如图 2-17 所示,已知水准点 BM_A 的高程为 H_A,现欲测定 B 点的高程 H_B,由于 A、B 两点相距较远,需要分段设站进行测量,具体施测步骤如下。

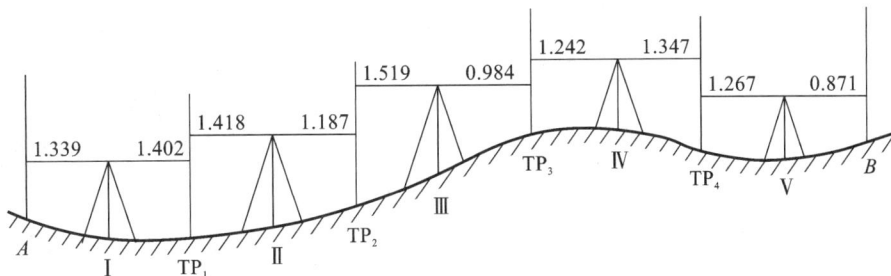

图 2-17 水准测量的施测

1. 观测与记录

（1）在 BM_A 点立直水准尺作为后视尺，在路线前进方向适当位置处设转点 TP_1，安放尺垫，在尺垫上立直水准尺作为前视尺。

（2）在 BM_A 点和 TP_1 两点的大致中间位置安置水准仪，使圆水准器气泡居中。

（3）瞄准后视尺，转动微倾螺旋，使水准管气泡严格居中，按中丝读取后视读数 $a_1 = 1.339$ m，记入水准测量手簿（见表 2-1）第 3 栏。

（4）瞄准前视尺，转动微倾螺旋，使水准管气泡严格居中，读取前视读数 $b_1 = 1.402$ m，记入第 4 栏。计算该站高差 $h_1 = a_1 - b_1 = -0.063$ m，记入第 6 栏。

（5）将 BM_A 点水准尺移至转点 TP_2 上，转点 TP_1 上的水准尺不动，水准仪移至 TP_1 和 TP_2 两点的大致中间位置处，按上述相同的操作方法进行第二站的观测。如此依次操作，直至终点 B 为止。其观测记录如表 2-1 所示。

表 2-1 水准测量手簿

日期_____		仪器_____		观测_____	
天气_____		地点_____		记录_____	

测站	站点	水准尺读数/m		高差/m		高程/m	备注
		后视读数	前视读数	＋	－		
I	BM_A	1.339			0.063	51.903	
	TP_1		1.402				
II	TP_1	1.418		0.231			
	TP_2		1.187				
III	TP_2	1.519		0.535			已知 A 点高程 $H_A = 51.903$ m
	TP_3		0.984				
IV	TP_3	1.242			0.105		
	TP_4		1.347				
V	TP_4	1.267		0.396			
	BM_B		0.871			52.897	
计算	Σ	6.785	5.791	0.994			
校核		$\Sigma a - \Sigma b = +0.994$ m $\Sigma h = +0.994$ m $H_B - H_A = +0.994$ m					

2.计算与计算检核

1)计算每一测站的前、后视两点的高差

即 $h_1=a_1-b_1,h_2=a_2-b_2,\cdots,h_5=a_5-b_5$,将上述各式相加,得 $h_{AB}=\sum h=\sum a-\sum b$,则 B 点高程为 $H_B=H_A+h_{AB}=H_A+\sum h$。

2)计算检核

为了保证记录表中数据的正确,应对记录表中计算的高差和高程进行检核,即后视读数总和减前视读数总和、高差总和、B 点高程与 A 点高程之差,这三个数字应相等。否则,计算有错。

2.4.4 水准测量的测站检核方法

为了保证观测精度,必须进行测站检核。常用的检核方法有变动仪器高法和双面尺法。

1.变动仪器高法

变动仪器高法是在同一测站上用两种不同的仪器高度,两次测定高差,即测得第一次高差后,改变仪器高度(相差大于 10 cm),再次测定高差。若两次测得的高差之差不超过容许值(如等外水准测量容许值为 6 mm),则认为符合要求,取其平均值作为该测站的观测高差,否则需重测。

2.双面尺法

双面尺法是在一测站上,仪器高度不变,分别以水准尺红黑面各进行一次读数,测得两次高差,相互进行检核。若同一水准尺红面与黑面读数(加常数后)之差不超过 3 mm,且两次高差之差又未超过 5 mm,则取其平均值作为该测站观测高差,否则需要检查原因,重新观测。

任务 2.5 水准测量成果的计算

水准测量成果计算时,要先检查水准测量手簿,计算各点高差。经检核无误,则根据外业观测高差计算闭合差。若闭合差符合规定的精度要求,则调整闭合差,最后计算各点的高程。不同等级的水准测量,对高差闭合差的限差有不同的规定。等外水准测量的高差闭合差容许值如下。

平地: $$f_{h容}=\pm40\sqrt{L}\ \text{mm} \tag{2-4}$$

山地: $$f_{h容}=\pm12\sqrt{n}\ \text{mm} \tag{2-5}$$

式中,L 为水准路线长度,以 km 计;n 为测站数。

2.5.1 附合水准路线成果计算

如图 2-18 所示是一附合水准路线等外水准测量示意,A、B 为已知高程的水准点,1、2、3 为待定高程的水准点,h_1、h_2、h_3 和 h_4 为各测段观测高差,n_1、n_2、n_3 和 n_4 为各测段测站数,L_1、L_2、L_3 和 L_4 为各测段水准路线长度。现已知 $H_A=105.306\ \text{m}$,$H_B=111.754\ \text{m}$,各测段站数、长度及高差均注于图 2-18 中。

1.填写观测数据和已知数据

依次将图 2-18 中点号、测段水准路线长度、测站数、观测高差及已知水准点 A、B 的高

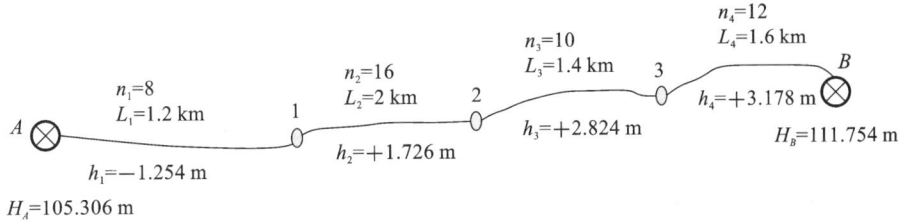

图 2-18 附合水准路线等外水准测量示意

程填入附合水准路线成果计算表中有关栏,如表 2-2 所示。

表 2-2 附合水准路线成果计算表

点号	距离/km	测站数	实测高差/m	改正数/mm	改正后高差/m	高程/m	备注
BM$_A$						105.306	
	1.2	8	−1.254	−5	−1.259		
1						104.047	已知 A 点高程 105.306 m,已知 B 点高程 111.754 m
	2.0	16	+1.726	−8	+1.718		
2						105.765	
	1.4	10	+2.824	−6	+2.818		
3						108.583	
	1.6	12	+3.178	−7	+3.171		
BM$_B$						111.754	
Σ	6.2	46	+6.474	−26	+6.448		
辅助计算	$f_h = \sum h - (H_B - H_A) = 6.474 \text{ m} - (111.754 \text{ m} - 105.306 \text{ m}) = +0.026 \text{ m} = 26 \text{ mm}$ $f_{h容} = \pm 40\sqrt{L} \text{ mm} = \pm 40\sqrt{6.2} \text{ mm} = \pm 100 \text{ mm}$ $\lvert f_h \rvert < \lvert f_{h容} \rvert$						

2. 计算高差闭合差

$$f_h = \sum h - (H_终 - H_起) = 6.474 \text{ m} - (111.754 \text{ m} - 105.306 \text{ m}) = +0.026 \text{ m} = 26 \text{ mm}$$

在本例中高差闭合差容许值采用平地公式计算,水准测量平地高差闭合差容许值的计算如下:

$$f_{h容} = \pm 40\sqrt{L} \text{ mm} = \pm 100 \text{ mm}$$

因$\lvert f_h \rvert < \lvert f_{h容} \rvert$,说明观测成果精度符合要求,可对高差闭合差进行调整。如果$\lvert f_h \rvert > \lvert f_{h容} \rvert$,说明观测成果不符合要求,必须重新测量。

3. 调整高差闭合差

高差闭合差按其与测站数或测段长度成正比例的原则进行调整,将高差闭合差反号分配到各相应测段的高差上,得改正后高差,即:

$$v_i = -(f_h / \sum n) \times n_i \quad 或 \quad v_i = -(f_h / \sum L) \times L_i \qquad (2-6)$$

式中:v_i——第 i 测段的高差改正数(mm);

$\sum n$、$\sum L$——水准路线总测站数、总长度;

n_i、L_i——第 i 测段的测站数、测段长度。

本例中,各测段改正数为:

$$v_1 = -(f_h/\sum L) \times L_1 = -(26 \text{ mm}/6.2 \text{ km}) \times 1.2 \text{ km} = -5 \text{ mm}$$

$$v_2 = -(f_h/\sum L) \times L_2 = -(26 \text{ mm}/6.2 \text{ km}) \times 2.0 \text{ km} = -8 \text{ mm}$$

$$v_3 = -(f_h/\sum L) \times L_3 = -(26 \text{ mm}/6.2 \text{ km}) \times 1.4 \text{ km} = -6 \text{ mm}$$

$$v_4 = -(f_h/\sum L) \times L_4 = -(26 \text{ mm}/6.2 \text{ km}) \times 1.6 \text{ km} = -7 \text{ mm}$$

计算检核 $\sum v_i = -f_h$。

将各测段高差改正数填入表 2-2 中第 5 栏。

4. 计算各测段改正后高差

各测段改正后高差等于各测段实测高差加上相应的改正数,各测段改正数的总和应与高差闭合差的大小相等,符号相反,如果绝对值不等则说明计算有误。每测段的实测高差加相应的改正数便得到改正后的高差值。

本例中,各测段改正后高差为:

$$h_1 = -1.254 \text{ m} + (-0.005 \text{ m}) = -1.259 \text{ m}$$

$$h_2 = +1.726 \text{ m} + (-0.008 \text{ m}) = +1.718 \text{ m}$$

$$h_3 = +2.824 \text{ m} + (-0.006 \text{ m}) = +2.818 \text{ m}$$

$$h_4 = +3.178 \text{ m} + (-0.007 \text{ m}) = +3.171 \text{ m}$$

将各测段改正后高差填入表 2-2 中第 6 栏。

5. 计算待定点高程

根据已知水准点 A 的高程和各测段改正后高差,即可依次推算出各待定点的高程,最后推算出的 B 点高程应与已知 B 点的高程相等,以此作为计算检核。将推算出的各待定点的高程填入表 2-2 中第 7 栏。

2.5.2 闭合水准路线成果计算

如图 2-19 所示,水准点 BM_A 高程为 44.856 m,1、2、3 点为待定高程点。各测段高差及测站数均注于图中。图中箭头表示水准测量行进方向。按高程推算顺序将各点号、测站数、实测高差及已知高程填入表 2-3 对应栏内。

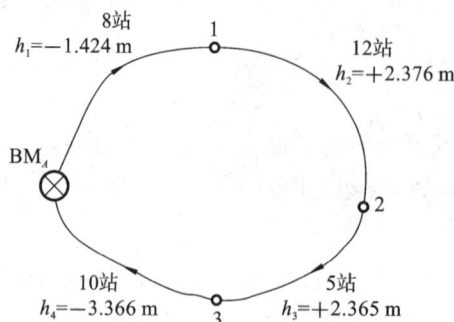

图 2-19 闭合水准路线示例

表 2-3 闭合水准测量成果计算表

点名	测段编号	测站数	实测高差/m	改正数/m	改正后高差/m	高程/m	备注
BM_A	1	8	-1.424	$+0.011$	-1.413	44.856	
1	2	12	$+2.376$	$+0.017$	$+2.393$	43.443	
2	3	5	$+2.365$	$+0.007$	$+2.372$	45.836	已知 A 点高程
3	4	10	-3.366	$+0.014$	-3.352	48.208	44.856 m
BM_A						44.856	
	$\sum$	35	-0.049	$+0.049$	0		
辅助计算	$f_{h容}=\pm12\sqrt{n}=\pm12\sqrt{35}$ mm$=\pm71$ mm $|f_h|<|f_{h容}|$，成果合格						

1. 计算高差闭合差

闭合水准路线的起点、终点为同一点，因此路线上各测段高差代数和的理论值应为零，即 $\sum h_{理}=0$。实际上由于各测站观测高差存在误差，观测高差总和往往不等于零，其值即高差闭合差，即：

$$f_h=\sum h_{测} \tag{2-7}$$

本例中：

$$f_h=\sum h_{测}=-0.049 \text{ m}$$

$$f_{h容}=\pm12\sqrt{n}=\pm12\sqrt{35} \text{ mm}=\pm71 \text{ mm}$$

因为 $|f_h|<|f_{h容}|$，精度符合要求，可以调整闭合差。

2. 调整高差闭合差

高差闭合差调整的原则和方法同附合水准路线，各测段改正数如下。

$$v_1=-\frac{f_h}{\sum n}\times n_1=-\frac{(-0.049)}{35}\times 8 \text{ m}=+0.011 \text{ m}$$

$$v_2=-\frac{f_h}{\sum n}\times n_2=-\frac{(-0.049)}{35}\times 12 \text{ m}=+0.017 \text{ m}$$

$$\vdots$$

检核：$\sum v=-f_h=+0.049$ m。

各测段改正后的高差如下。

$$h_{1改}=h_{1测}+v_1=-1.424 \text{ m}+0.011 \text{ m}=-1.413 \text{ m}$$

$$h_{2改}=h_{2测}+v_2=+2.376 \text{ m}+0.017 \text{ m}=+2.393 \text{ m}$$

$$\vdots$$

检核：改正后高差总和应等于零，$\sum h_{改}=0$。

3. 计算待定点高程

用改正后高差，按顺序逐点计算各点的高程，即：

$$H_1=H_A+h_{1改}=44.856 \text{ m}-1.413 \text{ m}=43.443 \text{ m}$$

$$H_2=H_1+h_{2改}=43.443 \text{ m}+2.393 \text{ m}=45.836 \text{ m}$$

$$\vdots$$

检核：$H_A(算)=H_A(已知)=44.856$ m。

2.5.3 支水准路线成果计算

图 2-20 所示为一支水准路线。支水准路线应进行往、返测。已知水准点 A 的高程为 45.276 m，1 点为待定高程的水准点，$\sum h_{往}=+2.532$ m，$\sum h_{返}=-2.520$ m，往、返的测站数共 16 个，则 1 点的高程计算如下。

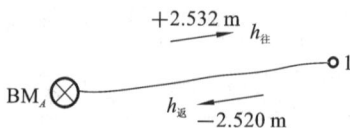

图 2-20 支水准路线示例

1. 计算高差闭合差

$$f_h=\sum h_{往}+\sum h_{返}=+2.532 \text{ m}+(-2.520 \text{ m})=+0.012 \text{ m}=+12 \text{ mm}$$

2. 计算高差容许闭合差

测站数：

$$n=16\div2=8$$

$$f_{h容}=\pm12\sqrt{n}=\pm12\sqrt{8} \text{ mm}=\pm34 \text{ mm}$$

因 $|f_h|<|f_{h容}|$，故精确度符合要求。

3. 计算改正后高差

取往测和返测的高差绝对值的平均值作为 A 和 1 两点间的高差，其符号和往测高差符号相同，即：

$$h=\frac{|h_{往}|+|h_{返}|}{2}=+2.526 \text{ m}$$

4. 计算待定点高程

$$H_1=45.276 \text{ m}+2.526 \text{ m}=47.802 \text{ m}$$

必须指出，若支水准路线起始点的高程抄录错误或该点的位置搞错，则其所计算待定点高程也是错误的。因此，采用支水准路线时应注意检查。

任务 2.6　水准仪的检验与校正

2.6.1　水准仪应满足的几何条件

如图 2-21 所示，DS₃ 水准仪主要有四条轴线，即望远镜的视准轴 CC、水准管轴 LL、圆水准器轴 $L'L'$、仪器的竖轴 VV。各轴线间应满足的几何条件如下。

(1)圆水准器轴平行于仪器竖轴，即 $L'L'$ // VV。当条件满足时，圆水准器气泡居中，仪器的竖轴处于垂直位置，这样仪器转动到任何位置，圆水准器气泡都应居中。

(2)十字丝横丝垂直于竖轴，即十字丝横丝水平。

(3)水准管轴平行于视准轴，即 LL // CC。当此条件满足时，水准管气泡居中，水准管轴水平，视准轴处于水平位置。自动安平水准仪没有水准管，当自动安平补偿器工作正常时，相当于水准管轴平行于视准轴。

以上这些条件在仪器出厂前，都是经过严格检校并满足要求的，但是由于仪器长期使用

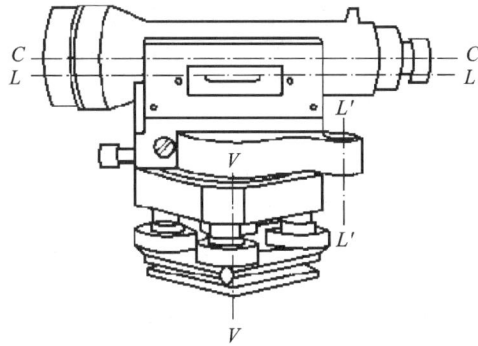

图 2-21　水准仪的主要轴线

和运输中的振动等原因,上述各轴线间的几何关系可能会发生变化。因此,为保证水准测量质量,在正式作业之前,必须对水准仪进行检验与校正。

2.6.2　水准仪的检验与校正

1. 圆水准器的检验与校正

1)目的

使圆水准器轴平行于仪器竖轴,即 $L'L' /\!/ VV$。

2)检验

如图 2-22(a)所示,转动脚螺旋使圆水准器气泡居中,此时圆水准器轴 $L'L'$ 处于铅垂位置。如果仪器竖轴 VV 与 $L'L'$ 不平行,且夹角为 α,那么竖轴 VV 与竖直位置偏差为 α 角。将仪器绕竖轴旋转 $180°$,如图 2-22(b)所示,圆水准器转到竖轴的左侧,这时圆水准器轴与竖直线的夹角为 2α。此时气泡不居中,气泡中心偏离零点的弧长所对的圆心角为 2α,说明圆水准器轴 $L'L'$ 不平行于竖轴 VV,需要校正。

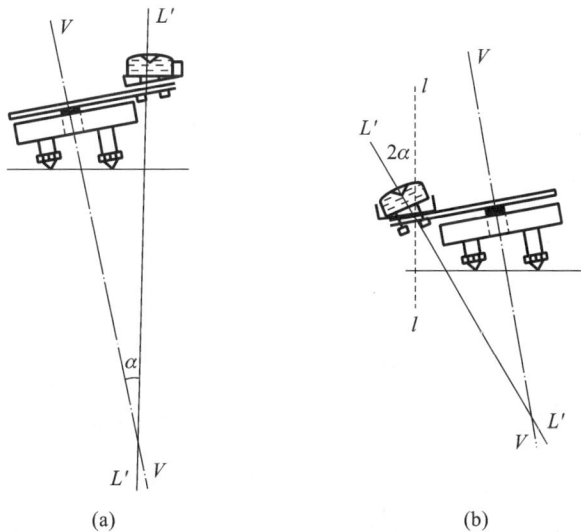

(a)　　　　　　　　　　　　　(b)

图 2-22　圆水准器的检验

3)校正

圆水准器校正结构如图 2-23 所示。校正前应先拧松中间的紧固螺丝,然后用六角小扳手调整三个校正螺丝,使气泡向居中的位置移动偏移量的一半,如图 2-24(a)所示,这时,圆

水准器轴 $L'L'$ 与竖轴 VV 平行。然后再用脚螺旋整平,使圆水准器气泡居中,竖轴 VV 则处于竖直状态,如图 2-24(b)所示。校正工作一般都难以一次完成,需要反复进行,直到仪器旋转到任何位置圆水准器气泡皆居中时为止。

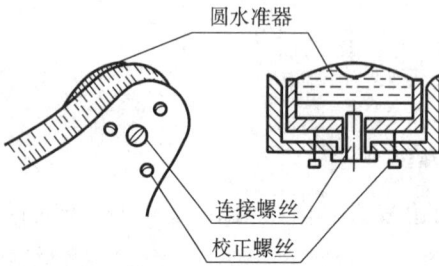

图 2-23 圆水准器校正结构

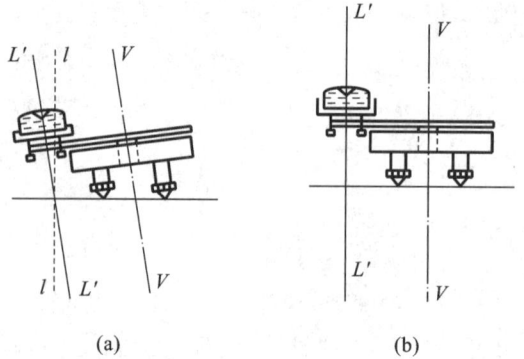

图 2-24 圆水准器的校正

2.十字丝的检验与校正

1)目的

使十字丝横丝垂直于竖轴。

2)检验

用十字丝横丝一端对准远处一明显标志点 M,如图 2-25(a)所示。拧紧制动螺旋,转动微动螺旋,使望远镜视准轴绕竖轴转动,如果 M 点沿着横丝移动,如图 2-25(b)所示,则表示十字丝横丝与竖轴垂直;如果 M 点离开横丝产生了偏移,如图 2-25(c)、(d)所示,则表示十字丝横丝不垂直于竖轴,需要校正。

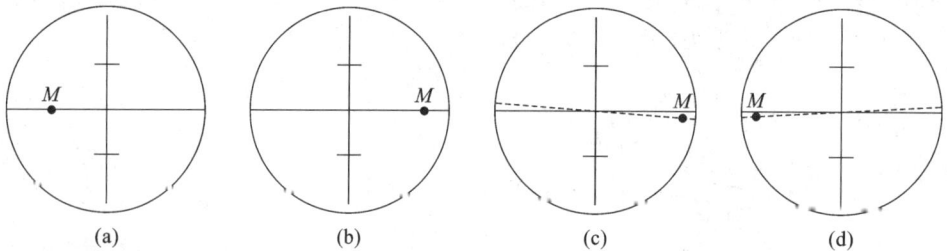

图 2-25 十字丝的检验

3)校正

松开十字丝分划板座的固定螺丝,如图 2-26 所示,缓慢转动整个目镜座,使十字丝横丝与 M 点轨迹一致,再轻轻地将固定螺丝拧紧。此校正要反复进行几次,直至精度满足条件为止。

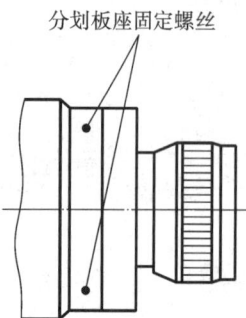

图 2-26 十字丝的校正

3.水准管轴的检验与校正

1)目的

使水准管轴平行于视准轴,即 $LL/\!/CC$。

2)检验

若是水准管轴不平行于视准轴,它们之间就会产生一个倾角,用 i 表示,称为 i 角误差(见图 2-27)。水准仪距离水准尺越远,由此引起的读数偏差也越大。当仪器至尺子的前后视距离相等时,则在两根尺子上的读数偏差 Δ 也相等,因此不影响所求的高差。前后视距离相差越大,则 i 角对高差的影响也越大。

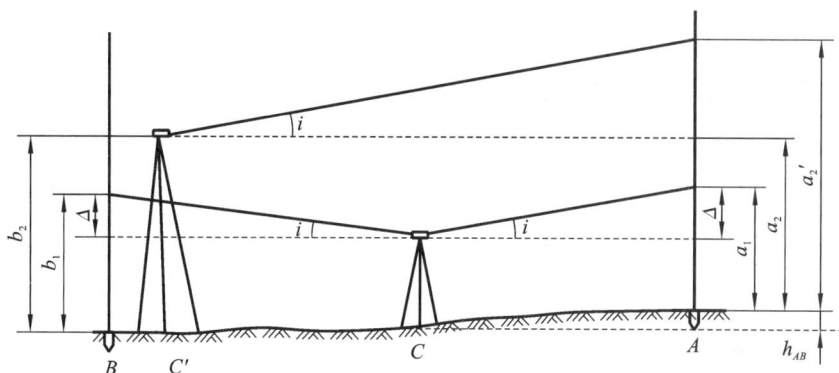

图 2-27　视准轴的误差检验

检验时,在平坦地面选择相距 80 m 左右直线上的 A、B 两点,各打入一个木桩或放置尺垫,用皮尺在 AB 的中点处量出一点 C,使 $AC=BC$,如图 2-27 所示。将水准仪安置于 C 点,在 A、B 两点竖立水准尺,瞄准、精平后分别读取 A、B 点上水准尺的读数 a_1 和 b_1,一般用变动仪器高法或双面尺法至少测定两次高差取其平均值,则 A、B 点间的正确高差为:

$$h_1=a_1-b_1 \qquad (2\text{-}8)$$

然后于 B 点附近的 C' 处安置水准仪,离 B 点大约 3 m,精平后读得 B 点尺上读数记为 b_2。因为仪器离 B 点很近,可将两轴不平行引起的误差看作无限接近于零。根据 b_2 和高差 h_1 算出 A 点尺上水平视线的读数应为:

$$a_2=b_2+h_1 \qquad (2\text{-}9)$$

然后瞄准 A 点水准尺,精平并读取 A 点水准尺读数 a_2'。如果 $a_2'=a_2$,说明两轴平行。否则,存在 i 角,其值为:

$$i=\frac{a_2'-a_2}{D_{AB}}\rho'' \qquad (2\text{-}10)$$

式中,D_{AB} 为 A、B 两点间的平距;$\rho''=206265''$。

3)校正

对于 DS$_3$ 水准仪来说,i 角值大于 $20''$ 时,则需要校正。校正时使十字丝的中丝对准水准尺,调节十字丝分划板调节螺旋,使十字丝中心上下移动,观察十字丝横丝上面水准尺读数的变化。当读数正确时将校正螺丝旋紧。此项校正工作应反复进行,直至 i 角达到要求(小于 $20''$)为止。

任务 2.7　水准测量误差的来源及消减方法

在水准测量作业中,应根据产生误差的原因,采取相应措施,尽量减少或消除其影响。水准测量误差包括仪器误差、观测误差和外界条件的影响三个方面。

2.7.1 仪器误差

1. 水准管轴与视准轴不平行误差

水准管轴与视准轴不平行,虽然经过校正,仍然可能存在少量的残余误差。这种误差的影响与距离成正比,只要观测时注意使前、后视距离相等,便可消除此项误差对测量结果的影响。

2. 水准尺误差

水准尺刻画不准确、尺长变化、尺身弯曲及底部零点磨损等,都会直接影响水准测量的精度。因此对水准尺要进行检定,精度满足要求后方能使用。而对于尺底的零点差,可采取在起终点之间设置偶数站的方法消除其对高差的影响。

2.7.2 观测误差

1. 气泡居中误差

水准测量时,视线的水平是根据水准器气泡居中来实现的。气泡居中存在误差,致使视线偏离水平位置,从而带来读数误差。为减小此误差的影响,每次读数时必须使气泡严格居中。

2. 估读水准尺的误差

水准尺估读毫米数的误差大小与望远镜的放大倍率及视线长度有关。在测量工作中,应遵循不同等级的水准测量对望远镜放大倍率和最大视线长度的规定,以保证估读精度。

3. 视差

当存在视差时,由于十字丝平面与水准尺影像不重合,若眼睛位置不同,便会读出不同的读数而产生读数误差。因此,观测时要仔细调焦,严格消除视差。

4. 水准尺倾斜误差

水准尺倾斜将使尺上读数增大,且视线离开地面越高,误差越大。如水准尺倾斜 $3°30'$,在水准尺上 1 m 处读数时,将产生 2 mm 的误差,为了减少这种误差的影响,水准尺必须扶直扶稳。特别是在高差较大的测段,扶尺必须认真。

2.7.3 外界条件的影响

1. 水准仪下沉

当仪器安置在土质松软的地面时,由于水准仪出现缓慢下沉现象,后视读数及后视线降低,前视读数减小,而引起高差误差。如果采用"后—前—前—后"的观测程序,可减弱其影响。

2. 尺垫下沉

如果转点选在土质松软的地面,会发生尺垫下沉现象,将使下一站后视读数增加,从而引起高差误差。为了防止水准仪和尺垫下沉,测站和转点应选在土质实处,并踩实三脚架和尺垫,使其稳定。同时采用往返观测的方法,取结果的中数,可以减少其影响。

3. 地球曲率及大气折射的影响

事实上,水平视线经过密度不同的空气层折射形成一向下弯曲的曲线,它与理论水平线所得读数之差,就是大气折光引起的误差。实验得出,在一般大气情况下,大气折光误差约是地球曲率误差的1/7。地球曲率和大气折光的影响是同时存在的,当前、后视距相等时,地球曲率与大气折射的影响在计算高差中可以互相抵消。

但是近地面的大气折光变化十分复杂,在同一测站的前视和后视距离上就可能不同,所以即使保持前后视距相等,大气折光误差也不能完全消除。限制视线的长度可大大减小这种误差,此外使视线离地面尽可能高些,也可减弱大气折光变化的影响。此外,还应选择有利的时间进行观测,尽量避免在不利的气象条件下进行作业。

4. 温度的影响

温度的变化不仅会引起大气折射的变化,而且当烈日照射水准管时,水准管和管内的液体温度升高,气泡移向温度高的一端,从而影响仪器找平,产生气泡居中误差。因此,为防止阳光直接照射仪器,应注意撑伞遮阳。

【知识拓展】

精密水准仪

随着科学技术的发展,精密水准仪的使用越来越普及。精密水准仪主要应用于国家一、二等水准测量和高精度的工程测量中,如建筑物的变形观测、大型建筑物的施工及大型精密设备的安装等测量工作,极大地提高了测量的精度和测量工作的效率。

1. 精密水准仪的特点

精密水准仪的构造与 DZS3-1 水准仪基本相同,也是由望远镜、水准器和基座三个主要部件组成。为了进行精密水准测量,精密水准仪必须具备高质量的望远镜光学系统。为了获得水准尺的清晰影像,望远镜的放大倍率大,分辨率高,规范要求 DS_1 不小于 38 倍,$DS_{0.5}$ 不小于 40 倍,物镜的孔径应大于 50 mm。同时具有高灵敏的管水准器。精密水准仪的管水准器的格值为 $10''/2$ mm。精密水准仪必须有高精度的光学测微器装置,以测定小于水准尺最小分划线间隔值的尾数,光学测微器可直读 0.1 mm,估读到 0.01 mm。为了稳定视准轴与水准管轴之间的关系,精密水准仪的主要构件均采用特殊的因瓦合金钢制成,具有坚固、稳定的仪器结构和高性能的补偿器结构。

2. 精密水准尺

精密水准尺在木质尺身中间的槽内装有膨胀系数极小的一根因瓦合金钢带。带的下端固定,上端用弹簧以一定的拉力拉紧,以保证因瓦合金钢带的长度不受木质尺身伸缩变形的影响。在因瓦合金钢带上涂有左右两排长度分划,数字注记在因瓦合金钢带两旁的木质尺身上。精密水准尺的分划值有 5 mm 和 10 mm 两种。

图 2-28 精密水准尺

如图 2-28(a)所示为徕卡公司生产的精密水准尺。在因瓦合金钢带右边的一排分划为基本分划,数字注记为 0~300 cm;左边的一排分划为辅助分划,数字注记为 300~600 cm。基本分划与辅助分划的零点相差 301.55 cm,称为基辅差或尺常数,在作业时,用于检查读数是否存在粗差。

【复习思考】

1.设 A 点为后视点,B 点为前视点,A 点高程为 73.465 m。当后视读数为 1.324 m,前视读数为 1.429 m 时,问 A、B 两点的高差是多少？B 点比 A 点高还是低？B 点高程是多少？请绘图说明。

2.产生视差的原因是什么？怎样消除视差？

3.水准路线的形式有哪些？请绘图说明。

4.在进行水准测量时,前、后视距离相等可消除哪些误差？

5.什么是高差闭合差？请简述说明。

6.如图 2-29 所示,水准尺上的中丝读数为(　　　)。

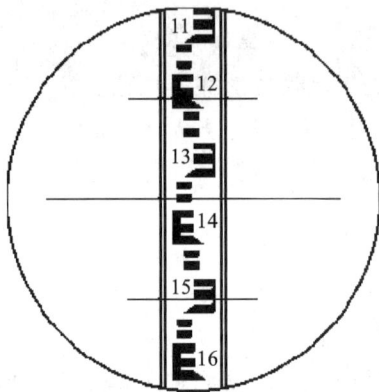

图 2-29　水准尺读数例题

7.试计算水准测量记录成果,完成以下表格。

测站	点号	水准尺读数		高差/m		高程/m	备注
		后视读数/m	前视读数/m	＋	－		
Ⅰ	1	0.998					
	2		1.725				
Ⅱ	2	1.165					
	3		1.573				
Ⅲ	3	1.213					
	4		1.050				
Ⅳ	4	1.865					
	1		0.899				
计算	Σ						
	$\sum a - \sum b =$			$\sum h =$		$H_{终} - H_{始} =$	

项目 3 角度测量

【学习目标】

1. 知识目标

(1)了解水平角、竖直角的相关概念,了解经纬仪的各部分构造与作用。

(2)掌握测回法水平角观测的方法和方向法水平角观测的方法。

(3)了解全站仪角度测量的原理,掌握全站仪角度测量的方法。

2. 技能目标

(1)能够运用测回法进行水平角和垂直角观测。

(2)能够熟练操作全站仪,具有全站仪的检验及简单校正的能力。

(3)能进行角度数据的计算与处理。

3. 思政目标

(1)能主动参与测量仪器的实际操作,培养团队合作意识。

(2)锻炼意志品质,在困难、压力和挑战面前都要相信自己一定会坚持到最后的胜利。

(3)培养沟通能力,团队成员间能有效沟通,传递准确无误的信息,表达令人信服的见解。

【项目导入】

某小区 A、B、C 栋,位于南宁市,总建筑面积为 44760.8 m²,其中,地上 34539.6 m²,地下 10221.2 m²。本建筑 A 栋地下 1 层,地上 16+1 层;B、C 栋地下 3 层,地上 16+1 层。总建筑高度为:A 栋 52.7 m,B、C 栋 51.85 m。设计使用年限为 50 年。A 栋各层层高均为 3.10 m,B、C 栋各层层高均为 3.05 m,±0.00 m 的绝对高程为 1118.5 m。A 栋为一层地下室,其负一层与 B、C 栋相连接,为整体地下车库,B、C 栋有负 2、3 层,为整体地下车库。施工经理要求施工技术人员对这几栋楼进行施工点位放样,使用全站仪分别测定 A、B、C 栋楼 4 个角点的角度(水平角)。

任务 3.1 角度测量的基本知识

3.1.1 水平角测量

角度测量是测量的基本工作之一,包括测量地面点连线的水平角、视线方向与水平面的竖直角。水平角测量用于计算点的平面位置;竖直角测量用于测定高差或将倾斜距离改成水平距离。角度测量常用的仪器是经纬仪和全站仪。

1. 水平角的概念

水平角是地面上某一点到两个目标点的方向线的垂直投影在水平面上的夹角,即通过这两条方向线所作的两竖直面之间的二面角,用 β 来表示,水平角的范围为 $0°\sim360°$。

如图 3-1 所示,A 点、B 点、C 点是地面上任意 3 个点,AB 和 AC 两条方向线所夹的水平角,就是通过 AB、AC 沿两个竖直面投影在水平面 P 上的两条水平线 ab 和 ac 的夹角 $\beta=\angle bac$。

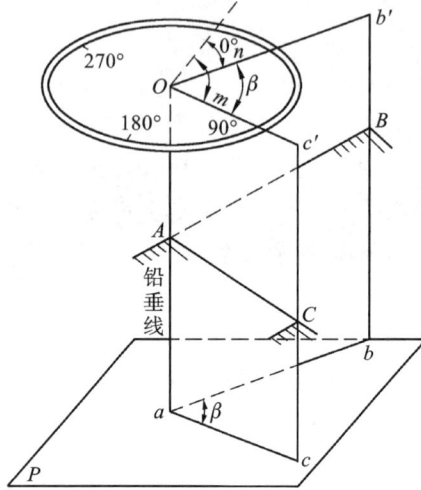

图 3-1　水平角测量原理示意

2. 水平角测量原理

为了测量 AB、AC 两相交直线水平角 β 的大小,可以在 A 点的上方某一高度水平放置一个有分划的圆盘,如图 3-1 所示,使其中心恰好位于过点 A 的铅垂线 Aa 上。在度盘的中心上方,设置一个既可以水平转动又可以铅垂俯仰的望远镜照准装置。用望远镜分别照准 B、C 点,即可得到度盘上指标线处的读数 n、m。假设圆盘的刻画按顺时针注记,则很容易得出水平角 β 等于 C 点目标读数 m 减去 B 点目标(也称为起始目标)读数 n,即:

$$\beta=m-n \tag{3-1}$$

需要注意的是,水平角的范围为 $0°\sim360°$。当第二目标读数小于第一目标读数时,应在第二目标读数值上加上 $360°$ 后再减第一目标读数。

3.1.2　竖直角测量

1. 竖直角的概念

竖直角是指在同一竖直面内,水平视线与空间直线间的夹角,亦称高度角或垂直角,一般用 α 表示。如图 3-2 所示,O 点至地面目标 M 点的竖直角 α 为视线 OM 与水平视线的夹角。

当空间直线位于水平视线之上时,称为仰角,α 为正值;当空间直线位于水平视线之下时,称为俯角,α 为负值。所以,竖直角的范围为 $-90°\sim+90°$。

2. 竖直角测量原理

同水平角一样,竖直角也等于度盘上两个方向的读数之差,所不同的是,该度盘是竖直放置的,因此称为竖直度盘(简称"竖盘")。望远镜瞄准目标时,倾斜视线在竖直度盘上的对

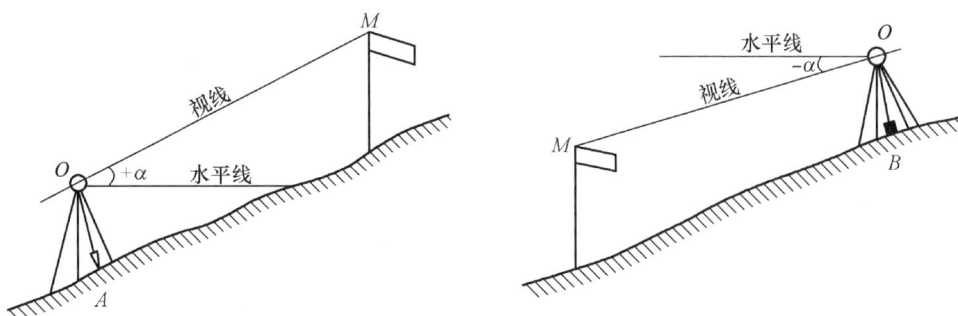

图 3-2　竖直角测量原理示意

应读数与水平视线的应有度数(盘左 $90°$,盘右 $270°$)之差即为竖直角。由于竖直角的两方向中的一个方向是水平方向,无论对哪一种经纬仪来说,视线水平时的竖盘读数都应是 $90°$ 的倍数。所以,当测量竖直角时,只要瞄准目标读出竖盘读数,即可计算出竖直角。

3. 天顶距

在重力的作用下,地面上每一点均有一条指向地心的铅垂线(即自由落体方向),铅垂线的反方向(指向天顶)称该点的天顶方向。在竖直平面内从天顶方向到空间直线之间的夹角称为天顶距,一般用 Z 表示,其范围为 $0°$~$180°$。天顶距 Z 与竖直角 α 的关系见式(3-2)。

$$\alpha = 90° - Z \tag{3-2}$$

任务 3.2　角度测量的仪器及使用

经纬仪是测量角度的仪器,分光学经纬仪和电子经纬仪两大类。按测量精度的不同,我国将经纬仪分为 DJ_{07}、DJ_1、DJ_2、DJ_6 等不同级别。其中,"D""J"分别是"大地测量""经纬仪"两个汉语拼音第一个字母,数字"07""1""2""6"表示该级别仪器所能达到的测量精度指标(数字表示此精度级别的经纬仪一测回方向观测中误差的秒值),数字越大,级别越低。

地形测量中最常用的是 DJ_2 和 DJ_6 型经纬仪。DJ_2 型经纬仪主要用于控制测量,DJ_6 型主要用于图根控制测量和碎部测量,两种经纬仪的结构大体相同。

3.2.1　光学经纬仪的构造

1. DJ_6 型光学经纬仪

DJ_6 型光学经纬仪主要由照准部、水平度盘和基座三大部分组成。其基本构造如图 3-3 所示。

1)照准部

照准部是位于水平度盘之上,能绕其旋转轴旋转的部分的总称。照准部由望远镜、竖盘、读数显微镜、水准器、光学对中器、水平制动螺旋和微动螺旋、望远镜制动螺旋和微动螺旋等部分组成。照准部旋转所绕的几何中心线称为经纬仪的竖轴。水平制动螺旋和微动螺旋用于控制照准部的转动。

(1)望远镜。望远镜用于精确瞄准目标,其放大倍率一般为 20~40 倍。

(2)竖盘。竖盘用于观测竖直角,它是由光学玻璃制成的圆盘,安装在横轴的一端,并随

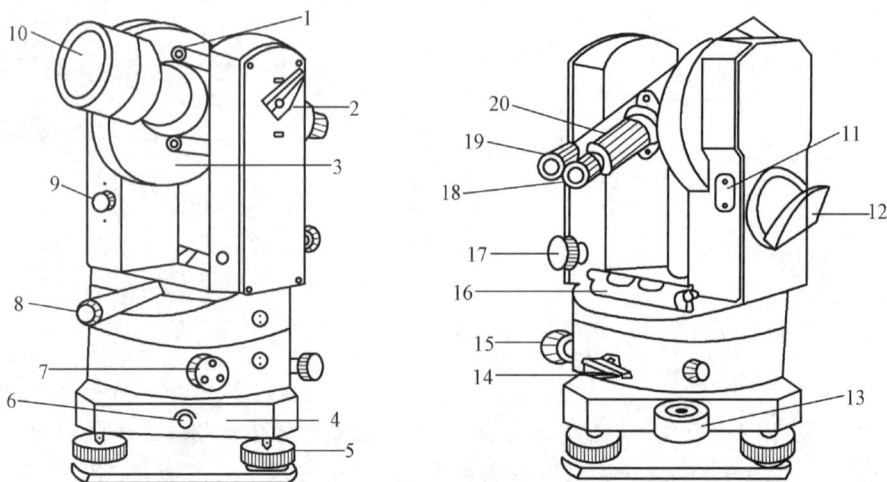

图 3-3　DJ₆ 型光学经纬仪基本构造

1—粗瞄器;2—望远镜制动螺旋;3—竖盘;4—基座;5—脚螺旋;6—固定螺旋;
7—度盘变换手轮;8—光学对中器;9—自动归零旋钮;10—望远镜物镜;
11—指标差调位盖板;12—反光镜;13—圆水准器;14—水平制动螺旋;
15—水平微动螺旋;16—照准部水准管;17—望远镜微动螺旋;
18—望远镜目镜;19—读数显微镜;20—对光螺旋

望远镜一起转动。

（3）竖轴。照准部的旋转轴即为仪器的竖轴,照准部可绕竖轴在水平方向旋转,并由水平制动螺旋和水平微动螺旋控制。

（4）横轴。望远镜的旋转轴称为横轴,与竖轴垂直。望远镜通过横轴安装在支架上,通过调节望远镜制动螺旋和微动螺旋可使其绕横轴在竖直面内上下转动。

（5）水准器。照准部上设有一个管水准器和一个圆水准器,与脚螺旋配合,用于整平仪器。和水准仪一样,圆水准器用于粗平,而管水准器则用于精平。

（6）读数显微镜。主要用来精确读取水平度盘和竖直度盘读数。

2）水平度盘

水平度盘是由光学玻璃制成的带有刻画和注记的圆盘,安装在仪器竖轴上,在度盘的边缘按顺时针方向均匀刻画成 360 份,每一份就是 1°,并注记度数。在测角过程中,水平度盘和照准部分离,不随照准部一起转动。当望远镜照准不同方向的目标时,移动的读数指标线便可在固定不动的度盘上读出不同的度盘读数,即方向值。如需要变换度盘位置,可利用仪器上的度盘变换手轮,将度盘变换到需要的读数上。

3）基座

基座上有三个脚螺旋、一个圆水准器,用来粗平仪器。水平度盘旋转轴套在竖轴套外围,拧紧轴套固定螺钉,可将仪器固定在基座上;旋松该螺钉,可将经纬仪水平度盘连同照准部从基座中拔出,但平时应将该螺钉拧紧。

2. DJ₂ 型光学经纬仪

DJ₂ 级光学经纬仪的构造与 DJ₆ 级光学经纬仪基本相同。其基本构造如图 3-4 所示。

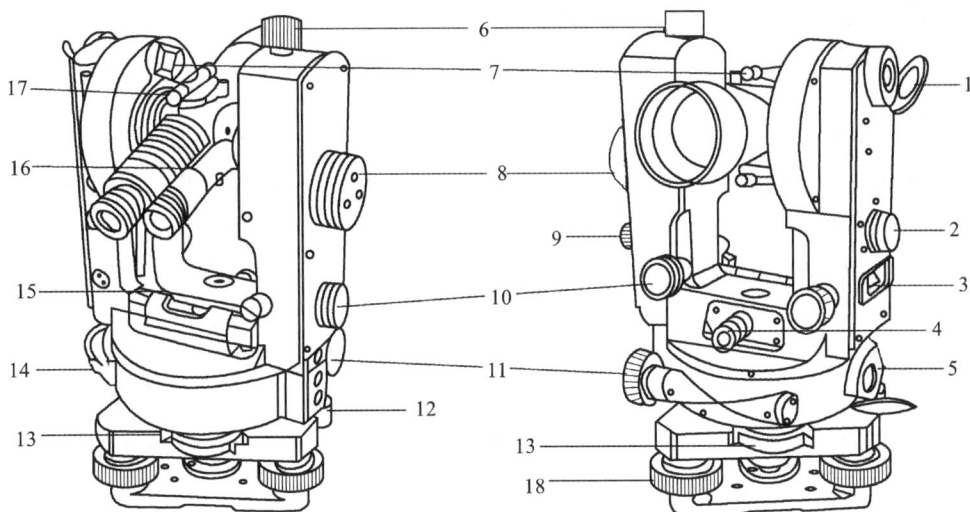

图 3-4　DJ₂ 型光学经纬仪

1—竖盘反光镜；2—竖盘指标水准管观察镜；3—竖盘指标水准管微动螺旋；4—光学对中器目镜；

5—水平度盘反光镜；6—望远镜制动螺旋；7—光学瞄准器；8—测微轮；9—望远镜微动螺旋；

10—换像手轮；11—水平微动螺旋；12—水平度盘变换手轮；13—中心锁紧螺旋；

14—水平制动螺旋；15—照准部水准管；16—读数显微镜；17—望远镜反光手轮；18—脚螺旋

3.2.2　光学经纬仪的使用

1. DJ₆ 型光学经纬仪的使用

光学经纬仪的使用包括安置仪器、瞄准目标和读数三个基本步骤。

1）安置仪器

安置仪器是将经纬仪安置在测站点上，包括对中和整平两项内容。

（1）对中。

对中的目的是使仪器中心与测站点标志中心位于同一铅垂线上。其具体做法如下。

①先松开三脚架的 3 个固定螺旋，按观测者身高调整好脚架的长度，然后将 3 个螺旋拧紧。

②张开三脚架，将其安置在测站上，使架头大致水平，且架头中心与测站点位于同一铅垂线上。

③从仪器箱中取出经纬仪放置在三脚架架头上，并使仪器基座中心基本对齐三脚架架头的中心，旋紧连接螺旋后，即可进行对中整平操作。

可以使用垂球对中或光学对中器对中进行经纬仪安置操作。

使用垂球对中法安置经纬仪时，要将垂球挂在连接螺旋中心的挂钩上，调整垂球线长度，使垂球尖略高于测站点。

a. 初步对中。如果相差太大，可前后、左右摆动三脚架的架腿，或整体移动三脚架，使垂球尖大致对准测站点标志，并注意架头基本保持水平，然后将三脚架的脚尖踩入土中。

b. 精对中。稍微旋松连接螺旋，双手扶住仪器基座，在架头上平移仪器，使垂球尖精确对准测站点标志中心，再旋紧连接螺旋。垂球对中的误差应小于 3 mm。

c.精平。旋转脚螺旋,使圆水准器的气泡居中,转动照准部,旋转脚螺旋,使管水准器的气泡在相互垂直的两个方向上居中。注意,旋转脚螺旋精平仪器时,不要破坏已完成的垂球对中关系。

光学对中器的对中是利用几何光学原理来完成的,使用光学对中器对中法安置经纬仪时,移动三脚架中的任意两脚或将整个仪器在架头上平移,使光学对中器小圆圈中心对准测站点标志中心,达到对中的目的。用光学对中器对中的误差一般可控制在 3 mm 以内。

由于光学对中器的视线与仪器竖轴重合,因此,只有在仪器整平后,视线才处于铅垂位置。对中时,最好先用垂球尖大致对中,再调节对中器的目镜和物镜,使分划板小圆圈和测站点标志同时清晰,然后固定一条架腿,移动其余两架腿,使照准圈大致对准测站点标志,并踩踏三脚架,使其稳固地插入地面。若对中偏离较小,也可稍旋松连接螺旋,两手扶住仪器基座,在架头上平移仪器,使目镜分划板小圆圈中心精确对准测站点标志中心,最后旋紧连接螺旋。

（2）整平。

整平的目的是使仪器竖轴处于铅垂位置,水平度盘处于水平位置。其具体做法如下。

①粗略整平。根据圆水准器气泡偏离情况,分别伸长或缩短三脚架的架腿,使圆水准器气泡居中。

②精确整平。如图 3-5(a)所示,精确整平时,先转动仪器的照准部,使照准部水准管与任一对脚螺旋的连线平行,然后用两手同时相对转动两脚螺旋,直到气泡居中,注意气泡移动方向始终与左手大拇指移动方向一致。再将照准部旋转 90°,如图 3-5(b)所示,转动第三个脚螺旋,使水管气泡居中。按以上步骤反复进行操作,直到照准部转至任意位置气泡皆居中为止。

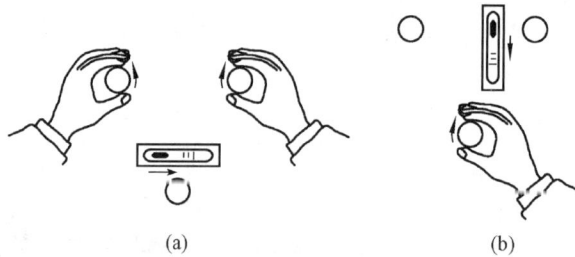

图 3-5　精确整平

在精确整平后,需要检查仪器对中情况。若测站点标志不在照准圈中心且偏移量较小,可松开仪器中心连接螺旋,在架头上平移仪器使其精确对中。由于在平移仪器时整平可能会受到影响,因此需要再次进行精确整平。在精确整平时,对中又可能受到影响,于是,这两项工作需要反复进行,直到两者都满足要求为止。

2）瞄准目标

测角时的照准标志,一般是竖立于测点的标杆、测钎及用三根竹竿悬吊垂球的线或觇牌。测量水平角时,以望远镜的十字丝竖丝瞄准照准标志。望远镜瞄准目标的操作步骤如下。

（1）目镜对光。松开望远镜制动螺旋和水平制动螺旋,将望远镜对向明亮的背景(如白墙、天空等,注意不要对向太阳),转动目镜使十字丝清晰。

（2）粗瞄目标。利用粗瞄器粗略瞄准目标后,旋紧望远镜制动螺旋和照准部制动螺旋。

（3）物镜对光。转动物镜对光螺旋，使目标影像清晰，并消除视差。

（4）精确瞄准。用望远镜微动螺旋和水平微动螺旋精确瞄准目标，瞄准目标时，应尽量瞄准目标底部，使用竖丝的中间部分平分或夹准目标，如图 3-6 所示。

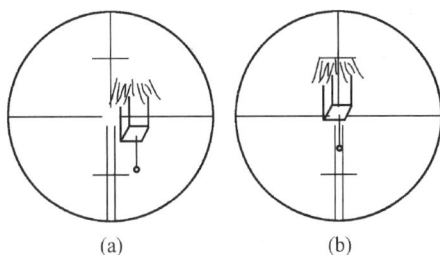

图 3-6 瞄准

(a)不正确；(b)正确

3）读数

DJ$_6$ 型光学经纬仪采用分微尺测微器进行读数。这类仪器的度盘分划值为 1°，按顺时针方向注记度数。在读数显微镜的读数窗上装有一块带分划的分微尺，度盘上的分划线间隔经显微镜放大后成像于分微尺上。图 3-7 为显微镜内所看到的度盘和分微尺的影像，上面注有"H"（或"水平"）的为水平度盘读数窗，注有"V"（或"竖直"）的为竖直度盘读数窗，分微尺的长度等于放大后度盘分划线间隔 1° 的长度，分微尺分为 60 个小格，每小格为 1′。分微尺每 10 小格注有数字，表示 0′、10′、20′、…、60′，注记增加方向与度盘相反。读数装置直接读到 1′，估读到 0.1′(6″)。

读数时，分微尺上的 0 分划线为指标线，它在度盘上的位置就是度盘读数的位置。如在水平度盘的读数窗中，分微尺的 0 分划线已超过 261，水平度盘的读数应该大于 261°。所多的数值，再由分微尺的 0 分划线至度盘上 261 分划线之间有多少小格来确定。图 3-7 中为 4.4 格，故为 04′24″，水平度盘的读数应是 261°04′24″。

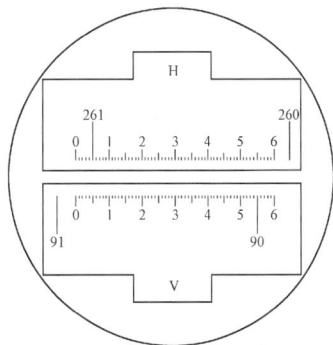

图 3-7 分微尺读数窗

2. DJ$_2$ 型光学经纬仪的使用

DJ$_2$ 型光学经纬仪的观测精度高于 DJ$_6$ 型光学经纬仪。在结构上，除望远镜的放大倍数较大、照准部水准管的灵敏度较高、度盘格值较小外，主要表现为读数设备的不同。DJ$_2$ 型光学经纬仪的读数设备有以下两个特点。

（1）DJ$_2$ 型光学经纬仪采用对径重合读数法，相当于利用度盘上相差 180° 的两个指标读数并取其平均值，可消除度盘偏心的影响。

（2）DJ$_2$ 型光学经纬仪在读数显微镜中只能看到水平度盘或竖直度盘中的一种，读数时，可通过转动换像手轮，选择所需的度盘影像。

DJ$_2$ 型光学经纬仪利用度盘 180° 对径分划线影像读数装置进行读数。外部光线进入仪器后，经过一系列棱镜和透镜的作用，将度盘上直径两端分划，同时，反映到读数显微镜的中间窗口，呈方格状。当转动测微轮时，呈上、下两部分的对径分划的影像将做相对移动，当上下分划的影像精确重合时才能读数。

近年生产的 DJ$_2$ 型光学经纬仪采用了数字化读数装置,读数窗中用数字显示整 10′数,如图 3-8(a)所示。读数时,先转动测微轮,使度盘的主、副像分划线重合,如图 3-8(b)所示,然后读数,图 3-8(b)所示的读数为 65°54′8.2″。

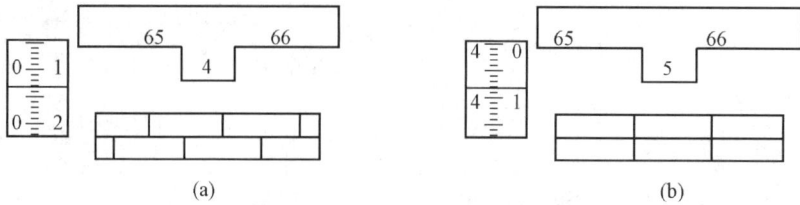

图 3-8 DJ$_2$ 型光学经纬仪读数窗

(a)数字化读数窗;(b)主、副像分划线对齐

任务 3.3 水平角测量方法

3.3.1 测回法

测回法适用于观测两个方向之间的单角。如图 3-9 所示,设 O 为测站点,A、B 为观测目标,用测回法观测 OA 与 OB 两方向之间的水平角 β,具体施测步骤如下。

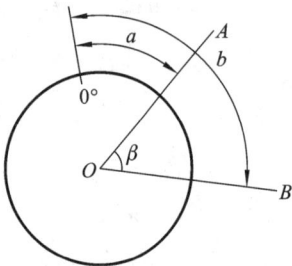

图 3-9 测回法观测示意

1. 安置仪器

在测站点 O 上安置经纬仪(对中、整平)。

2. 盘左观测

盘左是指竖直度盘处于望远镜左侧时的位置,也称为正镜,在这种状态下进行的观测称为盘左观测,也称上半测回观测。

松开照准部制动螺旋,瞄准左边的目标 A,对望远镜进行调焦并消除视差,伸测钎或标杆准确地夹在双竖丝中间,为了减少标杆或测钎竖立不直的影响,应尽量瞄准测钎或标杆的根部。读取水平度盘读数 $\alpha_左$,并记录。顺时针方向转动照准部,用同样的方法瞄准目标 B,读取水平度盘读数 $b_左$,则上半测回角值为 $\beta_左 = b_左 - \alpha_左$。

3. 盘右观测

盘右是指竖直度盘处于望远镜右侧时的位置,也称为倒镜,在这种状态下进行的观测称为盘右观测,也称下半测回观测。

倒转望远镜,使盘左变成盘右。按上述方法先瞄准右边的目标 B,读取水平度盘读数 $b_右$。逆时针方向转动照准部,瞄准左边的目标 A,读取水平度盘读数 $\alpha_右$,则下半测回角值为 $\beta_右 = b_右 - \alpha_右$。

盘左和盘右两个半测回合并作一测回。两个半测回测得的角值的平均值就是一测回的观测结果,见式(3-3)。

$$\beta = (\beta_左 + \beta_右)/2 \tag{3-3}$$

当水平角需要观测几个测回时,为了减少度盘分划误差的影响,在每一测回观测完毕之后,应根据测回数 N,将度盘起始位置读数变换为 $180°/N$,再开始下一测回的观测。如果要测三个测回,第一测回开始时,度盘读数可配置在比 0°稍大一些;在第二测回开始时,度盘读数可配置在 60°左右;在第三测回开始时,度盘读数应配置在 120°左右。测回法观测手簿如表 3-1 所示。

表 3-1 测回法观测手簿

仪器等级:　　　DJ₂仪器编号:　　　观测者:　　　观测日期:　　　天气:　　　记录者:

测站	测回数	竖盘位置	目标	水平度盘读数	半测回角值	半测回互差	一测回角值	各测回角值
O	1	左	A	0°02′17″	48°33′06″	18″	48°33′15″	48°33′03″
			B	48°35′23″				
		右	A	180°02′31″	48°33′24″			
			B	228°35′55″				
	2	左	A	90°05′07″	48°32′48″	6″	48°32′51″	
			B	138°37′55″				
		右	A	270°05′23″	48°32′54″			
			B	318°38′17″				

3.3.2 方向观测法

方向观测法适合在同一测站上观测多个角度,即观测方向多于两个时采用。如图 3-10 所示,O 点为测站点,A、B、C、D 为四个目标点,欲测定 O 点到各目标点之间的水平角,其观测步骤如下。

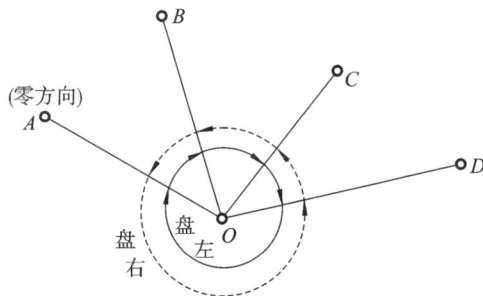

图 3-10 方向法观测示意

1. 安置仪器

在测站点上安置经纬仪(对中、整平)。

2. 盘左观测

先观测所选定的起始方向(又称零方向)OA,再按顺时针方向依次观测 OB、OC、OD 各方向,每观测一个方向,均读取水平度盘读数并记入观测手簿。如果方向数超过三个,最后还要回到起始方向 OA,并记录读数。最后一步称为归零,OA 方向两次读数之差称为归零差,其目的是检查水平度盘的位置在观测过程中是否发生变动。此为盘左半测回或上半测回。

3. 盘右观测

倒转望远镜，按逆时针方向依次照准 OA、OD、OC、OB、OA 各方向，读取水平度盘读数，并记录。此为盘右半测回或下半测回。上、下半测回合起来为一测回，如果要观测 N 个测回，每测回仍应按 $180°/N$ 的差值变换水平度盘的起始位置。方向观测法手簿如表 3-2 所示。

表 3-2 方向法观测手簿

仪器等级：　　DJ$_2$仪器编号：　　观测者：　　观测日期：　　天气：　　记录者：

测站	测回数	目标	读数 盘左/(° ′ ″)	读数 盘右/(° ′ ″)	两倍视准轴误差/(″)	平均读数/(° ′ ″)	归零方向值/(° ′ ″)	各测回归零方向值的平均值/(° ′ ″)
O	1	A	0 01 06	180 01 06	0	(0 01 09) 0 01 06	0 00 00	0 00 00
		B	38 43 18	218 43 06	+12	38 43 12	38 42 03	38 42 06
		C	116 28 06	296 27 54	+12	116 28 00	116 26 51	116 26 54
		D	157 13 48	337 13 42	+6	157 13 45	157 12 36	157 12 32
		A	0 01 18	180 01 06	+12	0 01 12		
	2	A	90 02 30	270 02 24	+6	(90 02 24) 90 02 27	0 00 00	
		B	128 44 36	308 44 28	+8	128 44 32	38 42 08	
		C	206 29 18	26 29 24	−6	206 29 21	116 26 57	
		D	247 14 54	67 14 48	+6	247 14 51	157 12 27	
		A	90 02 24	270 02 18	+6	90 02 21		

任务 3.4　竖直角测量方法

3.4.1　竖直度盘构造

经纬仪的竖直度盘也称为竖盘，它固定在望远镜横轴的一端，垂直于横轴，随望远镜的上下转动而转动，其构造示意如图 3-11 所示。竖盘读数指标线不随望远镜的转动而变化。为使竖盘读数指标线在读数时处于正确位置，竖盘读数指标线与竖盘水准管连在一起，由竖盘水准管微动螺旋控制。转动竖盘水准管微动螺旋可使竖盘水准管气泡居中，使指标线处于正确位置。当视线水平时，竖盘读数都是一个已知的固定值（0°、90°、180°、270°四个值中的一个）。

3.4.2　竖直角计算

1. 计算平均竖直角

盘左、盘右对同一目标各观测一次，组成一个测回。一测回竖直角 α 为盘左、盘右竖直角的平均值，见式（3-4）。

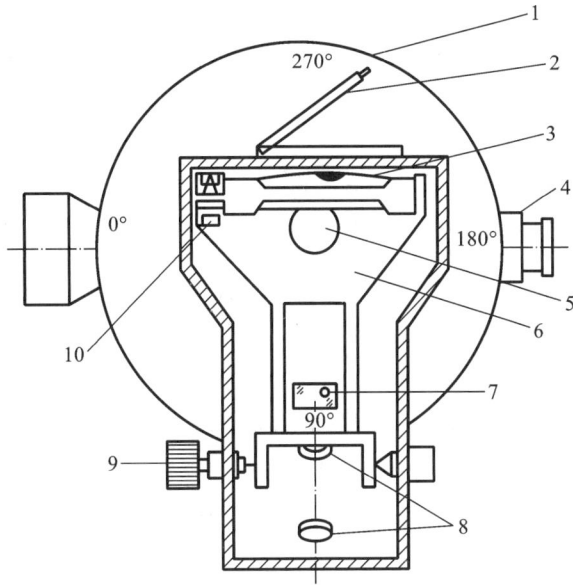

图 3-11 竖盘构造示意

1—竖直度盘;2—水准管反射镜;3—竖盘水准管;4—望远镜;5—横轴;

6—支架;7—转向棱镜;8—透镜组;9—竖盘水准管微动螺旋;10—水准管校正螺钉

$$\alpha = \frac{\alpha_{左} + \alpha_{右}}{2} \tag{3-4}$$

2. 竖直角 $\alpha_{左}$ 与 $\alpha_{右}$ 的计算

如图 3-12 所示,竖盘注记方向有全圆顺时针和全圆逆时针两种形式。竖直角是倾斜视线方向读数与水平线方向值之差,根据所用仪器竖盘注记方向形式来确定竖直角计算方式。

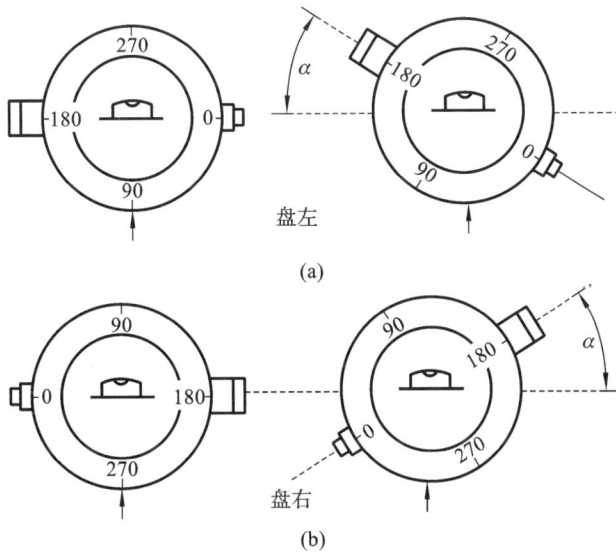

(a)

(b)

图 3-12 竖盘注记示意

(a)盘左;(b)盘右

盘左位置时,将望远镜大致放平,观察竖盘读数 L 接近 $0°$、$90°$、$180°$、$270°$ 中的哪一个,盘右水平线方向值为 $270°$,然后将望远镜慢慢上仰(物镜端抬高),看竖盘读数 R 是增大还是减小,如果是增加,则为逆时针方向注记 $0°\sim360°$,竖直角计算见式(3-5)。

$$\left.\begin{aligned} \alpha_{左} &= L - 90° \\ \alpha_{右} &= 270° - R \end{aligned}\right\} \tag{3-5}$$

如果是减小,则为顺时针方向注记 $0°\sim360°$,竖直角计算见式(3-6)。

$$\left.\begin{aligned} \alpha_{左} &= 90° - L \\ \alpha_{右} &= R - 270° \end{aligned}\right\} \tag{3-6}$$

3.4.3 竖盘指标差

当视线水平且竖盘水准管气泡居中时,指标所指读数不是 $90°$ 或 $270°$,而是与 $90°$ 或 $270°$ 相差一个角值 x,如图 3-13 所示。也就是说,正镜观测时,实际的始读数为 $x_{0左} = 90° + x$;倒镜观测时,始读数为 $x_{0右} = 270° + x$。这个差值 x 称为竖盘指标差,简称指标差,设此时观测结果的正确角值为 $\alpha_{左}$ 和 $\alpha_{右}$,得:

$$\alpha'_{左} = x_{0左} - L = (90° + x) - L$$
$$\alpha'_{右} = R - (x_{0右} + 180°) = R - (270° + x)$$
$$\alpha'_{左} = \alpha_{左} + x$$
$$\alpha'_{右} = \alpha_{右} - x$$

将 $\alpha'_{左}$ 与 $\alpha'_{右}$ 取平均值,得:

$$\alpha = \frac{1}{2}(\alpha'_{左} + \alpha'_{右}) = \frac{1}{2}(\alpha_{左} + \alpha_{右})$$

则指标差为:

$$x = \frac{1}{2}(\alpha_{右} - \alpha_{左}) = \frac{1}{2}(R + L - 360°)$$

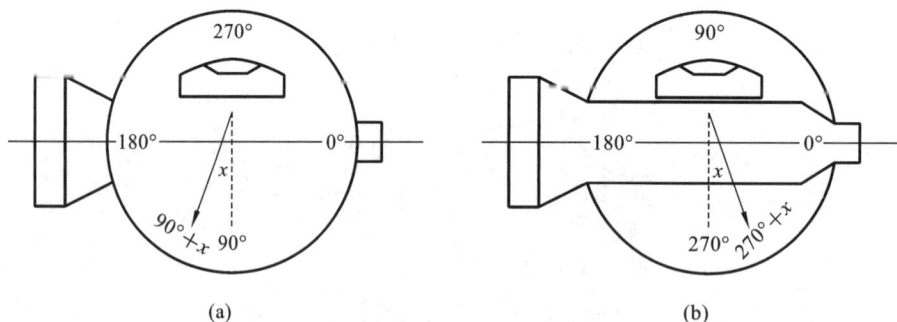

图 3-13 竖盘指标差示意

(a)盘左位置;(b)盘右位置

3.4.4 竖直角观测

竖直角观测的操作步骤如下。

(1)将经纬仪安置在测站点上,经对中整平后,量取仪器高。

(2)用盘左位置瞄准目标点,使十字丝中横丝对准目标的顶端或指定位置,调节竖盘水准管微动螺旋,使竖盘水准管气泡严格居中,同时,读取盘左读数并记入手簿（见表 3-3）,为上半测回。

（3)纵转望远镜,用盘右位置再瞄准目标点相同位置,调节竖盘水准管微动螺旋,使竖盘水准管气泡居中,读取盘右读数 R。

表 3-3　竖直角观测手簿

测站	目标	竖盘位置	竖盘读数	半测回竖直角	指标差/(″)	一测回竖直角
O	A	左	81°18′42″	+8°41′18″	+6	+8°41′24″
		右	278°41′30″	+8°41′30″		
	B	左	124°03′30″	−34°03′30″	+12	−34°03′18″
		右	235°56′54″	−34°03′06″		

任务 3.5　全站仪的使用

3.5.1　全站仪简介

全站仪是指能测量方位角、目标距离,并能自动计算目标点坐标的测量仪器,其在经济建设和国防建设中具有重要作用。矿物普查、勘探和采掘,修建铁路、公路、桥梁,农田水利、城市规划与建设等都离不开电子全站仪的使用。在国防建设中,如战场准备、港湾、要塞、机场、基地及军事工程建设等,都必须以详细而正确的大地测量为依据。近年来,电子全站仪更是成为大型精密工程测量,造船及航空工业等方面进行精密定位与安装的有效工具。全站仪基本构造如图 3-14 所示。

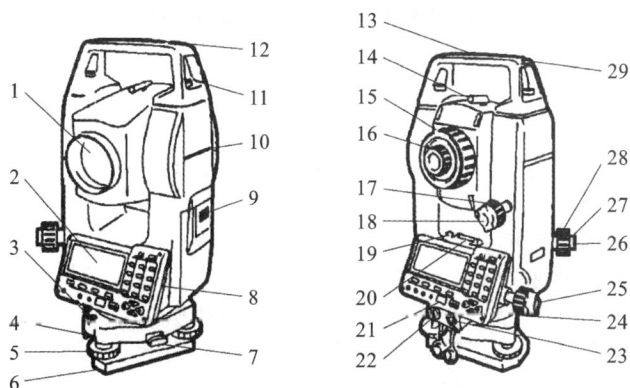

图 3-14　全站仪基本构造

1—物镜;2—显示窗;3—圆水准器;4—圆水准器校正螺丝;5—脚螺旋;6—底板;7—三角基座制动控制杆;

8—操作面板;9—电池盒盖;10—仪器高标志;11—提柄紧固螺丝;12—提柄;13—仪器中心标志;

14—粗照准器;15—望远镜调焦环;16—望远镜目镜;17—垂直微动手轮;18—垂直制动钮;

19—长水准管校正螺丝;20—长水准管;21—遥控键盘感应器;22—外接电源插口;23—数据通信插口;

24—水平微动手轮;25—水平制动钮;26—光学对中器目镜;27—光学对中器分划板护盖;

28—光学对中器调焦环;29—管式罗盘插口

如图 3-15 所示,全站仪电源是可充电电池,可为各部分设备供电;测角部分为电子经纬仪,可以测定水平角和竖直角及设置方位角;补偿部分可以实现仪器垂直轴倾斜误差对水平、垂直角度测量影响的自动补偿改正;测距部分为光电测距仪,可以测定两点之间的距离;中央处理器用于接收输入指令,控制各种观测作业方式,进行数据处理等。全站仪的输入/输出设备包括键盘、显示屏、双向数据通信接口。

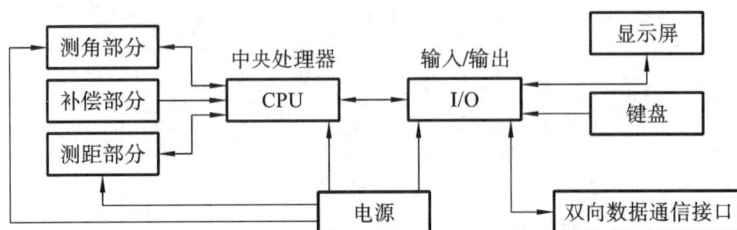

图 3-15 全站仪的结构原理示意

3.5.2 全站仪按键功能

1. 全站仪操作界面

常见全站仪操作界面如图 3-16 所示。

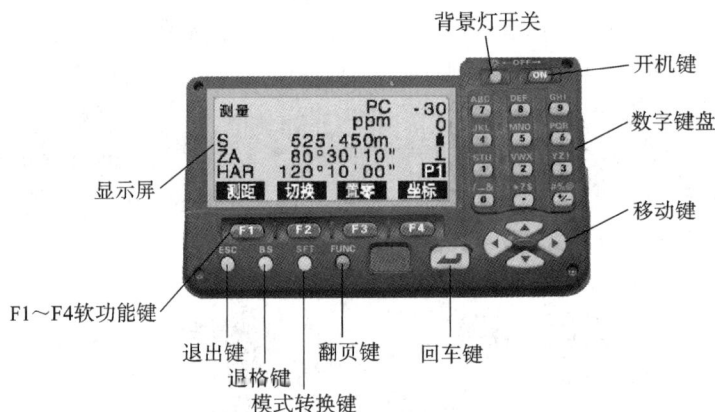

图 3-16 常见全站仪操作界面

2. 全站仪操作按键符号说明

全站仪主要按键符号如表 3-4 所示。

表 3-4 全站仪主要按键符号

按键	名称	功能
ANG	角度测量键	在基本测量功能下,进入角度测量模式。在其他模式下,光标上移或向上选取选择项
DIST	距离测量键	在基本测量功能下,进入距离测量模式。在其他模式下,光标下移或向下选取选择项
CORD	坐标测量键	在基本测量功能下,进入坐标测量模式。在其他模式下,光标左移或向前翻页

按键	名称	功能
MENU	菜单键	在基本测量功能下,进入菜单模式。在其他模式下,光标右移或向后翻页
ENT	回车键	接收并保存窗口的数据输入并结束对话
ESC	退出键	结束窗口,但不保存其输入
⏻	电源开关	控制电源的开/关
F1~F4	按键	显示屏最下方与这些键正对的反转显示字符,指明了这些按键的含义
0~9	数字键	输入数字和字母或选取菜单项
·,+/-	符号键	输入符号(小数点、正负号)
★	星键	用于仪器若干常用功能的操作。凡有测距的界面,星键都进入,可显示对比度、进行夜照明、开关补偿器、设置测距参数

3.5.3 测量前的准备工作

1. 开箱与存放

开箱时轻轻地放下箱子,让其盖朝上,打开箱子的锁栓,开箱盖,取出仪器。存放时盖好望远镜镜盖,使照准部的垂直制动钮和基座的圆水准器朝上,将仪器平卧(望远镜物镜端朝下)放入箱中,轻轻旋紧垂直制动钮,盖好箱盖并关上锁栓。

2. 安置仪器

将仪器安装在三脚架上,精确整平和对中,以保证测量成果的精度,应使用专用的中心连接螺旋三脚架。

1)安置三脚架

将三脚架打开,伸到适当高度,拧紧三个固定螺旋。

2)将仪器安置在三脚架上

将仪器小心地安置到三脚架上,松开中心连接螺旋,在架头上轻移仪器,直到垂球尖对准测站点标志中心,然后轻轻拧紧连接螺旋。

3)利用圆水准器粗平仪器

(1)旋转两个脚螺旋 A、B,使圆水准器气泡移到与上述两个脚螺旋中心连线相垂直的一条直线上。

(2)旋转脚螺旋 C,使圆水准器气泡居中。

4)利用管水准器精平仪器

(1)松开水平制动螺旋,转动仪器,使管水准器平行于某一对脚螺旋 A、B 的连线,再旋转脚螺旋 A、B,使管水准器气泡居中。

(2)将仪器绕竖轴旋转 90°,再旋转另一个脚螺旋 C,使管水准器气泡居中。

(3)再次旋转 90°,重复(1)(2),直至四个位置上气泡居中为止。

5)利用光学对中器对中

根据观测者的视力调节光学对中器望远镜的目镜。松开中心连接螺旋、轻移仪器,将光学对中器的中心标志对准测站点,然后拧紧连接螺旋。在轻移仪器时不要让仪器在架头上有转动,以尽可能减少气泡的偏移。

6)最后精平仪器

按第4)步精确整平仪器,直到仪器旋转到任何位置时,管水准器的气泡始终居中为止,然后拧紧连接螺旋。

3.电池工作、充电和存放时的注意事项

1)电池工作时的注意事项

(1)电池工作时间的长短取决于环境条件,如周围温度、充电时间和充电的次数等,为安全起见,建议提前充电或准备一些充好电的备用电池。

(2)电池剩余容量显示级别与当前的测量模式有关,在角度测量模式下,电池剩余容量够用,并不能够保证电池在距离测量模式下也能用。因为距离测量模式耗电高于角度测量模式,当从角度模式转换为距离测量模式时,由于电池容量不足,有时会中止测距。

(3)每次取下电池盒时,都必须先关掉仪器电源,否则仪器易损坏。

2)电池充电时的注意事项

电池充电应用专用充电器。充电时先将充电器接好220 V电源,从仪器上取下电池盒,将充电器插头插入电池盒的充电插座,充电器上的指示灯为橙色时表示正在充电,充电6 h后或指示灯为绿色时表示充电完毕,拔出插头。

充电时注意事项如下。

(1)尽管充电器有过充保护回路,充电结束后仍应将插头从插座中拔出。

(2)要在±45 ℃温度范围内充电,超出此范围可能充电异常。

(3)如果充电器与电池已连接好,指示灯却不亮,此时充电器或电池可能已损坏,应修理。

3)电池存放时的注意事项

(1)可充电电池可重复充电300～500次,电池完全放电会缩短其使用寿命。

(2)为延长电池的使用寿命,宜每月充电一次。

4.打开和关闭电源

(1)确认仪器已经整平。

(2)打开电源开关,确认显示窗中显示足够的电池电量,当显示"电池电量不足"(电池用完)时,应及时更换电池或对电池进行充电。

5.对比度调节

仪器开机时应确认棱镜常数值(PSM)和大气改正值(PPM),并调节显示屏对比度,可通过按[▲]或[▼]键调节对比度。为了在关机后保存设置值,可按[F4](回车)键。

3.5.4 全站仪常规测量工作

1.角度测量

开机后仪器自动进入角度测量模式,或在基本测量模式下按[ANG]键进入角度测量模式。角度测量共三个界面,按[F4]在三个界面中切换(见图3-17)。三个界面中的功能分别是:第一个界面,测存、置零、置盘;第二个界面,锁定、复测、坡度;第三个界面,H蜂鸣、右左、竖角。这些界面下的各个功能的描述如下。

1)置零

功能:将水平角设置为0°0′0″。

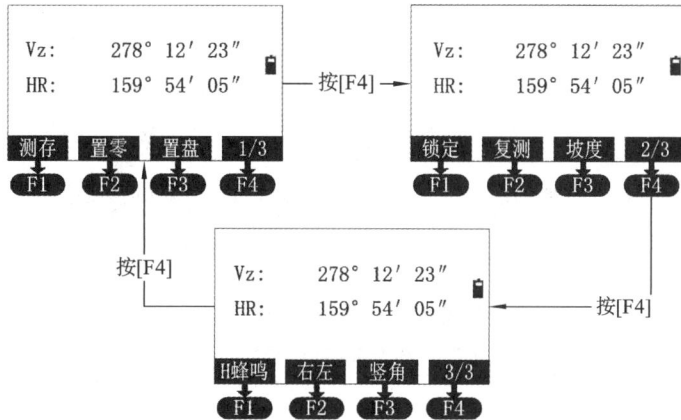

图 3-17　角度测量模式菜单界面示意

　　按[F2]键,系统询问"置零吗?",按[ENT]键置零,按[ESC]键退出置零操作。为了精确置零,请轻按[ENT]键。

　　2)置盘

　　功能:将水平角设置成需要的角度。

　　按[F3]键,进入水平角输入窗口,进行水平角的设置。在度分秒显示模式下,如需输入 123°45′56″,只需要在输入框中输入 123.4556 即可,其他显示模式正常输入。置盘界面示意如图 3-18 所示。

　　按[F4]键确认输入,按[ESC]键取消,角度大于 360°时会提示"角度超出!"。

　　3)锁定

　　功能:设置水平角度的另一种形式。

　　转动照准部到相应的水平角度后,按[锁定]键,此时再次转动照准部,水平角保持不变;转动照准部瞄准目标后,按[是]键,则以新的位置为基准重新进行水平角的测量。锁定界面示意如图 3-19 所示。

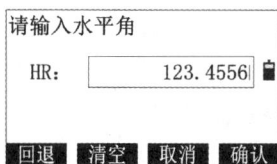

图 3-18　置盘界面示意

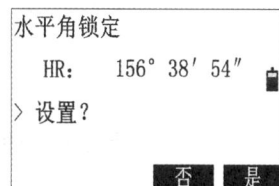

图 3-19　锁定界面示意

　　4)复测

　　功能:在水平角(右角)测量模式下可进行角度重复测量(见图 3-20)。

　　(1)第一次测量。

　　确认仪器处于水平角(右角)测量模式,进入角度复测功能界面。照准目标 A,按[F1](置零)键,按[F4](是)键。使用水平制动和微动螺旋照准目标 B,并按[F4](锁定)键(见图 3-21)。

　　(2)第二次测量。

　　使用水平制动和微动螺旋再次照准目标 A,并按[F3](释放)键。使用水平制动和微动螺旋再次照准目标 B,并按[F3](锁定)键(见图 3-22)。

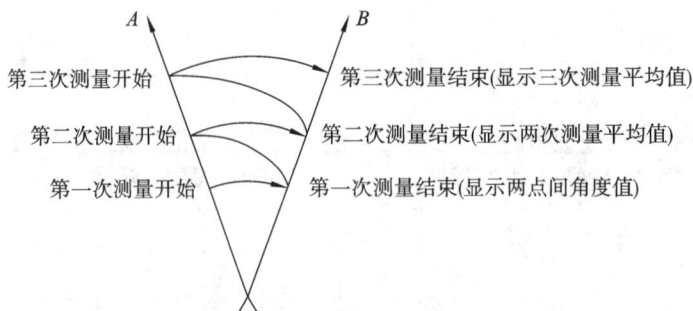

图 3-20 复测原理示意

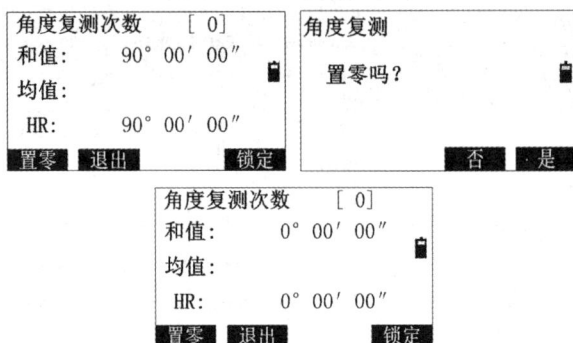

图 3-21 复测界面示意（一）

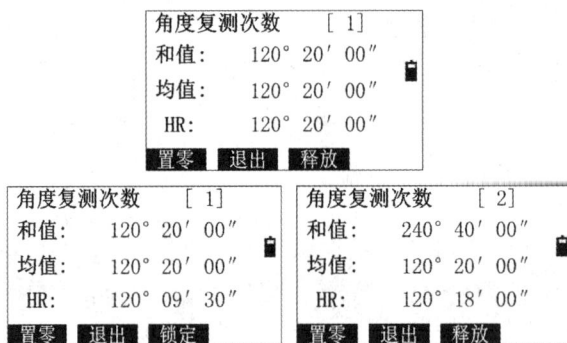

图 3-22 复测界面示意（二）

（3）第三次测量。

重复以上步骤，直到完成所需要的测量次数。

若要退出角度复测，可按［F2］键（退出），并按［F4］键（是），屏幕返回正常测角模式。

注意：若角度观测结果与首次观测值相差超过 30″，则会显示出错信息。

2. 距离测量

按［DIST］键进入距离测量模式，距离测量共两个界面，按［F4］在两个界面中切换（见图 3-23）。两个界面中的功能分别是：第一个界面，测存、测量、模式；第二个界面，偏心、放样、m/f/i。这些界面下的各个功能的描述如下。

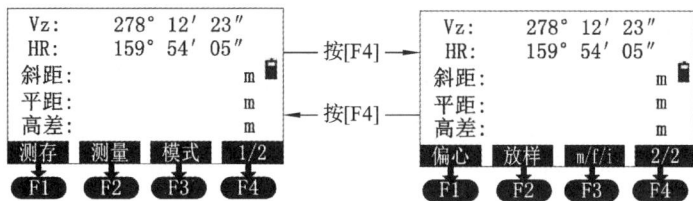

图 3-23　距离测量模式菜单界面示意

1)测存

按[F1]键后,显示屏出现输入"测点信息"窗口(如果事先没有选择过测量文件的话,此时会出现"选择文件"对话框),要求输入所测点的点名、编码、目标高。其中点名的顺序是在上一个点名序号上自动加 1。编码则根据需要输入,而目标高则根据实际情况输入。按[ENT]键保存测量文件。

当补偿器超出范围时,仪器提示"补偿超出!",距离测量无法进行,距离数据也不能存储。

2)测量

测量距离并显示斜距、平距、高差。在连续或跟踪模式下,按[ESC]键停止测距(见图3-24)。

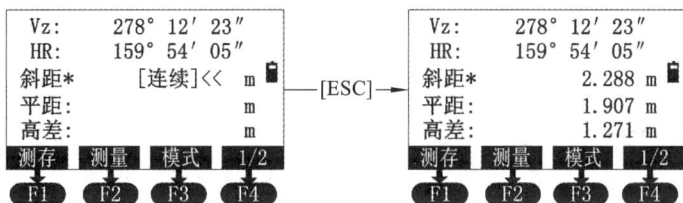

图 3-24　距离测量界面示意

3)模式

用于选择测距仪的工作模式,包括单次、多次、连续、跟踪(见图 3-25)。

按[▲][▼]键移动选项指针"[ ]",移动到相应的选项后,按[ENT]键确认。

4)放样

进入距离放样功能。

此界面中的[F1]～[F3]键用于选择放样的模式(见图 3-26)。选择模式后输入距离。输入距离后,按[ENT]键进入距离放样模式,此后按[F2]键可以得到放样的结果。

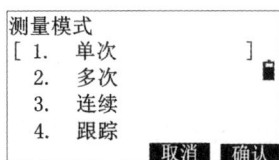

图 3-25　测量模式选择界面示意

图 3-26　距离放样界面示意

dSD:表示所测斜距与期望放样的斜距之差,如果为正表示所测斜距比期望斜距大,说明棱镜要向仪器移动。

dHD:表示所测平距与期望放样的平距之差,如果为正表示所测平距比期望平距大,说明棱镜要向仪器移动。

dVD:表示所测高差与期望放样的高差之差,如果为正表示所测高差比期望高差大,说明棱镜要向下移动(挖方)。

每次放样完毕,按[F4]键切换到第 2 页,按[F2]键可以继续进行放样,或者按[DIST]键返回距离测量模式。

5)m/f/i

使距离显示模式在米(m)、英尺、英尺+英寸显示模式之间切换。

其他说明:[⊟][⊟][⊞]表示当前测距的模式,其中[⊟]表示棱镜测距,[⊟][⊞]表示非棱镜测距。

3. 坐标测量

按[CORD]键进入坐标测量模式。进行坐标测量时应做好仪器的站点坐标设置、方位角设置、目标高和仪器高的输入工作。

坐标测量共三个界面,按[F4]键在三个界面中切换。第一个界面:测存、测量、模式。第二个界面:设置、后视、测站。第三个界面:偏心、放样、均值。坐标测量模式菜单界面示意如图 3-27 所示。

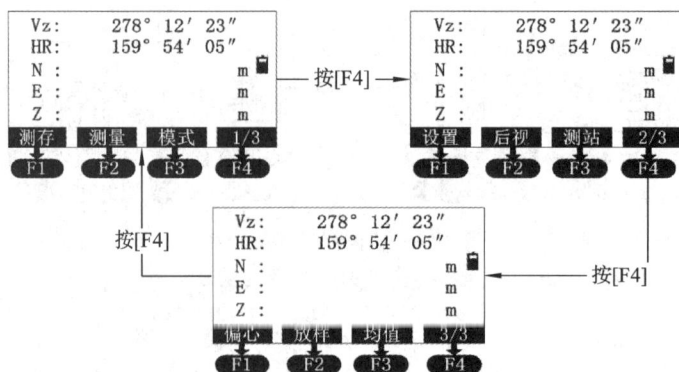

图 3-27　坐标测量模式菜单界面示意

1)测存

按[F1]键后,出现输入"测点信息"窗口(如果事先没有选择过测量文件的话,此时出现"选择文件"对话框),要求输入所测点的点名、编码、目标高。其中点名的顺序是在上一个点名序号上自动加 1。编码则根据的需要输入,而目标高则根据实际情况输入。

当补偿器超出范围时,仪器提示"补偿超出!",坐标测量无法进行,坐标数据也不能存储。

2)测量

按[F2]键后,启动测距仪,计算出目标点的坐标并显示出来,如果当前测距模式为连续或跟踪模式,则按[ESC]键停止测距,也可以按[ANG]或[DIST]键切换到测角功能或测距功能,并自动停止测距。

3)模式

此功能与测距功能中的模式相同,请参考测距中的模式功能说明。

4)设置

在第二个界面中,按[F1]键进行仪器高和目标高的输入,输入完成后按[ENT]键表示接收输入,按[ESC]退出输入界面,表示不接收本次输入。通常想查看仪器高和目标高时,也使用此方式。仪器高、目标高输入界面示意如图 3-28 所示。

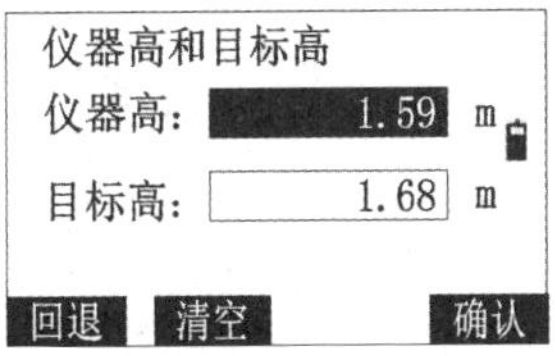

图 3-28 仪器高、目标高输入界面示意

仪器高和目标高的输入是有要求的,当超出 ±999.999,按[ENT]键后,系统提示"仪器高超出"和"目标高超出"。

5)后视

在第二个界面中,按[F2]键后,进入后视点坐标的输入界面(见图 3-29)。输入后视点的坐标是为了建立地面坐标与测站坐标之间的联系(本功能与测站功能配合使用)。设置后视点之后,要求瞄准目标点,确认后,仪器计算出后视点方位角,并将仪器的水平角显示成后视点方位角,从此建立仪器坐标与大地坐标的联系,此过程称为"设站"。为了避免重复动作,在此功能操作之前应进行测站功能的操作,然后进行后视坐标的输入并定向。定向时,请精确瞄准目标。定向操作也可以在角度测量模式中,通过"置零""置盘"和"锁定"的方法来实现,如果定向已在角度模式下实现,则此时的后视就不是必需的操作。

后视点坐标的输入可以通过键盘输入和文件输入两种方式来实现。

选择输入时,可通过键盘进行输入。按[调用]键通过文件进行输入,如果记得点名,使用"调用"是较好的方式,此时出现输入点的窗口,要求输入调用点的点名;如果不记得点名也可以通过"查找"输入坐标,使用查找时,列出当前坐标文件中的所有坐标以供选用,如果仍没有发现所需要的点,则按[ESC]键退出点列表框,系统出现坐标文件列表框,允许从别的坐标文件中选择点。当然如果不想继续的话可再次按[ESC]键返回到"设置后视点"窗口界面。

6)测站

在第二个界面按[F3]键进入测站点输入操作,输入测站点对应仪器所在的地面点的坐标和仪器高。测站点坐标输入界面示意如图 3-30 所示。

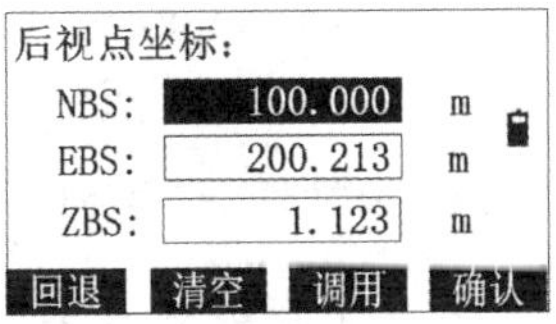

图 3-29 后视点坐标输入界面示意

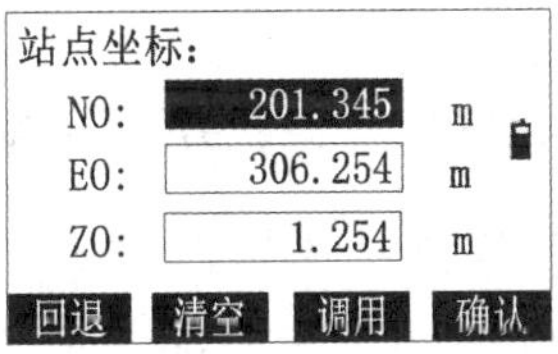

图 3-30 测站点坐标输入界面示意

4. 数据采集

按下[MENU]键,仪器进入主菜单 1/2 模式,按下数字键[1](数据采集) 即可。数据采集界面如图 3-31 所示。

1)设置测站点和后视点

测站点坐标与后视点定向角度在数据采集模式和正常坐标测量模式下是相互通用的,可以在数据采集模式下输入或改变测站点坐标和后视点定向角度。

测站点坐标可按如下两种方法设定:利用内存中的坐标数据设置;直接由键盘输入。

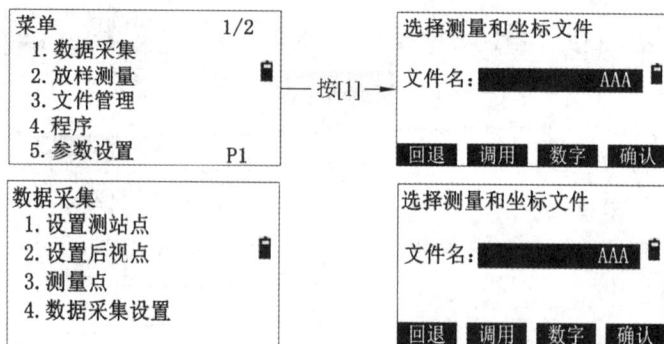

图 3-31　数据采集界面示意

后视点定向角度可按如下三种方法设置:利用内存中的坐标数据来设置;直接输入后视点坐标;直接输入设置的定向角度。

具体操作如下。

(1)进入设置测站点界面,会显示原有数据,如图 3-32 所示。

(2)按[F4](测站)键,如图 3-33 所示。

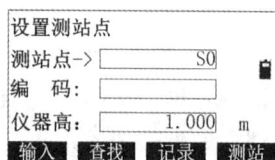

图 3-32　设置测站点界面(一)

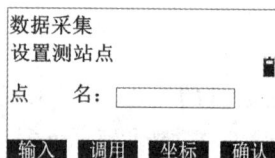

图 3-33　数据采集界面(一)

(3)按[F1](输入)键,如图 3-34 所示。

(4)输入点号,按[F4]键,如图 3-35 所示。

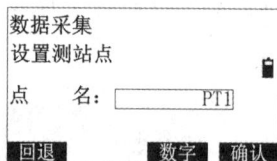

图 3-34　数据采集界面(二)

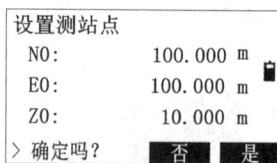

图 3-35　设置测站点界面(二)

(5)系统查找当前坐标文件,找到点名,则将该点的坐标数据显示在屏幕上,按[F4](是)键确认测站点坐标,并返回测站点设置主界面,如图 3-36 所示。

(6)屏幕返回设置测站点界面。按[▼]键将"→"移动到编码栏,如图 3-37 所示。

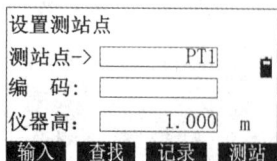

图 3-36　设置测站点界面(三)

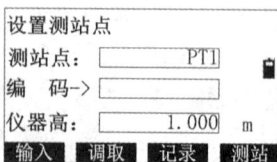

图 3-37　设置测站点界面(四)

(7)按[F1](输入)键,输入编码,并按[F4](确认)键,如图 3-38 所示。

(8)移动到仪器高栏,输入仪器高,并按[F4](确认)键,如图 3-39 所示。

(9)按[F3](记录)键,显示该测站点的坐标,如图 3-40 所示。

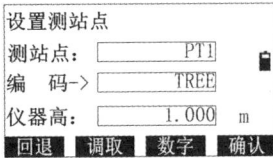

图 3-38　设置测站点界面(五)　　图 3-39　设置测站点界面(六)　　图 3-40　设置测站点界面(七)

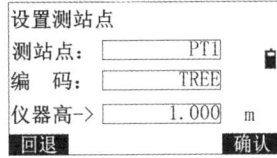

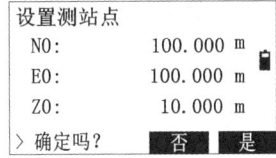

(10)按[F4](是)键,完成测站点的设置。显示屏返回数据采集菜单。

2)待测点测量

(1)由数据采集菜单,按数字键[3],进入待测点测量界面,如图 3-41 所示。

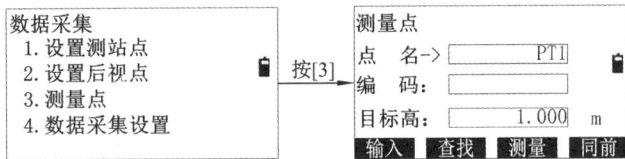

图 3-41　进入待测点测量界面

(2)按[F1](输入)键,输入待测点点名,按[确认]键,输入编码,如图 3-42 所示。

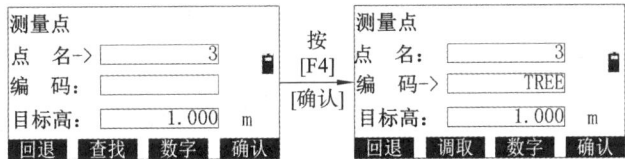

图 3-42　输入待测点点名

(3)按同样方法输入目标高后按[确认]键,如图 3-43 所示。

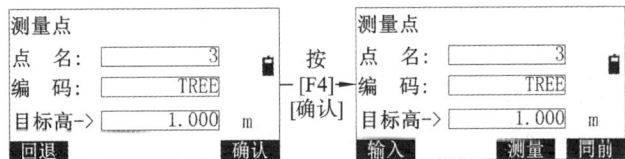

图 3-43　输入待测点目标高

(4)按[F3](测量)键,此时有四种测量方式可供选择——角度、距离、坐标、偏心,如图 3-44 所示。

(5)照准目标点,按[F1]~[F3]中的一个键,选择测量模式。例如,按[F2](距离)键,启动测量,如图 3-45 所示。

(6)测量结束后,按[F4](是)键,数据被存储(见图 3-46)。系统自动将点名加 1,开始下一点的测量。可按上述方式输入目标点名、编码、目标高并照准该点。可按[F4](同前)键,按照上一个点的测量方式进行测量,也可按[F3](测量)键选择测量方式,如图 3-47 所示。

```
测量点
点  名->        3
编  码:       TREE
目标高:      1.000  m
 角度   距离   坐标   偏心
```

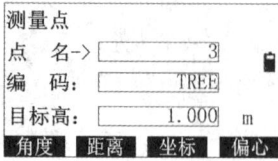

图 3-44 测量方式选择

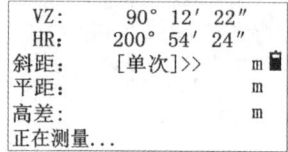

```
VZ:      90° 12′ 22″
HR:     200° 54′ 24″
斜距:    [单次]>>    m
平距:              m
高差:              m
正在测量...
```

图 3-45 启动测量

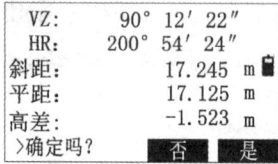

```
VZ:      90° 12′ 22″
HR:     200° 54′ 24″
斜距:      17.245  m
平距:      17.125  m
高差:      -1.523  m
>确定吗?      否    是
```

图 3-46 数据存储

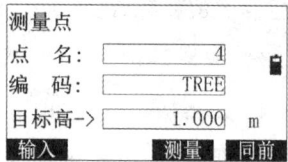

```
测量点
点  名:        4
编  码:       TREE
目标高->     1.000  m
 输入         测量   同前
```

图 3-47 下一点的测量

5.坐标放样

1)放样步骤

坐标放样就是在地面上找出设计所需的点的操作,需要以下步骤。

(1)选择放样坐标文件,可进行测站坐标数据、后视坐标数据和放样点数据的调用。

(2)设置测站点。

(3)设置后视点,确定方位角。

(4)输入所需的放样坐标,开始放样。

放样菜单的操作:按下[菜单]键,仪器进入主菜单 1/2 模式,按下数字键[2](放样测量),如图 3-48 所示。放样主菜单如题 3-49 所示。

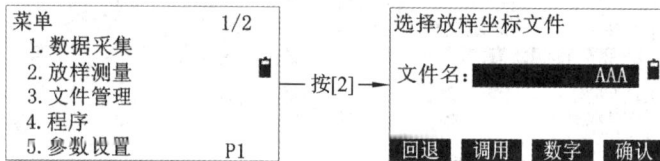

```
菜单            1/2
1.数据采集
2.放样测量
3.文件管理          按[2]
4.程序
5.参数设置       P1
```

```
选择放样坐标文件
文件名:        AAA
 回退   调用   数字   确认
```

图 3-48 进入放样测量模式

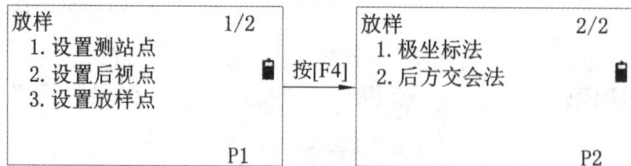

```
放样            1/2
1.设置测站点
2.设置后视点        按[F4]
3.设置放样点
             P1
```

```
放样            2/2
1.极坐标法
2.后方交会法
             P2
```

图 3-49 放样主菜单

其中,设置测站点和设置后视点是放样前的准备工作,如果确认在其他的功能中已经进行了测站点和后视点的设置操作,这些操作也可以不做。设置测站点和后视点的方法参见数据采集中的操作,设置后视点和方位角的目的是一样的,操作时请务必瞄准后视点。

2)坐标放样方法

坐标放样实施有两种方法可供选择:通过点号调用内存中的坐标值;直接输入坐标值。以下示例通过调用内存中的坐标值实施放样。

(1)在放样菜单 1/2 模式按数字键[3](设置放样点),如图 3-50 所示。

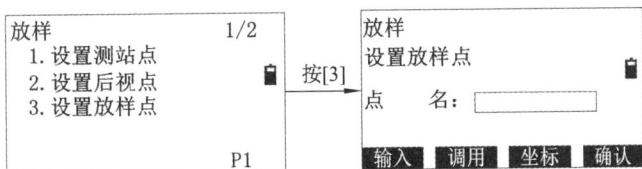

```
放样              1/2          放样
  1.设置测站点                  设置放样点
  2.设置后视点        按[3]
  3.设置放样点                  点    名：
                P1
                                输入  调用  坐标  确认
```

图 3-50 设置放样点

(2)按[F1](输入)键,输入好点名后确认,如图 3-51 所示。

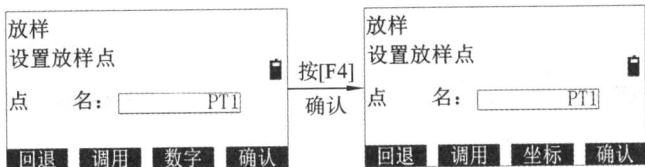

```
放样                          放样
设置放样点                     设置放样点
                     按[F4]
点    名：      PT1    确认    点    名：      PT1

回退  调用  数字  确认          回退  调用  坐标  确认
```

图 3-51 输入点名

(3)按[F4](确认)键,系统查找该点名,并在屏幕显示该点坐标,确认按[F4](是)键,如图 3-52 所示。

(4)输入目标高度。

(5)当放样点设定后,仪器就进行放样元素的计算,如图 3-53 所示。

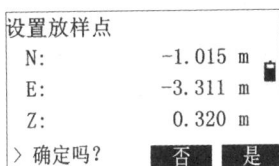

```
设置放样点                     放样-计算值
  N:        -1.015 m            HR:   252° 23′ 52″
  E:        -3.311 m            HD:        3.473 m
  Z:         0.320 m

> 确定吗?    否    是            距离  坐标
```

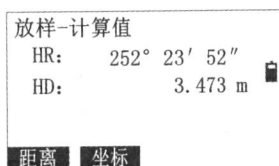

图 3-52 查找点名   图 3-53 计算放样元素

(6)HR:放样点的水平角计算值。

HD:仪器到放样点的水平距离计算值。

照准棱镜中心,按[F1](距离)键或[F2](坐标)键,系统计算出仪器照准部应转动的角度,如图 3-54 所示。

(7)HR:实际测量的水平角。

dHR:对准放样点仪器应转动的水平角=实测水平角-计算的水平角。

当 dHR=0°00′00″时,即表明找到放样点的方向。

转动仪器,使 dHR 为 0°左右,锁定水平制动螺旋,微调使 dHR=0°00′00″时,按[F1](测量)键,如图 3-55 所示。

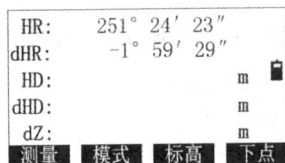

```
  HR:    251° 24′ 23″           HR:    252° 23′ 52″
 dHR:    -1° 59′ 29″           dHR:    0° 00′ 00″
  HD:              m            HD:      [单次]<<
 dHD:              m           dHD:              m
  dZ:              m            dZ:              m
 测量  模式  标高  下点          测量  模式  标高  下点
```

图 3-54 计算仪器照准部转动角度   图 3-55 调节 dHR 为 0

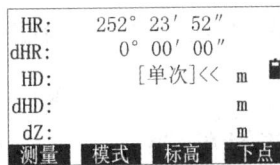

HD:实测的水平距离。

dHD:对准放样点上差的水平距离。dN＝实测坐标(N)－放样坐标(N),dE＝实测坐标(E)－放样坐标(E),dZ＝实测坐标(Z)－放样坐标(Z)。

(8)当显示值 dHR、dHD 和 dZ(dN,dE)均为 0 时,则放样点的测设已经完成,如图 3-56 所示。

(9)按[F4](下点)键,进入下一个放样点的测设。此时,界面中将显示下一个放样点的点号,如图 3-57 所示。

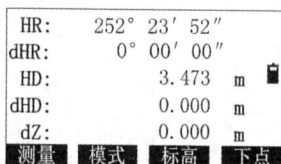

图 3-56　放样点测设完成

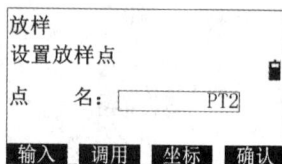

图 3-57　测设下一个放样点

6. 后方交会

在新站上安置仪器,用最多可达 5 个已知点的坐标和这些点的测量数据计算新坐标,后方交会的观测如下。

1)后方交会要求

(1)距离测量后方交会:测定 2 个及以上已知点。

(2)角度测量后方交会:测定 3 个及以上已知点。

2)后方交会步骤

(1)进入放样菜单 2/2,按数字键[2](后方交会法),如图 3-58 所示。

(2)输入新点点名、编码和仪器高,按[F4](确认)键,如图 3-59 所示。

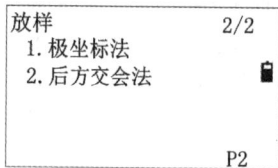

图 3-58　进入后方交会菜单

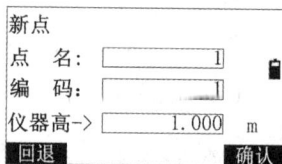

图 3-59　输入新点点名、编码和仪器高

(3)按[F1](输入)键,输入已知点 A 的点号,并按[F4](确认)键,如图 3-60 和图 3-61 所示。

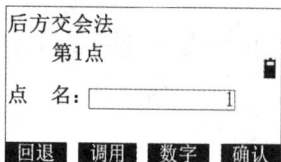

图 3-60　输入已知点点名(一)

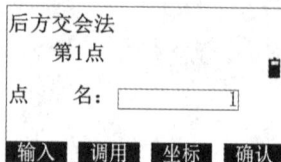

图 3-61　输入已知点点名(二)

(4)若文件中不存在该点,按[F4](确认)键时,会提示"点名不存在",此时可直接输入该点坐标,按[F3](坐标)键,输入后,按[F4](确认)键,如图 3-62 和图 3-63 所示。

(5)按[F4](确认)键,屏幕提示"输入目标高",输入完毕,按[F4](确认)键,如图 3-64 所

```
后方交会      第 1 点
N:           9.169  m
E:           7.521  m
Z:          12.215  m

 回退   清空   点名   确认
```

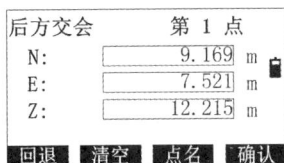

图 3-62 输入已知点点名(三)

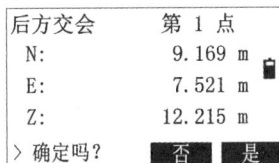

```
后方交会      第 1 点
N:           9.169  m
E:           7.521  m
Z:          12.215  m

> 确定吗?           否     是
```

图 3-63 输入已知点点名(四)

示。照准已知点 A,按[F3](角度)键或[F4](距离)键。例如,按下[F4](距离)键,如图 3-65 所示。

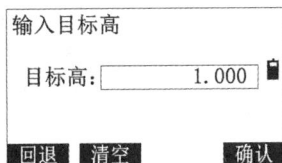

```
输入目标高


目标高:         1.000



 回退   清空          确认
```

图 3-64 输入目标高(一)

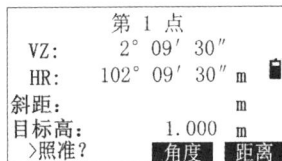

```
             第 1 点
VZ:      2° 09′ 30″
HR:    102° 09′ 30″  m
斜距:                m
目标高:        1.000  m
>照准?          角度   距离
```

图 3-65 输入目标高(二)

(6)启动测量功能。进入已知点 B 输入界面,如图 3-66 和图 3-67 所示。

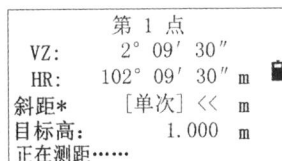

```
             第 1 点
VZ:      2° 09′ 30″
HR:    102° 09′ 30″  m
斜距*    [单次] <<   m
目标高:        1.000  m
正在测距……
```

图 3-66 启动测量功能

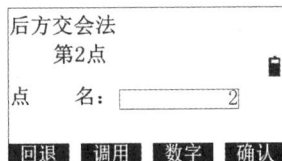

```
后方交会法
  第2点

点  名:              2

 回退   调用   数字   确认
```

图 3-67 进入已知点 B 的输入界面

(7)对已知点 B 进行测量,当用“距离”测量两个已知点后,残差即被计算。按[F1]键对其他已知点进行测量,已知点最多 5 个,如图 3-68 和图 3-69 所示。

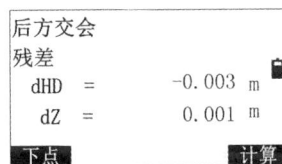

```
后方交会
残差
  dHD =        -0.003  m
  dZ  =         0.001  m


 下点                计算
```

图 3-68 残差计算

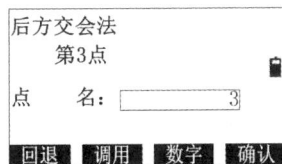

```
后方交会法
  第3点

点  名:              3

 回退   调用   数字   确认
```

图 3-69 对其他已知点进行测量

(8)按照上述步骤对已知点 C 进行测量。按[F4](计算)键查看后方交会的结果,显示坐标值标准差,单位为 mm,如图 3-70 和图 3-71 所示。

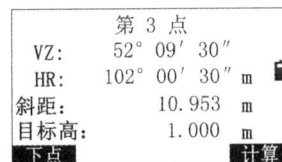

```
             第 3 点
VZ:     52° 09′ 30″
HR:    102° 00′ 30″  m
斜距:         10.953  m
目标高:        1.000  m
 下点                计算
```

图 3-70 查看后方交会的结果

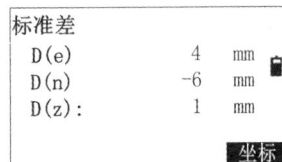

```
标准差
D(e)            4   mm
D(n)           -6   mm
D(z):           1   mm


                   坐标
```

图 3-71 显示坐标值标准差

(9)按[F4](坐标)键显示新点的坐标。按[F4](是)键记录该数据。新点坐标存入坐标文件,并将作为测站点坐标,如图 3-72 所示。

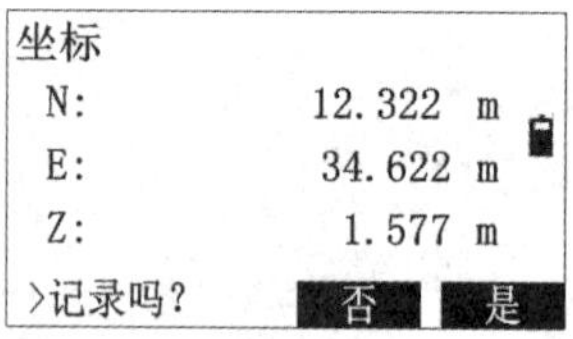

```
坐标
  N:           12.322  m
  E:           34.622  m
  Z:            1.577  m
>记录吗?        否    是
```

图 3-72　储存新点坐标文件

【复习思考】

1.本项目主要讲述了全站仪的分类、主要特点、基本功能、结构与操作方法等内容。

2.全站仪是一种集光、机、电为一体的高技术测量仪器,是集水平角、竖直角、距离(斜距、平距)、高差测量功能于一体的测绘仪器系统。全站仪广泛用于地上大型建筑和地下隧道施工等精密工程测量或变形监测领域。

3.全站仪测量工作主要包括测量前的准备、角度测量、距离测量、坐标测量、放样测量等。

4.水平角是地面上某一点到两个目标点的方向线垂直投影在水平面上的夹角,即通过这两条方向线所作两竖直面间的夹角,它是确定点的平面位置的基本要素之一。竖直角(垂直角)是在同一竖直面内,某一点到目标的方向线与水平线之间的夹角,它是确定地面点高程位置的一个要素。

5.角度测量的仪器为光学经纬仪,应按正确的安置与使用方法使用。经纬仪有四条主要轴线,它们之间应满足相应的几何关系。如果轴线之间应保证的几何关系遭到破坏,应予以检验与校正,以减小误差影响。

6.水平角测量方法一般可根据观测目标的多少和工作要求的精度而定。常用的水平角测量方法有测回法和方向观测法。竖直角应使用经纬仪的竖直度盘进行观测。

一、单项选择题

1.(　　)是望远镜视线方向与水平线的夹角。

A.水平角　　　　　B.竖直角　　　　　C.方位角　　　　　D.象限角

2.竖直角的最大值为(　　)。

A.90°　　　　　　B.180°　　　　　　C.270°　　　　　　D.360°

3.用经纬仪采用 n 个测回测量水平角时,每一测回都要改变起始读数的目的是(　　)。

A.消除照准部的偏心差　　　　　B.克服水平度盘分划误差

C.消除水平度盘偏心差　　　　　D.克服横轴不垂直于竖轴的误差

4.用测回法观测水平角,若右方目标的方向值 b 小于左方目标的方向值 a ,则水平角的计算方法是(　　)。

A.$\beta=b-a$　　　　　　　　　B.$\beta=a-b$

C.$\beta=a+360°-b$　　　　　　D.$\beta=b+360°-a$

5.经纬仪安置时,对中的目的是使仪器的(　　)。

A.竖轴位于铅垂位置,水平度盘水平　　B.水准管气泡居中

C.竖盘指标处于正确位置　　　　　　　D.度盘的中心位于测站点的正上方

6.水平角的取值范围为(　　)。

A.0°~90°　　　　　B.0°~180°　　　　C.0°~360°　　　　D.-180°~180°

二、简答题

1. 简述测回法测量水平角时一个测站上的工作步骤和角度计算方法。
2. 经纬仪测量竖直角的计算公式是怎么建立的？举一种注记方式说明。
3. 简述用测回法观测水平角的观测程序。
4. 什么是指标差？怎样检校？
5. 简述在一个测站上观测竖直角的方法和步骤。
6. 对中和整平的目的是什么？试简述仅有一个水准管的经纬仪的整平操作方法。

三、计算题

1. 整理下列用测回法观测水平角的记录。

测站	测回	竖盘位置	目标	水平度盘读数/ (° ′ ″)	半测回角值/ (° ′ ″)	一测回角值/ (° ′ ″)	各测回角值/ (° ′ ″)
O	1	左	A	359 59 59			
			B	77 54 26			
		右	A	180 00 38			
			B	257 55 00			
	2	左	A	90 01 27			
			B	167 55 56			
		右	A	280 01 23			
			B	357 56 06			

2. 整理下列竖直角观测成果。

测站	目标	竖盘位置	竖直度盘读数/ (° ′ ″)	半测回角值/ (° ′ ″)	竖盘指标差/ (″)	一测回角值/ (° ′ ″)	备注
O	M	左	85 36 48				竖盘盘左刻画：从目镜端由 0°顺时针刻画到 360°
		右	274 22 54				
	N	左	96 15 00				
		右	263 44 36				

3. 试按如下叙述的测量过程，计算所测水平角。

用一台 DJ_6 型经纬仪，按测回法观测水平角，仪器安置于 O 点，盘左瞄准目标 A，水平度盘的读数为 $331°38′42″$，顺时针转动望远镜瞄准目标 B，水平度盘的读数为 $71°54′12″$；变换仪器为盘右，瞄准目标 B 时，水平度盘的读数为 $251°54′24″$，逆时针转动望远镜瞄准目标 A，水平度盘的读数为 $151°38′36″$。观测结束。

测站	测回	竖盘位置	目标	水平度盘读数/ (° ′ ″)	半测回角值/ (° ′ ″)	一测回角值/ (° ′ ″)
O	1	左	A			
			B			
		右	A			
			B			

项目 4 小区域控制测量

【学习目标】

1.知识目标

(1)掌握小区域控制测量的基本概念、作用及布设原则,熟悉平面控制网与高程控制网的分类与等级划分。

(2)理解坐标系统转换、误差来源及精度控制理论。

(3)熟悉控制网布设方法、平差计算及精度评定方法。

2.技能目标

掌握导线测量、三角测量、GNSS 静态测量等的原理,熟练使用全站仪、水准仪、GNSS接收机等设备,能独立完成角度、距离、高程及坐标的观测、记录与计算。

3.思政目标

(1)培养严谨细致的工作态度,确保控制测量数据的准确性和可靠性。

(2)增强团队协作能力,在控制测量的测量过程中各队员之间能有效沟通。

(3)树立安全意识,严格遵守测量仪器的操作规范。培养问题解决能力,能够针对工程问题提出合理解决方案。

(4)提升责任意识,理解控制测量精度对工程质量的直接影响,确保控制测量工作的规范性。

【项目导入】

测绘地形图和施工放样遵循的基本原则是"从整体到局部,先控制后碎部",即先在测区建立控制网,然后再根据控制网进行测图或放样,这样做的目的是保证测量精度和提高施工效率。控制测量是测绘工作的基础。平面控制网常采用导线测量、三角测量或 GNSS 静态测量技术,高程控制网主要通过水准测量实现。传统方法依赖全站仪、水准仪等设备进行角度、距离和高差观测,现代技术则结合 GNSS-RTK、CORS 提升效率与精度。控制测量需要严格遵循规范,注重误差分析与平差计算,确保成果满足不同工程(如建筑、交通、水利)的精度要求,同时适应复杂地形条件,与新兴技术融合,体现测绘学科的科学性与实践性的统一。

任务 4.1 控制测量概述

4.1.1 控制网

控制网是由一系列具有精确坐标和高程的控制点按照分级布设原则构成的测量基准框架,通过导线测量、三角测量、GNSS 静态测量等技术建立,为区域地形测绘、工程建设和监测提供统一的空间基准,并确保后续测量工作的精度与可靠性。控制网有国家控制网、城市控制网和小区域控制网等。

1. 国家控制网

国家控制网是国家统一建立的测量基准框架,由平面控制网和高程控制网构成,遵循“分级布设、逐级加密”原则。平面控制网基于三角测量、GNSS 静态测量等技术,建立覆盖全国的坐标基准(如 CGCS 2000 坐标系),按等级划分(一至四等)实现高精度平面定位;高程控制网以国家水准原点为起算点,通过精密水准测量构建等级水准路线,形成统一的高程基准(如 1985 国家高程基准),为工程建设和地理信息集成提供垂直基准支撑。

国家控制网是地理空间数据的核心基础设施,融合传统大地测量与现代空间技术(如 CORS),形成三维动态、高精度的基准体系。其核心价值在于保障全国地理信息的统一性、现势性和可靠性,满足国土规划、灾害监测、国防安全等方面的需求,并为智慧城市、数字中国等战略提供基础空间数据服务,体现国家测绘基准的科学性与战略性。

2. 城市控制网

城市控制网是为满足城市规划、建设与管理需求,基于国家控制网加密建立的区域性测量基准体系,由平面控制网和高程控制网构成,通常按等级(如二、三、四等或一、二级)逐级布设。平面控制网通过导线测量、GNSS 静态测量或 CORS 等技术建立,提供城市坐标系下的精确平面坐标;高程控制网依托国家水准点,采用水准测量或 GNSS 高程拟合方法传递高程基准。其核心是为大比例尺地形图测绘、市政工程放样、地下管线探测等提供高精度空间基准,同时适应城市动态扩展与更新需求,通过定期复测维护成果现势性,是城市地理信息系统的空间骨架和智慧城市建设的基础支撑。

3. 小区域控制网

小区域控制网是在面积小于 15 km^2 范围内建立的控制网,是国家或城市控制网的加密与延伸。小区域控制网的布设,应尽量与国家(或城市)已建立的高级控制网联测。若不便与国家(或城市)控制网联测,可以建立独立控制网。此时,控制网的起算坐标和高程可自行假定,坐标方位角可用测区中央的磁方位角代替。

小区域平面控制网根据测区面积的大小和精度要求的不同,分为首级控制网和图根控制网两个等级。首级控制网是在全测区范围内建立的精度最高的控制网;图根控制网是直接为测图而建立的控制网。首级控制网和图根控制网的要求如表 4-1 所示。其中,直接供地形测图使用的控制点,称为图根控制点,简称图根点。图根控制点(包括高级控制点)的密度,取决于测图比例尺和地形的复杂程度。平坦开阔地区图根点的密度一般不低于表 4-2 的规定;地形复杂地区、城市建筑密集区和山区,可适当加大图根点的密度。

小区域高程控制网,也应根据测区面积大小和工程要求采用分级的方法建立。在全测区范围内建立三、四等水准路线和水准网,再以三、四等水准点为基础,测定图根点的高程。

高程控制测量的主要方法有三、四等水准测量和三角高程测量。

表 4-1　首级控制网和图根控制网的要求

测区面积/km	首级控制网	图根控制网
1～10	一级小三角或一级导线	两级图根
0.5～2	二级小三角或二级导线	两级图根
0.5 以下	图根控制	

表 4-2　图根点的密度

测图比例尺	1：500	1：1 000	1：2 000	1：5 000
图根点密度/(点/km²)	150	50	15	5

4.1.2　控制测量

控制测量是通过科学布设具有精确坐标和高程的控制网,为地形测绘、工程建设等提供统一基准,并通过误差控制与平差计算确保测量结果精度与可靠性的基础测绘工作。其中,平面控制测量是测定控制点平面坐标(x,y)的工作,高程控制测量是测定控制点高程 H 的工作。

任务 4.2　直线定向

确定一直线与基本方向的角度关系,称为直线定向,也就是确定地面直线与标准方向间的水平夹角。在测量中常以真子午线或磁子午线作为基本方向,如果知道一直线与子午线间的角度,可以认为该直线的方向已经确定。

4.2.1　标准方向分类

1.真子午线方向

地面上任一点在其真子午线处的切线方向。真子午线的方向采用天文测量的方法测定,或采用陀螺经纬仪测定。

2.磁子午线方向

地面上任一点在其磁子午线处的切线方向,即在地球磁场的作用下,磁针自由静止时其轴线所指的方向。可用罗盘仪测定。

3.轴子午线（坐标纵轴)方向

地面上任一点与其高斯平面直角坐标系或假定坐标系的坐标纵轴平行的方向。我国采用高斯平面直角坐标系,每一个 6°带或 3°带内都以该带的中央子午线作为坐标纵轴,因此,该带内直线定向就用该带的坐标纵轴方向作为标准方向。

4.2.2　磁偏角与子午线收敛角

由于地球磁极与地球旋转轴南北极不重合,因此过地球上某点的真子午线与磁子午线不重合。两者之间的夹角称为磁偏角,用 δ 表示。磁子午线北端偏于真子午线以东为东偏($+\delta$),偏于真子午线以西为西偏($-\delta$)。地球上不同地点磁偏角也不同。我国磁偏角的变

化在 $+6°\sim-10°$。地球磁极是不断变化的,磁偏角也在不断变化。

在中央子午线上,真子午线与轴子午线重合,其他地区不重合,两者的夹角称为子午线收敛角,用 γ 表示。当轴子午线方向在真子午线方向以东,称为东偏,γ 为正。反之称为西偏,γ 为负。纬度愈低,子午线收敛角愈小,在赤道上为零。纬度愈高,收敛角愈大。

4.2.3 方位角

1.定义

由子午线北端顺时针方向量至测线的夹角,称为该直线的方位角。测量中常用方位角来表示直线的方向,其范围为 $0°\sim360°$,分为真方位角、磁方位角、坐标方位角。

1)真方位角与磁方位角

若标准方向为真子午线方向,则称真方位角,用 A 表示。若标准方向为磁子午线方向,则称磁方位角,用 A_m 表示。真方位角和磁方位角之间的关系为 $A=A_m+\delta$。

2)坐标方位角

从每带的坐标纵轴的北端按顺时针方向到一直线的水平角为该直线的坐标方位角,或称方位角,用 α 表示。真方位角与坐标方位角的关系为 $A=\alpha+\gamma$。

2.分类及关系

(1)真方位角 $A=$ 磁方位角 A_m+ 磁偏角 $\delta=$ 坐标方位角 $\alpha+$ 子午线收敛角 γ。方位角及其关系如图 4-1 所示。

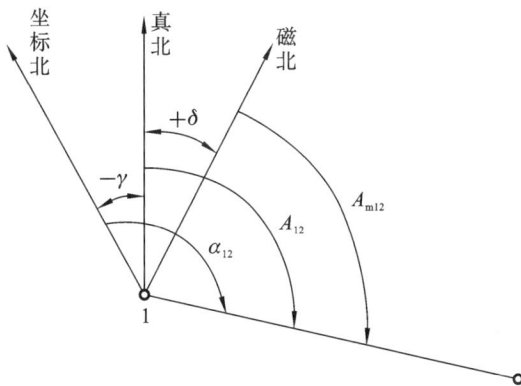

图 4-1 方位角及其关系

(2)同一条直线在不同端点量测,其方位角也不同。测量中常把直线前进方向称为正方向,反之称为反方向。

如图 4-2 所示,以 A 为起点、B 为终点的直线 AB 的坐标方位角 α_{AB},称为直线 AB 的坐标方位角;直线 BA 的坐标方位角 α_{BA},称为直线 AB 的反坐标方位角。由图中可以看出正、反坐标方位角间的关系,见式(4-1)。

$$\alpha_正=\alpha_反\pm180° \tag{4-1}$$

3.方位角测量

真方位角可用天文观测方法或用陀螺经纬仪来测定;磁方位角可用罗盘仪来测定。坐标方位角是由 2 个已知点坐标经"坐标反算"求得。

坐标方位角的推算如下。

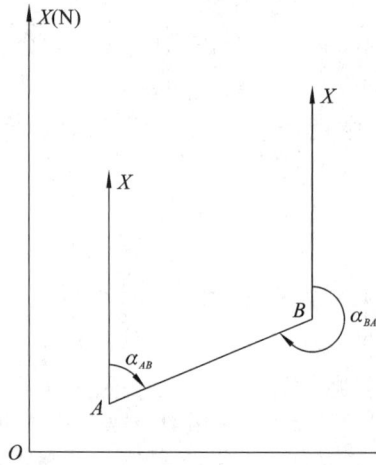

图 4-2　正反方位角

如图 4-3 所示,α_{12} 已知,通过联测求得 12 边与 23 边的连接角为 β_2(右角)、23 边与 34 边的连接角为 β_3(左角),现推算 α_{23}、α_{34}。

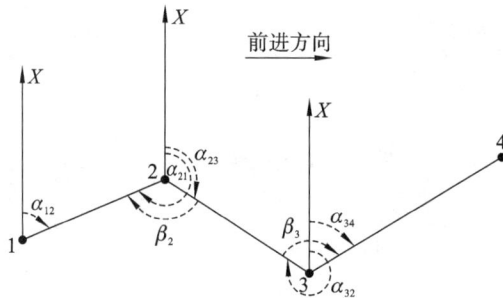

图 4-3　坐标方位角的推算示意

由图 4-3 分析可知:

$$\alpha_{23}=\alpha_{21}-\beta_2=\alpha_{12}+180°-\beta_2$$
$$\alpha_{34}=\alpha_{32}+\beta_3=\alpha_{23}+180°+\beta_3$$

推算坐标方位角的通用公式如下。

$$\alpha_{前}=\alpha_{后}+180°\pm\beta_{右}^{左} \qquad (4\text{-}2)$$

当 β 角为左角时,取"$+$";为右角时,取"$-$"。

注意:计算中,若 $\alpha_{前}>360°$,则减 $360°$;若 $\alpha_{前}<0°$,则加 $360°$。

4.2.4　象限角相关计算

1. 象限角

由坐标纵轴的北端或南端起,沿顺时针或逆时针方向量至直线的锐角,称为该直线的象限角,用 R 表示,其角值范围为 $0°\sim90°$。象限角示意如图 4-4 所示。

如图 4-4 所示,直线 $O1$、$O2$、$O3$ 和 $O4$ 的象限角分别为北东 R_{O1}、南东 R_{O2}、南西 R_{O3} 和北西 R_{O4}。

2. 坐标方位角与象限角的换算关系

由图 4-5 可以看出坐标方位角与象限角的换算关系如下。

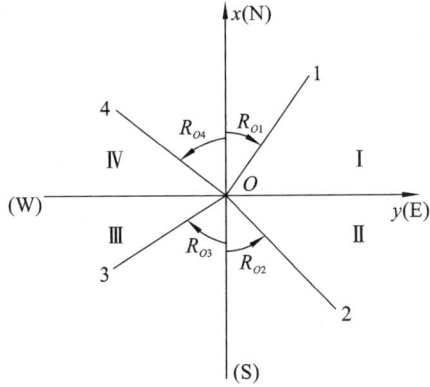

图 4-4 象限角示意

(1)在第 Ⅰ 象限:$R = \alpha$。

(2)在第 Ⅱ 象限:$R = 180° - \alpha$。

(3)在第 Ⅲ 象限:$R = \alpha - 180°$。

(4)在第 Ⅳ 象限:$R = 360° - \alpha$。

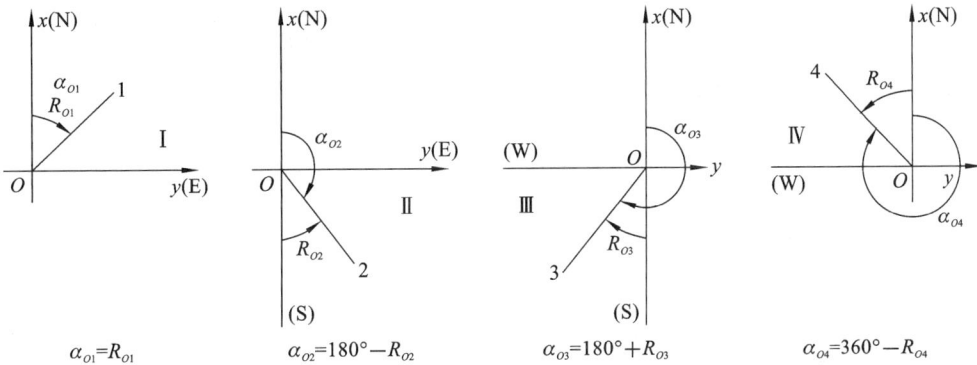

图 4-5 坐标方位角与象限角的换算示意

【例题 4-1】 已知 $\alpha_{12} = 46°$,β_2、β_3 及 β_4 的角值均注于图 4-6 上,试求其余各边坐标方位角。

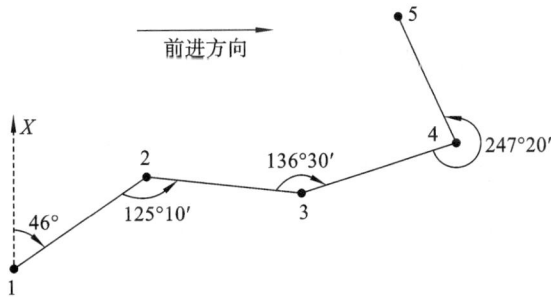

图 4-6 例题图示

解:
$$\alpha_{23} = \alpha_{12} + 180° - \beta_2 = 46° + 180° - 125°10' = 100°50'$$
$$\alpha_{34} = \alpha_{23} - 180° + \beta_3 = 100°50' - 180° + 136°30' = 57°20'$$
$$\alpha_{45} = \alpha_{34} + 180° - \beta_4 = 57°20' + 180° - 247°20' = 350° = -10°$$

任务 4.3 导线测量

导线测量是建立小区域的平面控制网的常用方式,其在控制测量中具有布设灵活、操作简便、精度可控及适应性强等优势。导线测量可根据地形需求灵活选择闭合、附合或支导线形式,尤其适合建筑物密集或 GNSS 信号遮挡区域,无须依赖卫星信号;主要依赖全站仪即可完成角度与距离观测,设备成本低且操作易掌握。通过边角联测结合平差计算可有效抑制误差积累,满足中小型工程精度要求;同时适应狭长地带(如隧道、道路)或复杂环境,无须大面积通视即可快速构建加密控制网,为地形测绘、施工放样及变形监测提供高效基准支撑。

4.3.1 导线的布网形式

导线由导线边、导线点和转折角组成。其中,导线中的若干条直线连成的折线图中的直线叫导线边,转折点叫导线点,相邻两直线之间的水平角叫转折角。按照测区的条件和需要,导线的布设有闭合导线、附合导线和支导线三种基本形式。

1. 闭合导线

导线由一个已知控制点出发,形成一个闭合多边形,最后仍旧回到这一已知控制点,如图 4-7 所示。在闭合导线中必须有一条边的坐标方位角是已知的。

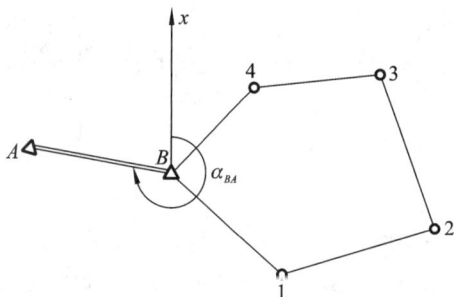

图 4-7 闭合导线

2. 附合导线

导线起始于一个已知控制点,而终止于另一个已知控制点,如图 4-8 所示。在附合导线中可以没有已知坐标方位角的边。

3. 支导线

导线从一个已知控制点出发,既不附合到另一个控制点,也不闭合到起始的控制点,如图 4-9 所示。由于支导线没有检核条件,故一般只限在地形测量的图根导线中采用。

4.3.2 导线测量的外业工作

导线测量的外业工作包括踏勘选点、埋设标志、测角、量边、连接测量。

1. 踏勘选点及埋设标志

踏勘是为了实地勘察地形,依据通视良好、点位稳固、分布合理、安全便利及联测必要等原则选定导线点位置,具体如下。

(1)通视良好:相邻导线点间需要视线通畅,避免障碍物遮挡,确保测角与测距可行。

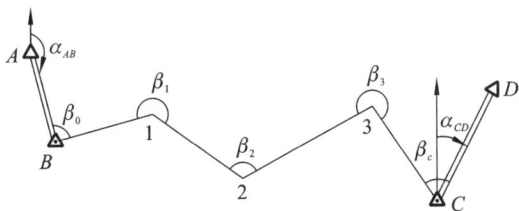

图 4-8 附和导线

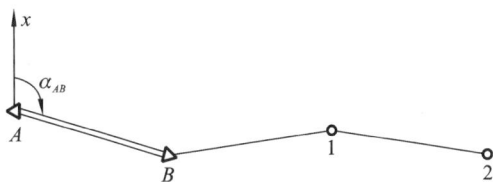

图 4-9 支导线

（2）点位稳固：优先选择基岩、硬土或永久性地物（如建筑角点）埋设标志，减少沉降或破坏风险。

（3）分布合理：导线边长均匀（避免过长或过短），点位密度满足测区要求，兼顾地形特征。

（4）安全便利：避开施工区、交通要道等易受干扰区域，便于长期保存和后续使用。

（5）联测必要：确保至少联测 2 个已知控制点，保证导线坐标系统与已知基准统一。

选好点后应直接在地上打入木桩。桩顶打入一小铁钉或划"＋"作点的标志。必要时在木桩周围灌上混凝土。如导线点需要长期保存，则应埋设混凝土桩或标石。埋桩后应统一进行编号。为了今后便于查找，应量出导线点至附近明显地物的距离。绘出草图，注明尺寸，称为点之记。

2. 测角

按测回法测量导线点间的转折角（左角或右角），闭合导线测内角，导线测量的主要技术要求如表 4-3 所示。

表 4-3 导线测量的主要技术要求

等级	导线长度 /km	平均边长 /km	测角中误差 /(″)	测距中误差 /mm	测回数		方位角闭合差/(″)	导线全长相对闭合差
					DJ$_2$	DJ$_6$		
一级	3.6	0.3	±5	±15	2	4	$\pm 10\sqrt{n}$	1/15 000
二级	2.4	0.2	±8	±15	1	3	$\pm 16\sqrt{n}$	1/10 000
三级	1.5	0.12	±12	±15	1	2	$\pm 24\sqrt{n}$	1/5 000
图根	≤1.0M		±30			1	$\pm 60\sqrt{M}$	1/2 000

注：n 为测站数，M 为测图比例尺分母。

3. 量边

测定各导线边的水平距离，可采用钢尺、测距仪等工具。随着测绘技术的发展，目前全站仪已成为距离测量的主要设备。

4. 连接测量

将新布导线联测至已知控制点，获取起算坐标与方位角，实现坐标系统统一，平差前需要进行闭合差检核。

4.3.3 导线测量的内业计算

导线测量内业计算是在外业工作完成后，对采集的角度、距离等数据进行整理、平差与坐标推算的核心流程，其目的是消除观测误差、验证成果精度，并最终确定各导线点的精确坐标。

导线测量的基本计算过程为：推算各边坐标方位角—计算各边坐标增量—推算各点坐标。

1.导线内业计算的几个基本公式

1)坐标方位角的推算

如式(4-3)所示,若计算出的 $\alpha_{前}>360°$,则减去 $360°$;若为负值,则加上 $360°$。

$$\alpha_{前}=\begin{cases}\alpha_{后}+180°+\beta_{左}\\\alpha_{后}+180°-\beta_{右}\end{cases} \tag{4-3}$$

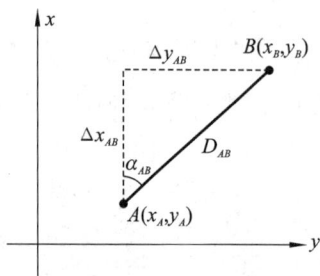

图 4-10 坐标正、反算

2)坐标正算公式

已知点 A 的坐标 (x_A,y_A)、边 D_{AB} 和坐标方位角 α_{AB},求 B 点的坐标 (x_B,y_B),称为坐标正算,如图 4-10 所示。

$$\begin{cases}\Delta x_{AB}=D_{AB}\cos\alpha_{AB}=x_B-x_A\\\Delta y_{AB}=D_{AB}\sin\alpha_{AB}=y_B-y_A\end{cases} \tag{4-4}$$

则:

$$\begin{cases}x_B=D_{AB}\cos\alpha_{AB}+x_A\\y_B=D_{AB}\sin\alpha_{AB}+y_A\end{cases} \tag{4-5}$$

3)坐标反算公式

如图 4-10 所示,已知 A、B 两点坐标,计算边 AB 的坐标方位角 α_{AB} 和边 AB 的边长 D_{AB},称为坐标反算,见式(4-6)和式(4-7)。

$$D_{AB}=\sqrt{\Delta x_{AB}^2+\Delta y_{AB}^2} \tag{4-6}$$

$$\tan\alpha_{AB}=\frac{\Delta y_{AB}}{\Delta x_{AB}} \tag{4-7}$$

式中:$\Delta x_{AB}=x_B-x_A$,$\Delta y_{AB}=y_B-y_A$。

4)α_{AB} 的具体计算方法

(1)计算 Δx_{AB}、Δy_{AB}。

$$\begin{cases}\Delta x_{AB}=x_B-x_A\\\Delta y_{AB}=y_B-y_A\end{cases} \tag{4-8}$$

(2)计算 $\alpha_{AB锐}$。

$$\alpha_{AB锐}=\arctan\left|\frac{\Delta y_{AB}}{\Delta x_{AB}}\right| \tag{4-9}$$

(3)根据 Δx_{AB}、Δy_{AB} 的正负号来判断 α_{AB} 所在的象限。

①$\Delta x_{AB}>0$ 且 $\Delta y_{AB}>0$,$\alpha_{AB}=\alpha_{AB锐}$。

②$\Delta x_{AB}<0$ 且 $\Delta y_{AB}>0$,$\alpha_{AB}=180°-\alpha_{AB锐}$。

③$\Delta x_{AB}<0$ 且 $\Delta y_{AB}<0$,$\alpha_{AB}=180°+\alpha_{AB锐}$。

④$\Delta x_{AB}>0$ 且 $\Delta y_{AB}<0$,$\alpha_{AB}=360°-\alpha_{AB锐}$。

⑤$\Delta x_{AB}=0$ 且 $\Delta y_{AB}>0$,$\alpha_{AB}=90°$。

⑥$\Delta x_{AB}=0$ 且 $\Delta y_{AB}<0$,$\alpha_{AB}=270°$。

2.闭合导线的坐标计算

1)填写观测数据与已知数据

导线计算一般在表格中进行,根据布设导线的方式,把有关的观测数据与已知数据按要求填写在表格相应的位置。

2)角度闭合差的计算与调整

(1)角度闭合差的计算。

由平面几何学理论可知，n 边形内角和理论值应为 $(n-2) \times 180°$，由于测量中存在误差，测得的内角和与理论内角和不同，两者之间的差值即为角度闭合差，用 f_β 表示。角度闭合差 f_β 的计算见式(4-10)。

$$f_\beta = \sum \beta_测 - \sum \beta_理 = (\beta_1 + \beta_2 + \cdots + \beta_n) - (n-2) \times 180° \qquad (4\text{-}10)$$

(2)角度闭合差的容许值的计算。

角度闭合差的绝对值的大小能够反映出角度观测精度的高低。测量规范针对不同等级的导线，规定了不同的容许值，图根导线的角度闭合差的容许值如下。

$$f_{\beta容} = \pm 60'' \sqrt{n}$$

若 $|f_\beta| \leqslant |f_{\beta容}|$，说明精度合格，即可进行分别调整；若 $|f_\beta| > |f_{\beta容}|$，应仔细查找记录、计算中有无错误。若无记录且计算错误，应进行重测。

(3)角度闭合差的分配。

若上述计算的角度闭合差在限差范围内，则按平均反号分配原则，计算改正数 V_β，见式(4-11)。

$$V_{\beta_i} = \frac{-f_\beta}{n} \qquad (4\text{-}11)$$

不能整除而多出的值，分到中短边对应的角上。然后完成如下校核工作。

校核：

$$\sum V_{\beta_i} = -f_\beta$$

计算改正后的角值：

$$\beta_{改i} = \beta_i + V_{\beta_i}$$

校核：

$$\sum \beta_{改i} = \sum \beta_理$$

3)推算各边坐标方位角

各个角度改正后，判断角度是左角还是右角，然后将起始边坐标方位角、改正后的角代入式(4-3)，推算出各边的坐标方位角，并完成如下校核工作。

校核：

$$\alpha_{始(推算)} = \alpha_{始(已知)}$$

4)坐标正算

各个边坐标方位角推算完毕后，将各边坐标方位角、各边边长代入式(4-4)，计算出各边坐标增量。

5)坐标增量闭合差的计算与调整

闭合导线在距离测量中存在误差，使得上一步计算出来的坐标增量与理论值之间有偏差，这一偏差即为坐标增量闭合差，分别用 f_x、f_y 表示。

(1)计算坐标增量闭合差。

f_x、f_y 的存在，使得闭合导线不闭合，产生了一段距离 $|AA'|$，为导线全长闭合差 f_D，如图 4-11 所示。相应计算见式(4-12)和式(4-13)。

$$f_x = \sum \Delta x_测 - \sum \Delta x_理 = \sum \Delta x_算$$
$$f_y = \sum \Delta y_测 - \sum \Delta y_理 = \sum \Delta y_算 \qquad (4\text{-}12)$$

$$f_D = \sqrt{f_x^2 + f_y^2} \qquad (4\text{-}13)$$

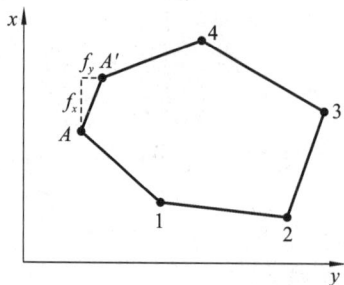

图 4-11 导线全长闭合差

f_D 与导线全长之比,称为导线全长相对闭合差,用 K 表示,见式(4-14)。

$$K = \frac{f_D}{\sum D} = \frac{1}{\sum D / f_D} \tag{4-14}$$

(2)分配坐标增量闭合差。

若 $K \leqslant 1/2000$(图根级),则将 f_x、f_y 以相反符号,按边长成正比分配到各坐标增量上去,并计算改正后的坐标增量,且要分别进行检核,见式(4-15)。

$$\begin{cases} V_{\Delta xi} = -\dfrac{f_x}{\sum D} D_i, & \Delta x_{改i} = \Delta x + V_{\Delta xi} \\[3mm] V_{\Delta yi} = -\dfrac{f_y}{\sum D} D_i, & \Delta y_{改i} = \Delta y + V_{\Delta yi} \end{cases} \tag{4-15}$$

校核:

$$\sum V_{\Delta xi} = -f_x, \sum V_{\Delta yi} = -f_y; \sum \Delta x_{改i} = \sum \Delta x_{理}, \sum \Delta y_{改i} = \sum \Delta y_{理}$$

6)计算未知点坐标

将起始点已知坐标和经改正后的坐标增量代入式(4-4),依次计算各导线点的坐标:

$$x_{i+1} = x_i + \Delta x_{改i,i+1}$$
$$y_{i+1} = y_i + \Delta y_{改i,i+1}$$

检核:$x_{终(推算)} = x_{终(已知)}$,$y_{终(推算)} = y_{终(已知)}$,即推算出的起始点的坐标等于原已知点坐标。

3. 附合导线的坐标计算

附合导线与闭合导线计算过程和计算方法基本上一样,其区别在于角度闭合差和坐标增量闭合差的计算。下面分别介绍这两者的计算方法。

1)附合导线角度闭合差的计算

以图 4-12 为例,根据起始边 $A'A$ 的坐标方位角和各导线点的观测角度值,按照如下方位角推算过程,可计算出结束边的坐标方位角 $\alpha'_{BB'}$。

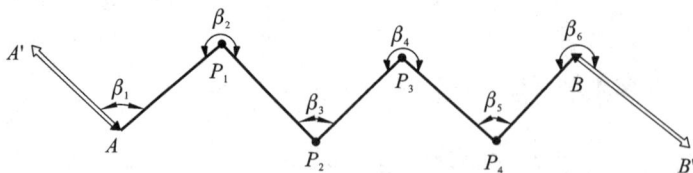

图 4-12 附合导线的坐标计算

(1)观测角 β 为左角时,$\alpha_{终} = \alpha_{始} + \sum \beta_{左} - n \times 180°$。

(2)观测角 β 为右角时,$\alpha_{终} = \alpha_{始} - \sum \beta_{右} + n \times 180°$。

由闭合导线的角度闭合差 $f_\beta = \alpha_{终测} - \alpha_{终理}$,推出总的角度闭合差的计算为:

$$f_\beta = \alpha'_{BB'} - \alpha_{BB'} = \begin{cases} \alpha_{A'A} - \alpha_{BB'} - n \times 180° + \sum \beta_{左} \\[2mm] \alpha_{A'A} - \alpha_{BB'} + n \times 180° - \sum \beta_{右} \end{cases} \tag{4-16}$$

2)附合导线坐标增量闭合差的计算

附合导线坐标增量闭合差的计算见式(4-17)。

$$\begin{cases} f_x = \sum \Delta x_测 - \sum \Delta x_理 = \sum \Delta x_测 - (x_终 - x_始) \\ f_y = \sum \Delta y_测 - \sum \Delta y_理 = \sum \Delta y_测 - (y_终 - y_始) \end{cases} \tag{4-17}$$

4. 支导线的坐标计算

支导线没有任何检核条件,要保证其精度,必须要保证测出的角度、边长的精度,直接按照测出的角度、边长进行计算即可。

(1)根据观测的转折角推算各边的坐标方位角。

(2)根据各边坐标方位角和边长计算坐标增量。

(3)根据各边的坐标增量推算各点的坐标。

【例题 4-2】　某闭合导线,如图 4-13 所示,已知 1 点的坐标及边 12 的坐标方位角,$x_1 = 500$ m、$y_1 = 500$ m、$\alpha_{12} = 124°59'43''$;测得角度 $\beta_1 = 89°36'30''$,$\beta_2 = 107°48'30''$,$\beta_3 = 73°00'20''$,$\beta_4 = 89°33'50''$;量得各边边长 $D_{12} = 105.22$ m,$D_{23} = 80.18$ m,$D_{34} = 129.34$ m,$D_{41} = 78.16$ m,求 2、3、4 点的平面坐标。

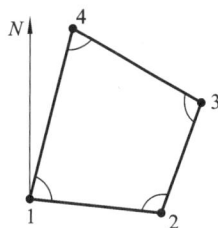

图 4-13　闭合导线的内业计算例题

(1)绘制表 4-4,填写已知数据和观测数据。

表 4-4　闭合导线坐标计算表

点号	观测角 /(° ′ ″)	改正数 /(″)	改正后的角值 /(° ′ ″)	坐标方位角 /(° ′ ″)	边长 /m	增量计算值/m		改正后的增量值/m		坐标/m	
						$\Delta x_{算i}$	$\Delta y_{算i}$	$\Delta x_{改i}$	$\Delta y_{改i}$	x	y
1	89 36 30	+13	89 36 43	124 59 43	105.22	−60.34 (−3 cm)	+86.20 (+2 cm)	−60.37	+86.22	500.00	500.00
2	107 48 30	+13	107 48 43	52 48 26	80.18	+48.47 (−2 cm)	+63.87 (+2 cm)	+48.45	+63.89	439.63	586.22
3	73 00 20	+12	73 00 32	305 48 58	129.34	+75.69 (−3 cm)	−104.88 (+2 cm)	+75.66	−104.86	488.08	650.11
4	89 33 50	+12	89 34 02	215 23 00	78.16	−63.72 (−2 cm)	−45.26 (+1 cm)	−63.74	−45.25	563.74	545.25
1				124 59 43						500.00	500.00
2											
Σ	359 59 10	+50	360 00 00		392.90	+0.1	−0.07	0.00	0.00		

注:括号内数值为增量闭合差的调整值。

(2)角度闭合差的计算与调整。

①计算闭合差：$f_\beta = \sum \beta_测 - \sum \beta_理 = (\beta_1 + \beta_2 + \cdots + \beta_n) - (n-2) \times 180° = 89°36'30''$ $+107°48'30'' + 73°00'20'' + 89°33'50'' - 360° = -50''$。

②计算限差：$f_{\beta容} = \pm 60'' \sqrt{n} = \pm 120''$。

③计算改正数：$V_{\beta i} = \dfrac{-f_\beta}{n} = \dfrac{50''}{4}$（写于第 3 栏）。

因不能整除，分成 $2 \times 12''$、$2 \times 13''$，两个 $13''$ 分到 β_1、β_2 上，两个 $12''$ 分到 β_3、β_4 上。

校核：$\sum V_{\beta i} = -f_\beta = 50''$。

④计算改正后新的角值：$\beta_{改i} = \beta_i + V_{\beta i}$（写于第 4 栏）。

$$\beta_{改1} = \beta_1 + V_{\beta 1} = 89°36'30'' + 13'' = 89°36'43''$$
$$\beta_{改2} = \beta_2 + V_{\beta 2} = 107°48'30'' + 13'' = 107°48'43''$$
$$\beta_{改3} = \beta_3 + V_{\beta 3} = 73°00'20'' + 12'' = 73°00'32''$$
$$\beta_{改4} = \beta_4 + V_{\beta 4} = 89°33'50'' + 12'' = 89°34'02''$$

校核：$\sum \beta_{改i} = \sum \beta_理 = 360°$。

(3)推算各边坐标方位角（写于第 5 栏）。

转折角为左角，则 $\alpha_前 = \alpha_后 \pm 180° + \beta_左$，有如下推算过程。

$$\alpha_{23} = \alpha_{12} - 180° + \beta_{改2} = 124°59'43'' - 180° + 107°48'43'' = 52°48'26''$$
$$\alpha_{34} = \alpha_{23} + 180° + \beta_{改3} = 52°48'26'' + 180° + 73°00'32'' = 305°48'58''$$
$$\alpha_{41} = \alpha_{34} - 180° + \beta_{改4} = 305°48'58'' - 180° + 89°34'02'' = 215°23'00''$$
$$\alpha_{12} = \alpha_{41} - 180° + \beta_{改1} = 124°59'43''$$

校核：$\alpha_{12(推算)} = \alpha_{12(已知)}$，说明计算无误。

(4)计算各边坐标增量（写于第 7、8 栏）。

以 23 边为例，计算过程如下。

$$\Delta x_{算23} = D_{23} \cos\alpha_{23} = 80.18 \times \cos 52°48'26'' \text{ m} = +48.47 \text{ m}$$
$$\Delta y_{算23} = D_{23} \sin\alpha_{23} = 80.18 \times \sin 52°48'26'' \text{ m} = +63.87 \text{ m}$$

其他边代入数据计算即可。

(5)坐标增量闭合差的计算与调整。

①计算。

$$f_x = \sum \Delta x_算 = +0.10 \text{ m}$$
$$f_y = \sum \Delta y_算 = -0.07 \text{ m}$$
$$f_D = \sqrt{f_x^2 + f_y^2} = 0.12 \text{ m}$$
$$K = \frac{f_D}{\sum D} = \frac{1}{\sum D / f_D} = \frac{1}{3200} < K_容 = 1/2000$$

②分配。

以 23 边为例，计算过程如下。

$$V_{\Delta x 23} = -\frac{f_x}{\sum D} D_{23} = -\frac{0.1}{392.90} \times 80.18 \text{ m} = -0.02 \text{ m} = -2 \text{ cm}$$

$$V_{\Delta y 23} = -\frac{f_y}{\sum D} D_{23} = -\frac{-0.07}{392.90} \times 80.18 \text{ m} = 0.02 \text{ m} = 2 \text{ cm}$$

$$\Delta x_{\text{改}23} = \Delta x_{\text{算}23} + V_{\Delta x23} = +48.45 \text{ m}$$

（写于第 9、10 栏）

$$\Delta y_{\text{改}23} = \Delta y_{\text{算}23} + V_{\Delta y23} = +63.89 \text{ m}$$

校核：$\sum V_{\Delta xi} = -f_x = -0.1$，$\sum V_{\Delta yi} = -f_y = 0.07$；$\sum \Delta x_{\text{改}i} = \sum \Delta x_{\text{理}} = 0$，$\sum \Delta y_{\text{改}i} = \sum \Delta y_{\text{理}} = 0$。

（6）未知点坐标计算（写于第 11、12 栏）。

以点 3 为例，计算过程如下。

$$x_3 = x_2 + \Delta x_{\text{改}23} = 439.63 \text{ m} + 48.45 \text{ m} = 488.08 \text{ m}$$

$$y_3 = y_2 + \Delta y_{\text{改}23} = 586.22 \text{ m} + 63.89 \text{ m} = 650.11 \text{ m}$$

检核：$x_{\text{终（推算）}} = x_{\text{终（已知）}} = 500 \text{ m}$，$y_{\text{终（推算）}} = y_{\text{终（已知）}} = 500 \text{ m}$。

到此，计算全部结束。

【例题 4-3】 某附合导线，已知 $B(1)$、$C(4)$ 点的坐标及 AB、CD 的坐标方位角，$x_B = 3509.58$ m，$y_B = 2675.89$ m，$x_C = 3529.00$ m，$y_C = 2801.54$ m，$\alpha_{AB} = 127°20'30''$，$\alpha_{CD} = 24°26'45''$；测得左角 $\beta_1 = 231°02'30''$，$\beta_2 = 64°52'00''$，$\beta_3 = 182°29'00''$，$\beta_4 = 138°42'30''$，量得各边边长 $D_{12} = 40.51$ m，$D_{23} = 79.04$ m，$D_{34} = 59.12$ m。求 2、3、4 点的平面坐标。

（1）绘制附合导线坐标计算表。

附合与闭合导线计算有两点不同，相同的步骤在此省略，重点计算角度、坐标增量闭合差，见表 4-5。

表 4-5　附合导线坐标计算表

点号	观测角 /(° ′ ″)	改正数 /(″)	改正后的角值 /(° ′ ″)	坐标方位角 /(° ′ ″)	边长 /m	增量计算值/m		改正后的增量值/m		坐标/m	
						$\Delta x_{\text{算}i}$	$\Delta y_{\text{算}i}$	$\Delta x_{\text{改}i}$	$\Delta y_{\text{改}i}$	x	y
A				127 20 30							
B (1)	231 02 30	+4	231 02 34							3509.58	2675.89
				178 23 04	40.51	−40.49 (0.01)	1.14 (0.01)	−40.48	1.15		
2	64 52 00	+4	64 52 04							3469.10	2677.04
				63 15 08	79.04	35.57 (0.02)	70.58 (0.01)	35.59	70.59		
3	182 29 00	+3	182 29 03							3504.69	2747.63
				65 44 11	59.12	24.29 (0.02)	53.90 (0.01)	24.31	53.91		
C (4)	138 42 30	+4	138 42 34							3529.00	2801.54
				24 26 45							
D											
Σ	617 06 00	+15	617 06 15		178.67	19.37	125.62	19.42	125.65		

(2)角度闭合差的计算、调整。

①计算闭合差：$f_\beta = \alpha'_{CD} - \alpha_{CD} = \alpha_{AB} - \alpha_{CD} + n \times 180° + \sum \beta_左 = -15''$。

②计算限差：$f_{\beta容} = \pm 60'' \sqrt{n} = \pm 120''$。

③计算改正数：$V_{\beta i} = \dfrac{-f_\beta}{n} = \dfrac{15''}{4}$（写于第 3 栏）。

因不能整除，分成 $3 \times 4''$、$1 \times 3''$，1 个 $3''$ 分到 β_3 上，其余分到 β_1、β_2、β_4 上。

校核：$\sum V_{\beta i} = -f_\beta = 15''$。

(3)坐标增量闭合差的计算、调整。

$$f_x = \sum \Delta x_测 - \sum \Delta x_理 = \sum \Delta x_测 - (x_终 - x_始) = -0.05 \text{ m}$$

$$f_y = \sum \Delta y_测 - \sum \Delta y_理 = \sum \Delta y_测 - (y_终 - y_始) = -0.03 \text{ m}$$

$$f_D = \sqrt{f_x^2 + f_y^2} = 0.06 \text{ m}$$

$$K = \frac{f_D}{\sum D} = \frac{1}{\sum D / f_D} = \frac{1}{3264} < K_容 = 1/2000$$

任务 4.4 小区域高程控制测量

小区域高程控制测量是在局部范围内（如工程场地、城镇或地形图测绘区域）建立统一高程基准的测绘工作，以国家高程基准为起点，通过水准测量、三角高程测量或 GNSS 高程静态测量等方法，布设闭合或附合水准路线或控制网，测定关键点的高程。其特点是灵活性强，精度满足工程要求，常采用电子水准仪、全站仪或结合区域 CORS 站进行数据采集，并需要通过闭合差检核与平差处理确保数据可靠性，服务于施工放样、地形图绘制或基础设施建设的精准高程控制。本任务重点学习三、四等和二等水准测量的方法。

4.4.1 三、四等水准测量

小区域高程控制的水准测量，主要有三、四等水准测量及图根水准测量。主要适用于平坦地区的高程控制测量，其主要技术要求和实测方法如下。

1. 水准测量的等级及主要技术要求

三、四等水准测量，常作为小区域测量大比例尺地形图和施工测量的高程基本控制。三、四等水准测量的主要技术要求见表 4-6。

表 4-6 三、四等水准测量的主要技术要求

等级	路线长度 /km	水准仪	水准尺	观测次数		往返较差、附合或环线闭合差	
				与已知点联测	附合或环线	平地/mm	山地/mm
三	≤50	DS$_1$	因瓦	往返各一次	往一次	$\pm 12 \sqrt{L}$	$\pm 4 \sqrt{n}$
		DS$_3$	双面		往返各一次		
四	≤16	DS$_3$	双面	往返各一次	往一次	$\pm 20 \sqrt{L}$	$\pm 6 \sqrt{n}$

注：L 为水准路线长度(km)；n 为测站数。

2. 三、四等水准测量观测的技术要求

三、四等水准测量观测的技术要求见表 4-7。

表 4-7　三、四等水准测量观测的技术要求

等级	水准仪	视线长度/m	前后视距差/m	前后视距累积差/m	视线高度	黑面、红面读数之差/mm	黑面、红面所测高差之差/mm
三	DS₁	100	3	6	三丝能读数	1.0	1.5
	DS₃	75				2.0	3.0
四	DS₃	100	5	10	三丝能读数	3.0	5.0

3. 一个测站上的观测程序和记录

一个测站上的观测程序可采用"后—前—前—后"或"黑—黑—红—红"。四等水准测量也可采用"后—后—前—前"或"黑—红—黑—红"的观测程序。

使用自动安平水准仪进行三、四等水准测量应在通视良好、望远镜成像清晰稳定的情况下进行。以下介绍用双面水准尺法在一个测站的观测顺序、读数和记录(见表 4-8)。

(1)后视水准尺黑面,读取上、下视距丝和中丝读数,记入记录表中(1)、(2)、(3)处。

(2)前视水准尺黑面,读取上、下视距丝和中丝读数,记入记录表中(4)、(5)、(6)处。

(3)前视水准尺红面,读取中丝读数,记入记录表中(7)处。

(4)后视水准尺红面,读取中丝读数,记入记录表中(8)处。

表 4-8　三、四等水准测量手簿(双面尺法)

测站编号	点号	后尺 上丝／下丝 后视距 视距差	前尺 上丝／下丝 前视距 ∑d	方向及尺号	水准尺读数 黑面	水准尺读数 红面	K+黑—红	平均高差/m	备注
		(1) (2) (9) (11)	(4) (5) (10) (12)	后 前 后—前	(3) (6) (15)	(8) (7) (16)	(14) (13) (17)	(18)	
1	BM₁　TP₁	1.571 1.197 37.4 −0.2	0.739 0.363 37.6 −0.2	后 12 前 13 后—前	1.384 0.551 +0.833	6.171 5.239 +0.932	0 −1 +1	+0.8325	K 为水准尺尺常数,表中 K_{12} = 4.787, K_{13} = 4.687
2	TP₁—TP₂	2.121 1.747 37.4 −0.1	2.196 1.821 37.5 −0.3	后 13 前 12 后—前	1.934 2.008 −0.074	6.621 6.796 −0.175	0 −1 +1	−0.0745	
3	TP₂—TP₃	1.914 1.539 37.5 −0.2	2.055 1.678 37.7 −0.5	后 12 前 13 后—前	1.726 1.866 −0.140	6.513 6.554 −0.041	0 −1 +1	−0.1405	

续表

测站编号	点号	后尺 上丝/下丝	前尺 上丝/下丝	方向及尺号	水准尺读数		K+黑—红	平均高差/m	备注
		后视距	前视距		黑面	红面			
		视距差	Σd						
4	TP₃—A	1.965 1.700 26.5 −0.2	2.141 1.874 26.7 −0.7	后 13 前 12 后—前	1.832 2.007 −0.175	6.519 6.793 −0.274	0 +1 −1	−0.1745	K 为水准尺尺常数，表中 K_{12}=4.787，K_{13}=4.687
每页检核	$\Sigma(9)$=138.8 $\Sigma[(3)+(8)]$=32.700 $\Sigma[(15)+(16)]$=+0.886 $-\Sigma(10)$=139.5 $-\Sigma[(6)+(7)]$=31.814 =−0.7=4 站(12) =+0.886 $\Sigma(18)$=+0.443 $2\Sigma(18)$=+0.886 总视距$\Sigma(9)+\Sigma(10)$=287.3								

4. 测站计算与检核

1）视距部分

视距等于下丝读数与上丝读数的差乘以 100。

后视距离： $(9)=[(1)-(2)]\times 100$

前视距离： $(10)=[(4)-(5)]\times 100$

计算前、后视距差： $(11)=(9)-(10)$

计算前、后视距累积差： $(12)=$上站$(12)+$本站(11)

2）水准尺读数检核

同一水准尺的红、黑面中丝读数之差，应等于该尺红、黑面的尺常数 K（4.687 m 或 4.787 m）。红、黑面中丝读数差(13)、(14)按下式计算。

$$(13)=(6)+K_{前}-(7)$$
$$(14)=(3)+K_{后}-(8)$$

红、黑面中丝读数差(13)、(14)的值，三等不得超过 2 mm，四等不得超过 3 mm。

3）高差计算与校核

根据黑、红面读数计算黑面、红面高差(15)、(16)，计算平均高差(18)。

黑面高差： $(15)=(3)-(6)$

红面高差： $(16)=(8)-(7)$

黑、红面高差之差：$(17)=(15)-[(16)\pm 0.100]=(14)-(13)$（校核用），0.100 为两根水准尺的尺常数之差(m)。

黑、红面高差之差(17)的值，三等不得超过 3 mm，四等不得超过 5 mm。

平均高差： $(18)=(15)+[(16)\pm 0.100]/2$

当 $K_{后}$=4.687 m 时，式中取+0.100 m；当 $K_{后}$=4.787 m 时，式中取−0.100 m。

5. 每页计算的校核

1）视距部分

后视距离总和减前视距离总和应等于末站视距累积差，即：

$$\sum(9) - \sum(10) = 末站(12)$$

$$总视距 = \sum(9) + \sum(10)$$

2）高差部分

红、黑面后视读数总和减红、黑面前视读数总和应等于黑、红面高差总和,还应等于平均高差总和的两倍,即:

测站数为偶数时:

$$\sum[(3)+(8)] - \sum[(6)+(7)] = \sum[(15)+(16)] = 2\sum(18)$$

测站数为奇数时:

$$\sum[(3)+(8)] - \sum[(6)+(7)] = \sum[(15)+(16)] = 2\sum(18) \pm 0.100$$

4.4.2　二等水准测量

二等水准测量是国家高程控制网的核心组成部分,属于高精度水准测量等级,主要用于省级或区域性高程基准传递、重大工程控制及地壳形变的监测,为高等级工程(如高速铁路、跨海大桥)和科学研究(如高程基准维护、地表沉降分析)提供可靠的高程基准支撑,是国家高程控制体系中承上启下的关键环节。下面重点介绍使用电子水准仪进行二等水准测量的技术规范和方法。

1. 二等水准测量的技术要求

二等水准测量的技术要求如表 4-9 所示。

表 4-9　二等水准测量技术要求

视线长度 /m	前后视距差 /m	前后累积 视距差/m	视线高度 /m	两次读数所得 高差之差/mm	数字水准仪 重复测量次数	测段、环线 闭合差/mm
≥3 且 ≤50	≤1.5	≤3.0	≤1.80 且 ≥0.55	≤0.6	≥2 次	$\leq 4\sqrt{L}$

2. 一个测站上的观测程序和记录

二等水准测量在一个测站上的观测程序:奇数站按照"后—前—前—后"的观测顺序;偶数站按照"前—后—后—前"的顺序单站双次观测。这样做的优势在于能够通过交替顺序平衡前后视观测条件,削弱仪器沉降、标尺零点差及大气折光影响,减少测量误差。

3. 测站计算与检核

电子水准仪通过自动读数与数据处理功能,显著提升了二等水准测量的效率与精度,但其测站计算与检核仍需要遵循高精度规范。以下是核心流程与注意事项。

1）仪器设置与校准

标尺匹配:使用配套条码标尺,确保编码与仪器兼容。

仪器校准:每日作业前进行 i 角校准(要求 i 角误差≤15″)。

参数设置:输入温度、气压参数,打开地球曲率与大气折光改正(K 值默认为 0.142)。

2）实时限差检核

视距部分:视线长度应大于等于 3 m 且小于等于 50 m,前后视距差值应小于等于 1.5 m,前后累积视距差应小于等于 3 m。

视线高度:应小于等于 1.8 m 且大于等于 0.55 m。

两次所得高差之差:应小于等于 0.6 mm。

重复观测次数:大于等于 2 次。

测段、环线闭合差:小于等于 $4\sqrt{L}$ mm,其中 L 为整个测段的距离。

3)填写二等水准测量手簿

二等水准测量手簿如表 4-10 所示。

表 4-10　二等水准测量手簿

测站编号	后距	前距	方向及尺号	标尺读数		两次读数之差	备注
	视距差	累积视距差		第一次读数	第二次读数		
1	40.5	39.6	后 A_1	071251	071242	+9	
			前 T_1	179948	179946	+2	
	+0.9	+0.9	后—前	−1.08697	−1.08704	+7	
			h	−1.08700			
2	46.8	47.0	后 T_1	146831	146828	+3	
			前 T_2	117898	117894	+4	
	−0.2	+0.7	后—前	+0.28933	+0.28934	−1	
			h	+0.28934			
3	39.3	39.2	后 T_2	141230	141225	+5	
			前 T_3	135002	135000	+2	
	+0.1	+0.8	后—前	+0.06228	+0.06225	+3	
			h	+0.06226			
4	25.2	26.5	后 T_3	113931	113932	−1	
			前 T_4	144256	144248	+8	
	−1.3	−0.5	后—前	−0.30325	−0.30316	−9	
			h	−0.30320			
5	37.9	37.6	后	106920	106916	+4	
			前 T_1	131021	131017	+4	
	+0.3	−0.2	后—前	−0.24101	−0.24101	0	
			h	−0.24101			
6	44.9	44.8	后	113984	113982	+2	
			前 T_1	156628	156628	0	
	+0.1	−0.1	后—前	−0.42734	−0.42736	2	
			h	−0.42735			

注:高差中数按四舍六进五看奇偶的原则取值。

4.4.3　三角高程测量

三角高程测量是通过测定两点间的垂直角和水平距离(或斜距),利用三角函数计算高差的高程测量方法,适用于地形复杂、高差较大或通视条件受限区域。

1. 三角高程测量原理

如图 4-14 所示,已知 A 点的高程 H_A,欲测定 B 的高程 H_B,利用三角高程测量原理,根据两点间的水平距离和垂直角,计算两点间的高差。在 A 点安置经纬仪,量取仪器高 i(即仪器水平轴至测点的高度),并在 B 点设置观测标志(称为觇标)。然后用望远镜中丝瞄准觇标的顶部,测出垂直角 α,量取觇标高 v(即觇标顶部至目标点的高度),以及 A、B 两点间的水平距离 D_{AB},得出高差及未知点的高程。

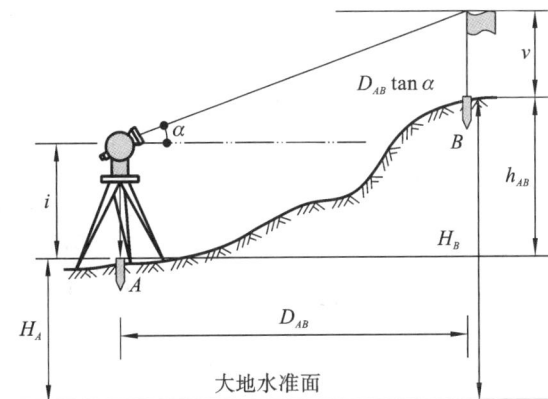

图 4-14　三角高程测量原理

则 A、B 两点间的高差 h_{AB} 为:

$$h_{AB} = D_{AB}\tan\alpha + i - v \qquad (4\text{-}18)$$

B 点的高程 H_B 为:

$$H_B = H_A + h_{AB} = H_A + D_{AB}\tan\alpha + i - v \qquad (4\text{-}19)$$

当距离较远时,应考虑大气折光和地球曲率的影响。三角高程测量一般应进行对向观测,亦称直、反觇观测。三角高程测量对向观测,所求得的高差之差不应大于 $0.4D$(m),其中 D 为水平距离,以 km 为单位。若符合要求,取两次高差的平均值作为最终高差,这样可以抵消球气两差(大气折光和地球曲率误差)的影响。

若只进行单向观测,当距离超过 300 m 时,应加上球气两差,其值按式(4-20)计算。

$$f = 0.43\frac{D^2}{R} \qquad (4\text{-}20)$$

式中:D——所测两点间的距离;

　R——地球半径,取 6371 km。

此时 A、B 两点间的高差 h_{AB} 见式(4-21)。

$$h_{AB} = i + D_{AB}\tan\alpha - v + f \qquad (4\text{-}21)$$

2. 观测方法

当用三角高程测量方法测定平面控制点的高程时,应组成闭合或附合的三角高程路线。每条边均要进行对向观测。用对向观测所得高差平均值,计算闭合或附合路线的高差闭合差的容许值,见式(4-22)。

$$f_{h容} = \pm 0.05\sqrt{\left(\sum D\right)^2}\ \text{m} \tag{4-22}$$

式中:D——各边的水平距离(km)。

当 f_h 不超过 $f_{h容}$ 时,按与边长成正比原则,将 f_h 反符号分配到各个高差之中,然后用改正后的高差,从起算点推算各点高程。

观测步骤如下。

(1)将经纬仪安置在测站 A 上,仪器高 i 和觇标高 v 分别测量两次,精确至 0.5 cm,两次的结果之差不大于 1 cm,取其平均值。

(2)用十字丝的中丝瞄准 B 点觇标顶端,盘左、盘右观测,读取竖直度盘读数 L 和 R,计算出垂直角 α。

(3)将经纬仪搬至 B 点,同法对 A 点进行观测,取两次水平距离观测值的平均值作为 A、B 两点之间的水平距离。

【例题 4-4】 如图 4-15 所示为三角高程测量路线实测成果示意,在 A、B、C、D 四点间进行三角高程测量,构成闭合路线,已知 A 点的高程为 127.590 m,高差计算和闭合差调整见表 4-11 和表 4-12。

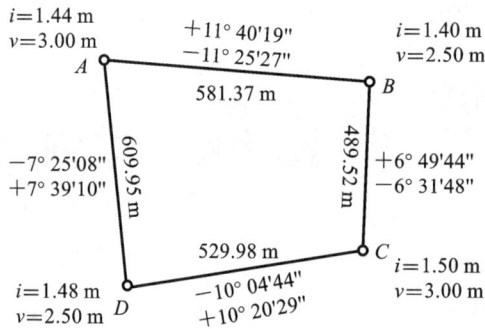

图 4-15 三角高程测量路线实测成果示意

表 4-11 三角高程测量高差计算表

起算点	A		B		C		D	
待定点	B		C		D		A	
测量顺序	往	返	往	返	往	返	往	返
水平距离/m	581.37	581.37	489.52	489.52	529.98	529.98	609.95	609.95
垂直角	+11°40′19″	−11°25′27″	+6°49′44″	−6°31′48″	−10°04′44″	+10°20′29″	−7°25′08″	+7°39′10″
仪器高/m	1.440	1.400	1.400	1.500	1.500	1.480	1.480	1.440
目标高/m	2.500	3.000	3.000	2.500	2.500	3.000	3.000	2.500
两差改正/m	+0.023	+0.023	+0.016	+0.016	+0.019	+0.019	+0.025	+0.025
高差/m	+119.062	−119.057	+57.038	−57.017	−95.183	+95.208	−80.918	+80.922
平均高差/m	+119.060		+57.028		−95.196		−80.920	

表 4-12 三角高程测量路线计算表

点号	水平距离/m	观测高差/m	改正数/m	改正后高差/m	高程/m
A					127.590
	581.37	+119.060	+0.007	+119.067	
B					246.657
	489.52	+57.028	+0.006	+57.034	
C					303.691
	529.98	−95.196	+0.007	−95.189	
D					208.502
	609.95	−80.920	+0.008	−80.912	
A					127.590
Σ	2210.82	−0.028	+0.028	0	
辅助计算	$f_h = -0.028$ m $< f_{h容} = \pm 0.05 \times \sqrt{2.2^2}$ m $= \pm 0.11$ m					

【复习思考】

1. 什么叫控制测量?

2. 导线测量外业有哪些工作?

3. 用三角高程测量方法测定平距 $D = 375.11$ m 的 A、B 两点之间的高差,在 A 点设站观测 B 点时,仪器高 $i = 1.50$ m,觇标高 $v = 1.80$ m,垂直角 $\alpha = 4°30'$;在 B 点设站观测 A 点时,仪器高 $i = 1.40$ m,觇标高 $v = 1.70$ m,垂直角 $\alpha = -4°24'$,求直、反觇平均高差 h_{AB}。

4. 闭合导线与附合导线在内业计算中有哪些异同点?

5. 在导线内业计算中,角度闭合差如何调整?

6. 四等水准在一个测站上的观测程序是什么?

7. 下表是导线测量内业计算的一部分,顺时针编号,请补全表格。

点号	V_β 观测角(右角)	改正后角值(右角)	坐标方位角
A			86°25′30″
B	124°16′50″		
C	61°29′39″		
D	95°23′00″		
A	78°49′45″		
B			
Σ			
辅助计算	$f_\beta = \quad ''$ $\sum \beta_{理} = (n-2) \times 180° =$ $f_{\beta允} = \pm 60'' \sqrt{n} = \pm$ 比较:		

项目5　测量误差的基本知识

【学习目标】

1.知识目标

(1)理解测量误差的定义、来源、分类与特性。

(2)熟悉测量误差的传播定律。

2.技能目标

(1)能够正确评定测量误差精度指标,进行精度计算。

(2)能够根据误差信息来源评估测量结果的可靠性,解决实际问题。

3.思政目标

(1)培养学生科学严谨的工作态度。

(2)树立学生精益求精的职业操守。

(3)锻炼学生勇于面对困难的工匠精神。

【项目导入】

在测绘领域,测量误差是每一个测绘工作者都必须面对的现实问题。无论技术如何进步,仪器如何精密,测量结果与真实值之间总会存在一定的差异,这种差异就是测量误差。在测绘工作的每一个环节,从数据采集到结果处理,从地形测绘到工程放样,测量误差无处不在地影响着测绘成果的精度与可靠性。

在实际工作中,我们常常会遇到这样的情况:使用同一台全站仪,对同一目标进行多次测量,得到的结果却略有不同;在地形测绘中,相邻的地形点高程可能会出现微小的偏差;在工程放样时,实际测量的坐标与设计坐标之间也可能存在一定的差距。这些看似微不足道的差异,却可能在工程建设、地理信息采集、土地规划等实际应用中引发重大问题。例如,在大型基础设施建设中,测量误差可能导致施工偏差,进而影响工程的安全性和功能性;在土地权属划分中,微小的误差可能引发土地纠纷,影响社会稳定。因此,学习测量误差的基本知识,掌握测量误差的定义、分类、来源及减小方法对于提高测绘成果的质量、确保工程建设的顺利进行、维护社会经济秩序具有极为重要的意义。

任务 5.1　测量误差概述

5.1.1　测量误差的定义

测量误差是指测量值与被测量的真值之间的差值,是衡量测量结果准确程度的重要指标。在测量过程中,真实值(或称真值)是客观存在的,它是在一定时间及空间条件下体现事物的真实数值,通常是未知的。测得值(测量值)是测量所得的结果,无论使用多么精密的测量仪器和多么仔细的观测方法,测得值和真值之间总是存在一定的差异,这种差异即为测量误差,即:

$$测量误差＝测量值－真值$$

假设现在要测量一个物体的长度,其真实长度为 10.00 cm(真值),但实际测量得到的结果是 10.02 cm,那么测量误差为 0.02 cm(10.02 cm－10.00 cm)。

5.1.2　测量误差的来源

在测量工作中,测量误差的来源多种多样,主要有以下几种。

1. 测量仪器的误差

仪器在制造过程中,由于加工精度、装配质量等限制,其性能与理想状态可能存在偏差。例如,刻度不准确、零点漂移、灵敏度不均匀等。长期使用后,仪器的零部件可能会磨损、老化,导致其性能下降。例如,机械部件的松动、电子元件的性能变化等。仪器的使用环境(如温度、湿度、电磁干扰等)不符合其设计要求时,也会引入误差。例如,温度变化可能导致仪器的热胀冷缩,影响测量精度。

2. 测量人员的因素

测量人员在读取仪器示值时,由于视觉误差、估读不准确等原因,读数会有误差。例如,在使用刻度尺时,人眼难以准确读取小数点后的数值。测量人员在操作仪器时,由于操作不当、不熟悉仪器的使用方法等原因,可能会引入误差。例如,测量时未正确安装被测对象、未按要求调整仪器等。测量人员的主观判断和经验也会影响测量结果。例如,在判断测量条件是否满足要求、选择测量方法等方面,可能会因个人差异而引入误差。

3. 测量环境的因素

温度的变化会影响被测对象和测量仪器的物理性质。例如,金属的热胀冷缩会导致尺寸测量误差,从而影响测量结果。湿度的变化可能会影响仪器的性能,尤其是光学仪器和电子仪器。例如,高湿度可能导致仪器表面结露,影响测量精度。气压变化、振动、灰尘等也会对测量结果产生影响。例如,振动可能导致测量仪器的读数不稳定。

4. 测量方法的影响

采用的测量方法本身存在缺陷,可能导致测量结果与真值存在偏差。例如,某些测量方法只能近似地反映被测量的特性,无法完全准确地测量。在数据处理过程中,使用的计算公式可能存在误差。例如,采用近似公式进行计算时,可能会引入计算误差。

总之,测量误差的来源是多方面的,这些因素相互交织,共同影响测量结果的准确性。为了提高测量精度,需要从仪器、人员、环境、方法等多个方面进行综合考虑和优化。当观测条件好时,观测中产生的误差就会小;反之,观测条件差,观测中产生的误差就会大。但是不管观测条件如何,受上述因素的影响,测量工作中存在误差是不可避免的。但应注意,一般误差与粗差是不同的,粗差是观测者的疏忽在测量过程中导致的明显偏离真实值的误差。例如,瞄错观测目标、读数错误和记录错误等。粗差的存在将大大影响平差结果的可靠性,甚至导致完全错误的结果,是不允许的。为杜绝粗差,除增强观测人员的责任感、提高操作技能外,还应该采取必要的检校措施。

5.1.3 测量误差的分类

测量误差按其性质不同,可分为粗差、系统误差和偶然误差。

1. 粗差

粗差是指在测量过程中某些异常原因导致的明显偏离真实值的误差。这种误差可能是由观测者疏忽或大意造成,如读数错误、操作失误和记录错误等。粗差是不能被接受的,因为其绝对值超过了限差,含有粗差的测量数据绝不能采用。

在实际应用中,为了避免或减小粗差的影响,需要制定并严格执行测量操作规程,确保测量人员按照正确的步骤进行测量。例如,测量前检查仪器是否正常工作,测量时保持稳定的操作环境等;对测量人员进行培训,使其熟悉仪器的使用方法和操作注意事项,减少人为误差。同时,定期对测量仪器进行维护和校准,确保其处于良好的工作状态,避免因仪器故障导致粗差。

2. 系统误差

在重复性条件下,对同一被测量目标进行无限多次测量所得结果的平均值与被测量的真值之差,称为系统误差。系统误差具有确定性,它在相同的测量条件下重复出现,且大小和方向(正或负)保持不变或按一定规律变化。

系统误差具有确定的大小和方向,通常在相同的测量条件下重复出现,对测量结果影响很大,增加测量的次数并不能使其减少,可以通过计算或观测方法加以消除,或者最大限度地减小其影响。如选择合适的观测方法和观测程序,检校仪器,找出系统误差产生的原因,利用改正公式将观测值进行修正等。

3. 偶然误差

在相同条件下,对同一物理量进行多次测量时,如出现的误差大小和方向是随机的,没有固定的规律,但通常服从一定的统计规律(如正态分布),这种误差称为偶然误差。如读数时视线的位置不正确,测量点的位置不准确,实验仪器受环境温度、湿度和振动因素的影响等,这些因素对测量结果的影响通常是微小的,但却难以准确量化或排除。

偶然误差无法测量或校正,因此需要对其进行研究。尽管偶然误差似乎是纯粹的偶然性在起作用,但在实际中,它始终受到一些内部隐蔽规律的支配。我们可以通过增加测量次数、优化测量条件、提高测量人员操作水平等方法来减小偶然误差,从而更准确地获取测量值。

5.1.4 偶然误差的特性

1. 随机性

偶然误差的大小和方向是随机的,没有固定的规律。

2. 不可测性

无法通过校准或补偿方法消除偶然误差,但可以通过多次测量和统计分析减小其影响。

3. 服从统计规律

虽然单个偶然误差是随机的,但大量偶然误差服从一定的统计规律,如正态分布。

4. 对称性

偶然误差通常在正负方向上具有对称性,即正误差和负误差出现的概率相同。

任务 5.2 评定精度与误差传播

5.2.1 评定精度的指标

为了对测量成果的精确程度作出评定,有必要建立一套评定精度的标准,通常用中误差、相对误差和极限误差来表示。

1. 中误差

设在相同观测条件下,对真值为 x 的一个未知量 l 进行 n 次观测,观测值结果为 l_1、l_2、$\cdots$、l_n,每个观测值相应的真误差(真值与观测值之差)为 Δ_1、Δ_2、$\cdots$、Δ_n。则以各个真误差之平方和的平均数的平方根作为精度评定的标准,用 m 表示,称为观测值中误差,见式(5-1)。

$$m = \pm \sqrt{\frac{[\Delta\Delta]}{n}} \tag{5-1}$$

式中,n 表示观测次数;m 表示观测值中误差(又称均方误差);$[\Delta\Delta]$ 表示各个真误差 Δ 的平方的总和,即 $[\Delta\Delta] = \Delta_1\Delta_1 + \Delta_2\Delta_2 + \cdots + \Delta_n\Delta_n$。

上式表明中误差与真误差的关系,中误差并不等于每个观测值的真误差,中误差仅是一组真误差的代表值,当一组观测值的测量误差越大,中误差也就越大,其精度就越低;测量误差越小,中误差也就越小,其精度就越高。

2. 相对误差

测量工作中对于精度的评定,在很多情况下用中误差这个标准并不能完全描述对某量观测的精确度。例如,用钢卷尺丈量了 50 m 和 100 m 两段距离,其观测值中误差均为 ± 0.1 m,若以中误差来评定精度,显然就要得出错误结论,因为量距误差与其长度有关,因此需要采取另一种评定精度的标准,即相对误差。相对误差是指绝对误差的绝对值与相应观测值之比,通常以分子为 1、分母为整数的形式表示,见式(5-2)。

$$相对误差 = \frac{绝对误差的绝对值}{观测值} = \frac{1}{T} \tag{5-2}$$

绝对误差包括中误差、真误差、极限误差等,它们具有与观测值相同的单位。

相对误差常用于距离丈量的精度评定,而不能用于角度测量和水准测量的精度评定,这是因为后两者的误差大小与观测量角度、高差的大小无关。

3. 极限误差

极限误差也称为允许误差,是指在测量过程中,各种因素(如仪器误差、环境误差、操作误差等)导致的测量结果与实际值之间的最大可能偏差范围。这种误差是在一定概率保证下的误差的最大范围。因此,在观测次数不多的情况下,可认为大于 3 倍中误差的偶然误差实际上是不可能出现的。故常以三倍中误差作为偶然误差的极限值,称为极限误差,用 $\Delta_{限}$ 表示,见式(5-3)。

$$\Delta_{限} = 3m \tag{5-3}$$

在实际工作中,一般常以 2 倍中误差作为极限值,见式(5-4)。

$$\Delta_{限} = 2m \tag{5-4}$$

如观测值中出现了超过 $2m$ 的误差,可以认为该观测值不可靠,应舍去。测量极限误差只能作为衡量测量结果准确性的一个参考指标,并不能完全消除误差。因此,在进行测量时,除关注极限误差外,还需要综合考虑其他因素,如测量方法的可靠性、样本的代表性等,以全面评估测量结果的准确性和可靠性。

【例题 5-1】　对 10 个三角形的三个内角和分别进行两组观测,根据两组观测值的真误差(三角形的角度闭合差)求中误差,如表 5-1 所示。

表 5-1　按观测值的真误差计算中误差

次序	第一组观测			第二组观测		
	观测值 l_i / (° ′ ″)	真误差 Δ_i / (″)	$\Delta\Delta$	观测值 l_i / (° ′ ″)	真误差 Δ_i / (″)	$\Delta\Delta$
1	180　00　03	−3	9	180　00　01	−1	1
2	179　59　59	+1	1	179　59　57	+3	9
3	180　00　02	−2	4	180　00　04	−4	16
4	180　00　02	−2	4	180　00　01	−1	1
5	180　00　01	−1	1	179　59　57	+3	9
6	179　59　57	+3	9	180　00　00	0	0
7	179　59　58	+2	4	179　59　55	+5	25
8	180　00　00	0	0	179　59　58	+2	4
9	179　59　57	+3	9	180　00　02	−2	4
10	180　00　01	−1	1	180　00　00	0	0
$\sum \lvert n \rvert$		18	42		21	69
	$m_1 = \pm\sqrt{\dfrac{[\Delta\Delta]}{n}} = \pm\sqrt{\dfrac{42}{10}} = \pm2.0''$			$m_2 = \pm\sqrt{\dfrac{[\Delta\Delta]}{n}} = \pm\sqrt{\dfrac{69}{10}} = \pm2.6''$		

由计算得出,第一组观测值的中误差 m_1 小于第二组观测值的中误差 m_2,说明第一组观测值精度较高。

5.2.2　误差传播定律

下面以算术平均值及其中误差为例讲述误差传播定律。

在相同的观测条件下,对某一个量进行 n 次观测,通常取其算术平均值作为未知量最可靠值。

例如,对某一段距离测量了 8 次,观测值分别为 l_1、l_2、l_3、l_4、l_5、l_6、l_7、l_8,则算术平均值 X 为:

$$X = \frac{l_1 + l_2 + l_3 + l_4 + l_5 + l_6 + l_7 + l_8}{8}$$

如果观测了 n 次,那么 $X = \dfrac{[l]}{n}$。下面对算术平均值是最可靠值进行简要论证。设某一个未知量的真值是 x,观测值为 $l_i (i=1,2,3,\cdots,n)$,其真误差为 Δ_i,则各组观测值的真误差为:

$$\Delta_1 = l_1 - x$$
$$\Delta_2 = l_2 - x$$
$$\vdots$$
$$\Delta_n = l_n - x$$

将上述各式左右求和并除以 n 得：

$$\frac{[\Delta]}{n} = \frac{[l]}{n} - x$$

将 $X = \dfrac{[l]}{n}$ 代入上式中并移项得：

$$x = X - \frac{[\Delta]}{n}$$

其中 $\dfrac{[\Delta]}{n}$ 表示 n 个观测值真误差的平均值。

根据偶然误差的第四特性，当 $n \to \infty$ 时，$\dfrac{[\Delta]}{n}$ 趋近于 0，则有：

$$\lim_{n \to \infty} x = X$$

由上面的式子可以看出，当观测的次数 n 趋近于无穷时，观测值的算术平均值就是该未知量的真值。但是在实际工作中，观测次数通常是有限的，所以在有限次观测的条件下，算术平均值与各个观测值相比较是最接近于真值的，因此称其为该量的最可靠值或最或然值。当然，其可靠程度不是绝对的，而是随着观测值的精度和观测次数的变化而发生变化。

5.2.3　观测值改正数

假设在相同的观测条件下，得到观测值为 l_1、l_2、$\cdots$、l_n，观测值的算术平均值为 X，那么算术平均值和观测值之差称为观测值改正数，用 v 表示，则有：

$$v_1 = X - l_1$$
$$v_2 = X - l_2$$
$$\vdots$$
$$v_n = X - l_n$$

将等式两端分别进行求和得到：

$$[v] = nX - [l]$$

将 $X = \dfrac{[l]}{n}$ 代入上式得：

$$[v] = 0$$

上式说明了在相同的观测条件下，一组观测值改正数之和恒等于零，该式可以用于计算工作的校核。

5.2.4　用改正数求观测值的中误差

中误差是用已知真误差计算得到的，而在实际工作中，观测值的真值通常都是未知的，所以真误差无法求得。因此可以用算术平均值代替真值，用观测值的改正数来求观测值中误差，即：

$$m = \pm\sqrt{\frac{[vv]}{n-1}}$$

$$[vv] = v_1 v_1 + v_2 v_2 + \cdots + v_n v_n$$

式中，n 表示观测次数；m 表示观测值中误差，代表每一次观测值的精度。

【例题 5-2】某一水平角观测结果如表 5-2 所示，在等精度的条件下进行了 5 次观测，求其算术平均值和观测值的中误差。

表 5-2　某一水平角观测结果

次序	观测值 l_i / (°　′　″)	改正数 v_i /(″)	vv	计算算术平均值 X 和中误差 m
1	35　40　48	−3	9	算术平均值：
2	35　40　43	+2	4	
3	35　40　46	−1	1	$X = \dfrac{[l]}{n} = 35°40'45''$
4	35　40　41	+4	16	观测值中误差：
5	35　40　47	−2	4	$m = \pm\sqrt{\dfrac{[vv]}{n-1}} = \pm\sqrt{\dfrac{34}{4}} = \pm 2.9''$
$\Sigma\lvert n\rvert$		12	34	

观测值的最可靠值是其算术平均值，算术平均值的中误差用 M 表示，按式（5-5）计算。

$$M = \frac{m}{\sqrt{n}} = \pm\sqrt{\frac{[vv]}{n(n-1)}} \tag{5-5}$$

式（5-5）说明算术平均值的中误差等于观测值中误差的 $\dfrac{1}{\sqrt{n}}$ 倍，所以增加观测次数可以提高算术平均值的精度，但是随着观测达到一定的次数，精度的提高会变得非常缓慢。

【复习思考】

1. 研究测量误差的目的和任务是什么？
2. 测量误差的来源和类型有哪些？
3. 偶然误差的特性有哪些？
4. 我们用什么标准来衡量一组观测结果的精度？中误差与真误差有何区别？
5. 两组三角形内角和观测值如表 5-3 所示，比较测量精度哪组更高（m 保留 1 位小数）。

表 5-3　两组三角形内角和观测值

次序	第一组观测值/(°　′　″)	第二组观测值/(°　′　″)
1	180　00　01	179　59　58
2	179　59　58	180　00　02
3	180　00　02	179　59　58
4	179　59　59	180　00　04
5	180　00　02	180　00　01

项目 6　GNSS 测量技术

【学习目标】

1. 知识目标

（1）了解 GNSS 系统的发展历程和现状，掌握 GNSS 测量技术的基本概念、原理和应用领域，了解几种主要的 GNSS 系统。理解 GPS 测量中的坐标系统、时间系统及卫星信号传输的基本原理。

（2）熟悉 GPS 接收机的类型、性能及操作规范，了解不同型号接收机的特点和应用场景。学习 GPS 数据处理的基本方法，包括数据预处理、坐标转换、误差分析等内容。

2. 技能目标

（1）通过学习，能够独立进行 GPS 接收机的安装与调试，确保设备正常运行。熟练掌握 GPS 野外数据采集的流程和方法，包括观测点的选取、观测计划的制订及数据的采集与记录等。

（2）能够熟练运用软件进行数据处理、分析和绘图等，生成符合要求的测量报告。具备解决实际问题的能力，能够对测量工作中出现的异常情况进行分析和处理。

3. 思政目标

（1）培养严谨的科学态度和求真务实的工作作风，注重数据的准确性和可靠性。提高学生的团队协作精神和沟通能力，能够在团队中发挥自己的优势并与其他成员有效协作。

（2）增强学生的创新意识和实践能力，鼓励学生在 GNSS 测量技术领域进行探索和创新。在测量工作中培养职业素养和职业道德，遵守行业规范和法律法规，保护知识产权和测量成果。

【项目导入】

随着科技的不断发展，GNSS 测量技术已广泛应用于各个领域，包括地理测绘、交通导航、军事定位等。GNSS 测量技术作为现代测绘技术的重要组成部分，对于提高测量精度和效率具有重要意义。因此，本测量课程项目的目标是让学生掌握 GPS 测量的基本原理，掌握 GPS 接收机的操作技能和数据处理能力，培养学生在实际项目中应用 GPS 测量技术的能力。此外，项目实践还能够培养学生的团队合作精神、创新能力和解决实际问题的能力。

任务 6.1　GNSS 概述

6.1.1　GNSS 概况

全球导航卫星系统（Global Navigation Satellite System，GNSS），泛指所有的卫星导航

系统,包括美国的 GPS、俄罗斯的 GLONASS、欧洲的 GALILEO、中国的北斗(BDS),其关键作用是提供时间/空间基准和所有与位置相关的实时动态信息,在经济建设、国防安全等领域有着广泛的应用。

1. GPS 全球卫星导航系统

GPS(Global Positioning System)全球卫星导航系统作为全球定位系统的代表,自 20 世纪 70 年代由美国开始研制,到 1994 年全面建成,现已展现出卓越的性能和广泛的应用前景(见图 6-1)。这一系统具备以下显著特点。

图 6-1 GPS 卫星

1)GPS 系统具有全球覆盖和全天候工作的特性

不论用户身处何地,无论天气如何变化,GPS 都能提供连续、实时的三维位置、三维速度和精密时间信息。这种能力使得 GPS 在各种极端环境和条件下都能稳定、可靠地工作,从而极大地扩展了其应用场景。

2)GPS 系统的定位精度极高

单机定位精度已经优于 10 米,这在许多应用中已经足够精确。如果采用差分定位技术,其精度甚至可以达到厘米级和毫米级。这种高精度的定位能力使得 GPS 在精度要求极高的领域,如航空、航海、地质勘探等,具有不可替代的优势。

3)GPS 系统的应用范围极其广泛

GPS 不仅在测量、导航等传统领域有着广泛的应用,还在测速、测时等方面发挥着重要作用。随着技术的不断进步,GPS 的应用领域还在不断扩展,如在地壳运动监测、工程变形监测、资源勘察、地球动力学研究等领域也都有着重要的应用。

总的来说,GPS 系统以其全球覆盖、全天候工作、高精度定位及广泛的应用领域等特点,成为现代社会中不可或缺的重要技术工具。它的出现和发展,不仅推动了测绘领域的深刻技术革命,也为人们的生活和工作带来了极大的便利和效益。

2. GLONASS 全球卫星导航系统

格洛纳斯(GLONASS)全球卫星导航系统的研发始于 20 世纪 70 年代。经过多年的发展和改进,格洛纳斯系统逐渐成熟并投入运营。格洛纳斯为全球范围内的用户提供全天候、高精度的导航、定位和授时服务。格洛纳斯定位系统主要由三大部分组成:空间卫星系统、地面监测与控制子系统和用户设备。空间卫星系统由分布在三个圆形轨道面上的 24 颗卫星组成,其中 21 颗为工作卫星,3 颗为备份卫星。这些卫星负责发送导航和定位信号,确保全球范围内信号的覆盖。地面监测与控制子系统则负责卫星的监控、控制及数据的收集和处理。用户设备,即用户接收设备,负责接收卫星信号并进行导航定位计算。格洛纳斯系统采用频分多址(FDMA)技术,每颗卫星在 L 波段上发射两个载波信号 L1 和 L2。其中,L1 信号主要用于民用领域,而 L2 信号则同时服务于民用和军用领域。这种技术使得格洛纳斯系统能够同时满足多种用户的需求,提高了系统的灵活性和可靠性。此外,格洛纳斯系统还采用了高精度原子钟和接收机等设备,对信号传输过程中的误差进行补偿和修正,从而提高了定位精度。随着科技的不断进步和全球定位需求的日益增长,格洛纳斯系统将为全球范围内的用户提供更加精准、可靠的导航、定位和授时服务。

3. 伽利略(GALILEO)全球卫星导航系统

伽利略是由欧盟研制和建立的全球卫星导航定位系统,旨在打破美国全球定位系统的垄断,提供独立、自主、高精度、高可靠性的定位服务。该系统于 1999 年由欧洲委员会首次公布,是欧洲自主、独立的全球多模式卫星定位导航系统。伽利略系统由空间段、地面段、用户三部分组成。空间段由轨道高度约为 2.4 万千米的 30 颗卫星组成,其中 27 颗为工作卫星,3 颗为备份卫星。这些卫星位于 3 个倾角为 56°的轨道平面内,能够提供全球范围内的导航、定位、授时服务。地面段包括全球地面控制段、全球地面任务段、全球域网、导航管理中心、地面支持设施、地面管理机构等,负责卫星的监控、控制、数据处理及用户服务。

伽利略系统的基本服务包括导航、定位、授时,能够满足各种用户的需求。特殊服务则包括搜索与救援(SAR 功能),能够在紧急情况下提供救援服务。总之,伽利略系统有着高精度、高可靠性的定位服务,具有广泛的应用前景,在飞机导航、铁路安全运行调度、海上运输系统、陆地车队运输调度、精准农业等领域发挥重要作用。

4. 北斗(BDS)全球卫星导航系统

北斗(BDS)是中国自主研发、建设和运营的全球卫星导航系统,凭借其强大的技术实力、丰富的服务功能和广泛的国际影响力,提升了我国在国际导航领域的地位,北斗系统的成功实施标志着中国在全球导航领域的重大突破。未来,随着系统的不断完善和服务能力的提升,北斗将为推动经济社会发展、增强国家安全和促进世界和平利用外层空间作出更大贡献。

1)北斗系统建设的三个阶段

(1)第一阶段(北斗一号)。

20 世纪 80 年代启动研制,2000 年建成并向中国用户提供服务,实现了中国及其周边地区的服务覆盖,提供区域定位、短报文通信和授时服务。

(2)第二阶段(北斗二号)。

2004 年开始建设,2012 年底完成并正式提供区域服务,增加了中圆地球轨道卫星,服务范围扩展到亚太地区,实现亚太地区无源定位、导航、授时服务,以及有源定位、短报文通信和精密授时服务。

(3)第三阶段(北斗三号)。

2009 年启动建设,2020 年 6 月全面建成。通过增加地球静止轨道、倾斜地球同步轨道和中圆地球轨道卫星,实现了全球服务能力,提供全球范围内的无源定位、导航、授时、短报文通信和国际搜救服务,并且具备星基增强、地基增强、精密单点定位等增强服务能力。

2)北斗系统的主要组成部分

(1)空间段。

由不同轨道的多颗卫星组成,包括中地球静止轨道卫星、倾斜地球同步轨道卫星和中圆地球轨道卫星,各卫星搭载原子钟,通过发射导航信号向地面提供定位、导航、授时服务。

(2)地面段。

包括监控站、主控站和注入站等,负责监控卫星状态、计算导航电文、注入卫星及进行系统运行管理。

(3)用户端。

指各种类型的接收设备,包括各类北斗接收机、智能手机、智能手表、车载导航仪等终端设备及应用系统,用于接收卫星信号并提供导航、定位服务。

3)北斗系统的特点

(1)双向通信能力。

不同于其他卫星导航系统只提供单向通信,北斗系统具备发送和接收信息的能力,可以进行短报文通信。

(2)高精度服务。

北斗系统采用了多种先进技术,如高精度原子钟、星间链路等,提高了定位精度。全球定位服务精度达到了米级,局部区域可以达到厘米或毫米级。

(3)稳定性和可靠性。

通过多种技术和策略保证系统的稳定运行,北斗系统具有独特的短报文通信功能,用户可以通过北斗卫星发送和接收短报文信息。北斗系统提供多个频点的服务,有助于提高定位精度和抗干扰能力,满足不同用户的服务需求。

(4)兼容性和互操作性。

北斗系统与其他卫星导航系统(如 GPS、GLONASS 和 GALILEO)具有良好的兼容性和互操作性。

(5)全球覆盖。

北斗三号系统的建成标志着北斗系统实现了全球覆盖,可以为全球用户提供服务。

(6)区域增强系统。

北斗系统还包括地面增强系统,如地基增强系统和星基增强系统,进一步提高了定位精度和可靠性。

4)北斗系统的应用

北斗系统广泛应用于交通运输、农业渔业、气象预报、测绘地理信息、地震监测、精准农业、智慧城市、国防安全等领域,提升了国家的科技实力和国际影响力。随着技术的不断进步和应用模式的创新,北斗系统将继续在全球卫星导航领域发挥重要作用。

6.1.2 GPS 的组成

GPS 是一个复杂而协同的系统,包括以下几个部分。

1. 空间部分

GPS 的空间部分由 24 颗工作卫星和 4 颗有源备份卫星组成。这些卫星被放置在距离地表约 20200 千米的 6 个轨道面上,每个轨道面有 4 颗卫星。这种布局确保了无论用户在全球的哪个位置,都能够同时观测到至少 4 颗卫星(见图 6-2),从而提供了稳定且连续的导航服务。

这些卫星发射两组电码:C/A 码和 P 码。C/A 码主要为民用,其精度经过人为调整有所降低。而 P 码主要用于军事目的,因其具有较高的抗干扰能力和定位精度,受美国军方管控并设有密码保护。

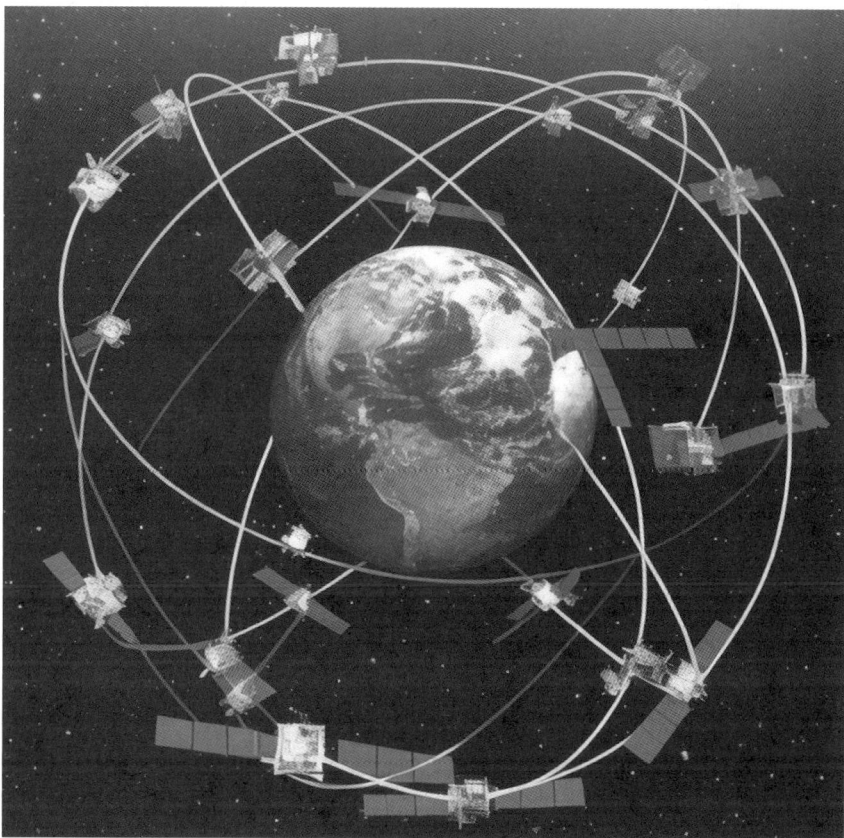

图 6-2　GPS 卫星星座

2.地面监控系统

地面监控系统是 GPS 系统的核心,负责监控和管理空间部分的卫星。这个系统由一个主控站、五个全球监测站和三个地面控制站组成。监测站配备了精密的铯原了钟和能够连续追踪所有可见卫星的接收机。它们收集卫星的观测数据,并经过初步处理后传送给主控站。

主控站负责收集各监测站的数据,计算卫星的轨道和时钟参数,然后将这些参数及指令通过地面控制站注入卫星中。这种指令注入每天对每颗卫星进行一次,确保卫星能够按照预定的轨道和参数运行。

此外,地面监控系统还负责维护 GPS 时间系统,确保所有卫星都在同一时间标准下运行。如果地面站发生故障,卫星中预存的导航信息还能维持一段时间的运行,但导航精度会逐渐下降。

3. 用户接收机

用户接收机是 GPS 系统的终端部分,用于接收和处理卫星信号,从而确定用户的位置和其他相关信息。接收机能够捕获并跟踪一定截止高度角内选择的卫星,测量出接收天线至卫星的伪距离和距离的变化率,并从中解调出卫星轨道参数等数据。

根据这些数据,接收机中的微处理计算机进行计算,得出用户所在的经纬度、高度、速度和时间等信息。用户接收机通常包括天线单元和接收单元两部分,并配备有直流电源以确保连续观测和数据保存。

综上所述,GPS 系统通过空间部分、地面监控系统和用户接收机的协同工作,实现了全球范围内的精确导航和定位服务。这一系统不仅广泛应用于军事领域,也深入民用和科研等多个领域,成为现代社会不可或缺的重要技术之一。

6.1.3　GPS 卫星信号的组成

GPS 卫星信号是 GPS 系统为用户提供导航定位服务的调制波。这些信号由卫星发射至地面,包含了实现定位所需的所有重要信息。GPS 卫星信号主要由以下三部分组成。

1. 载波

载波是高频振荡波,用于运载调制信号。在 GPS 系统中,卫星使用两个不同频率的载波:L1 载波和 L2 载波。L1 载波频率为 1575.42 MHz,而 L2 载波频率为 1227.60 MHz。这两个载波均位于微波的 L 波段。

使用两个不同频率的载波有助于消除电离层对信号传播的影响,从而提高定位精度。此外,高频率载波的使用也提高了测速和定位精度,因为电离层延迟与信号频率的平方成反比。

在 GPS 系统中,载波不仅能用于传输测距码和导航电文,还能在载波相位测量中作为测距信号使用。这种测量方法的精度远高于伪距测量,因此在高精度定位中得到了广泛应用。

2. 测距码

测距码是用于测量卫星至地面接收机之间距离的二进制码。GPS 卫星使用的测距码具有伪随机噪声特性,即看似随机但实际上是有规律可循的二进制序列。这些测距码具有良好的自相关性,有助于准确测量卫星与接收机之间的距离。

根据性质和用途的不同,测距码分为粗码(C/A 码)和精码(P 码)两类。粗码主要为民用,而精码则主要用于军事目的,因为其定位精度更高。各卫星使用的测距码互不相同且相互正交,以确保信号的独立性和准确性。

3. 导航电文

导航电文是 GPS 卫星向用户播发的一组重要数据,包含了卫星在空间的位置、工作状态、卫星钟的修正参数及电离层延迟修正参数等信息。这些信息以二进制代码的形式进行编码,也称为数据码(D 码)。

导航电文对于用户接收机来说至关重要,因为它提供了计算用户位置所需的关键参数。当用户接收机接收到卫星信号并解码出导航电文后,就可以结合测距码和载波相位测量数据,计算出用户的精确位置、速度和时间信息。

综上所述,GPS 卫星信号是通过载波、测距码和导航电文的协同工作,来实现全球范围内的精确导航和定位服务。这些信号不仅为军事领域提供了强大的支持,也广泛应用于民用和科研等多个领域,成为现代社会不可或缺的重要技术之一。

6.1.4 GPS 的坐标系统

WGS-84 世界大地坐标系(简称 WGS-84 坐标系)是 GPS 导航定位中广泛使用的协议地球坐标系统。这个坐标系统的定义是精确而复杂的,它涉及地球质心、协议地球极及国际时间局发布的瞬时地极坐标等多个概念。WGS-84 坐标系统示意如图 6-3 所示。

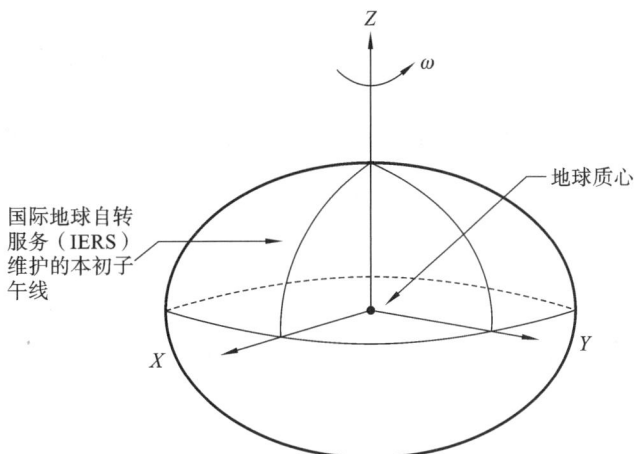

图 6-3 WGS-84 坐标系统示意

WGS-84 坐标系的原点设定在地球质心,这提供了一个固定的参考点。Z 轴指向 BIH 1984.0 定义的协议地球极(CTP)方向,确保了坐标系统的稳定性和一致性。X 轴则指向 BIH 1984.0 的零子午面和 CTP 赤道的交点,而 Y 轴则根据右手坐标系规则来确定。

由于地球自转和地球内部物质运动的影响,地极的位置并不是固定不变的,而是会发生微小的移动,这种现象被称为极移。为了解决这个问题,国际时间局会定期公布地极的瞬时坐标。WGS-84 坐标系正是以国际时间局 1984 年第一次公布的瞬时地极作为基准建立的,因此它严格来说是一个准协议地球坐标系。

除几何定义外,WGS-84 坐标系还有严格的物理定义,包括自己的重力场模型和重力计算公式。这些物理参数使得我们可以根据 WGS-84 坐标系计算出相对于椭球的大地水准面差距,从而更精确地确定地球表面各点的位置。

在实际测量定位工作中,虽然 GPS 卫星的信号以 WGS-84 坐标系为依据,但求解结果往往是测站之间的基线向量或三维坐标差。这是因为在实际应用中,我们往往更关心测站之间的相对位置关系,而不是它们在 WGS-84 坐标系中的绝对位置。在数据处理时,我们会以这些相对位置关系以及现有已知点的坐标值作为约束条件,进行整体平差计算,从而得到各测站点在当地现有坐标系中的实用坐标。这样,我们就可以将 GPS 测量结果转换到国家或当地的独立坐标系中,方便实际应用。

总的来说,WGS-84 坐标系在 GPS 导航定位中发挥着至关重要的作用。它为我们提供了一个稳定、精确的参考框架,使得我们可以准确地确定地球表面各点的位置关系,从而实现全球范围内的精确导航和定位服务。

6.1.5 GPS 的时间系统

GPS 时间系统(GPS Time,GPST)是 GPS 导航系统的基础,为全球定位系统提供了统一的时间标准。了解 GPS 时间系统的特性和其与其他时间系统(如国际原子时和协调世界时)的关系对于确保 GPS 定位的准确性至关重要。

首先,GPS 时间系统的起点被精确地设定在 1980 年 1 月 6 日协调世界时(UTC)的 0 点。这一时刻的选择是为了确保 GPS 时间的连续性和稳定性。从这一刻开始,GPS 时间系统的秒长始终与主控站的原子时保持同步,这意味着 GPS 时间系统是基于高度精确的原子钟来计时的。

重要的是,GPS 时间系统启动后并不采用跳秒调整。这意味着,尽管地球的自转速度并不完全稳定,可能导致 UTC 需要进行闰秒调整以补偿这种变化,但 GPS 时间系统却始终保持其稳定的秒长。因此,随着时间的推移,GPS 时间系统与 UTC 之间的差异会逐渐增大。

根据对 GPS 时间系统起点的规定,我们知道 GPST 与国际原子时(TAI)之间存在一个固定的 19 秒的常数差。这是因为在 GPS 时间系统建立时,为了与当时已经存在的 UTC 时间系统相协调,设定了这个固定的偏移量。

此外,由于 UTC 需要通过闰秒来调整以匹配地球自转的变化,因此在 1980 年之后,GPST 与 UTC 之间的常数差会随时间发生变化。例如,在 1985 年 12 月,这个常数差为 4 秒,即那时的 GPS 时间等于 UTC 时间加上 4 秒。

这种时间差异的存在要求在使用 GPS 数据进行定位时,必须考虑到这种时间偏差,以确保定位的准确性。对于大多数应用来说,这种时间转换是自动完成的,用户无须手动调整。然而,对于需要高精度时间同步的应用,如科学研究或某些军事应用,就需要对 GPS 时间与其他时间系统之间的关系有深入的了解。

GPS 时间系统是 GPS 导航定位的基础,它提供了一个连续、稳定的时间标准。了解 GPS 时间与 UTC 和 TAI 之间的差异和关系,对于确保 GPS 定位的准确性至关重要。

任务 6.2 GPS 定位的基本原理

GPS 定位的基本原理是三角测量法。当一个接收器接收到至少四颗 GPS 卫星信号时,它可以通过测量信号到达各卫星的时间差异,计算出与每颗卫星之间的距离。由于这四颗卫星大致构成一个三角形,接收器的位置就可以通过解这个三角形得到。接收器首先确定自己的位置在地球表面的一个投影点,然后通过调整这个投影点的位置,使得它与所有卫星的实际距离之和最小,从而得到最接近真实的地理位置。GPS 定位按照测距原理不同可以分为测距码伪距测量定位、载波相位测量定位等。

6.2.1 测距码伪距测量与绝对定位

GPS 定位需要用户接收机接收来自 GPS 卫星的信号。这些信号包含了卫星的位置和时间信息,用户接收机通过测量信号的传播时间来计算出卫星到接收机的距离。然而,由于多种因素(如大气延迟、多径效应、卫星钟差和接收机钟差等)的影响,这些观测到的距离并非真实的几何距离,而是带有误差的伪距。

GPS 绝对定位又称单点定位,其优点是只需要用一台接收机即可独立确定待求点的绝对坐标,且观测方便,速度快,数据处理也较简单。

绝对定位是以 GPS 卫星和用户接收机天线之间的距离(或距离差)观测量为基础,根据已知的卫星瞬时坐标,来确定接收机天线所对应的点位,即观测站的位置(见图 6-4)。GPS

绝对定位方法的实质是测量学中的空间距离后方交会。原则上观测站位于以 3 颗卫星为球心,相应距离为半径的球与观测站所在平面交线的交点上。为了消除卫星钟和接收机钟同步差的影响,至少需要同步观测 4 颗卫星。单点定位精度受到卫星轨道误差、卫星钟差及信号传播误差等诸多因素的影响,尽管其中一些系统性误差可以通过模型加以削弱,但其残差是不可忽略的。

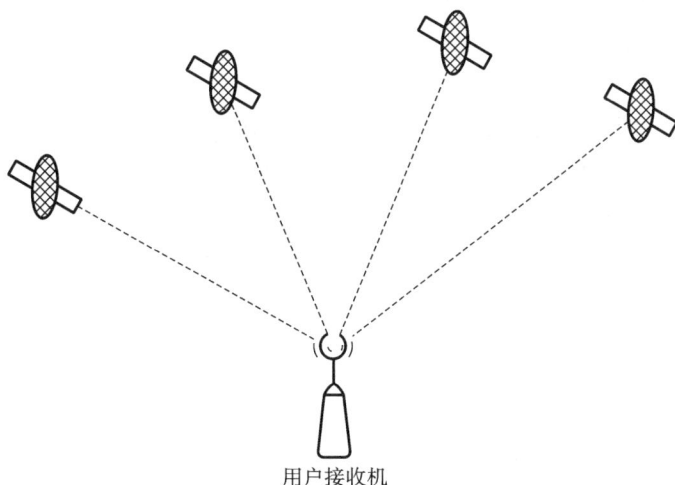

图 6-4　绝对定位原理

为了消除或减小这些误差,差分 GPS(DGPS)技术被广泛应用。在差分 GPS 中,一个或多个基准站会同时观测所有可见的 GPS 卫星。这些基准站拥有精确的已知坐标,因此可以计算出每颗卫星到基准站的真实距离。通过比较真实距离和伪距,可以求出伪距改正数。这些改正数随后被传输至用户接收机,用户接收机在定位时使用这些改正数来修正其伪距观测值,从而提高定位精度。

差分 GPS 技术可以显著地减少由于大气延迟和卫星钟差等因素引起的误差,从而提高定位精度。在理想情况下,差分 GPS 技术能够提供米级甚至更高的定位精度,这对于许多应用来说已经足够精确了。

然而,差分 GPS 技术仍然受到一些限制,如基准站和用户接收机之间的距离、信号传播环境的影响等。此外,随着技术的发展,新的定位方法(如实时动态差分 GPS、精密单点定位等)也在不断涌现,为 GPS 定位提供了更高精度和更广泛的应用范围。

6.2.2　载波相位测量与相对定位

载波相位测量的卫星发射的信号包含一个高频的载波,通常为 L 波段的无线电波。接收器接收来自卫星的载波信号,在接收器内部生成一个与接收到的载波频率相同的本地复制载波。通过比较接收到的载波信号的相位与本地复制载波的相位,计算出两者之间的相位差。相位差乘以载波的波长,即可得到接收器与卫星之间的距离。通过计算接收信号与本地复制载波之间的相位差来确定接收器与卫星之间的精确距离。这种测量方式可以提供非常高的定位精度,通常在厘米甚至毫米级别。

在实际测量中,由于载波信号是一种连续的正弦波,其相位值在理论上可以无限增加。然而,在实际应用中,由于接收机的限制和信号传播过程中的误差,我们只能测量到载波相位的小数部分。为了获得完整的相位值,需要利用载波相位测量技术中的"整周模糊度"。

整周模糊度是指初始锁定卫星时,载波相位与参考相位之间相位差的观测值所对应的整数部分 N。由于无法直接观测到 N,因此在计算过程中会产生一个模糊度。为了解决这个问题,需要采用差分观测、多频观测或长时间观测等方法,以消除或减小整周模糊度的影响。同时,载波相位测量也受到卫星钟差、星历误差、传播媒介、接收机噪声和多路径等误差源的影响,这些误差源的存在会降低测量精度。为了减小这些误差源的影响,需要采用差分观测、多频观测、滤波等技术手段。载波相位测量技术具有高精度、高效率和广泛的应用前景。

相对定位法因其高精度特性,在高精度测量领域中的应用非常广泛。其核心在于利用多个接收机同步观测相同卫星,通过差分技术消除或减弱各种误差,从而精确确定接收机之间的相对位置。

相对定位需要两台 GPS 接收机,分别安置在基线的两端,并同步观测相同的 GPS 卫星,以确定基线端点、在协议地球坐标系中的相对位置或基线向量(见图 6-5)。这种方法,一般可以推广到多台接收机安置在若干基线的端点,通过同步观测 GPS 卫星,以确定多条基线向量的情况。

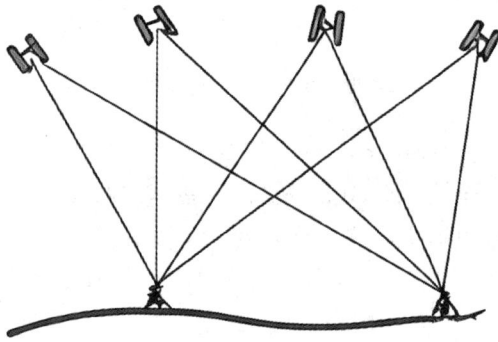

图 6-5 相对定位原理

因为在两个观测站或多个观测站同步观测相同卫星的情况下,卫星的轨道误差、卫星钟差、接收机钟差,以及电离层和对流层的折射误差等,对观测量的影响具有一定的相关性,所以利用这些观测量的不同组合进行相对定位,便可有效地消除或者减弱上述误差的影响,从而提高相对定位的精度。GPS 相对定位广泛用于大地测量、工程测量、地球动力学研究和精密导航。

6.2.3 GPS 测量的误差分类、来源及其处理方法

1. GPS 测量误差分类

1)偶然误差

偶然误差是随机出现的误差,通常由观测条件的不稳定性引起,如大气扰动、接收机噪声等。它们影响测量的精密度,即测量结果的一致性或重复性。

2)系统误差

系统误差具有规律性和方向性,可能由设备缺陷、错误的测量方法或者数据处理中的常量偏差引起。它们影响测量的准确度,即测量结果与真实值之间的差距。

3）粗差

粗差是由明显的错误造成的大误差,如数据录入错误或设备故障。它们会严重影响结果的可靠性。

2. GPS 测量误差来源

1）主要来源

(1)卫星钟差:虽然 GPS 卫星配备有高精度原子钟,但它们与理想 GPS 时间系统之间仍存在微小的偏差。这些偏差可以通过导航电文修正,使得同步精度达到纳秒级别。

(2)卫星轨道误差:由于受到多种摄动力的影响,卫星的实际轨道与提供的轨道信息存在差异。这种误差在长基线测量中更为显著。

2）其他误差来源

(1)大气延迟:电磁波通过大气层时速度会发生变化,导致信号传播时间延迟,从而影响测量结果。

(2)多路径效应:当 GPS 信号经过附近的物体(如建筑物、树木等)反射到达接收机时,会产生额外的信号路径,这可能导致观测误差。

(3)接收机噪声:接收机的电子设备本身也会产生噪声,影响信号的接收和处理。

3. GPS 测量误差处理方法

1）忽略轨道误差

适用于精度要求不高的实时单点定位。

2）轨道改进法

在数据处理中引入轨道偏差改正参数,用于高精度定位。

3）同步观测值求差

通过在不同站点同步观测同一卫星并求差,减弱卫星轨道误差的影响,适用于精密相对定位。

为了提高 GPS 测量的准确性和可靠性,通常需要采取多种技术和方法来识别和减少这些误差的影响。

任务 6.3　GPS 控制测量

6.3.1　GNSS 控制网的分级

1. 国家 GPS 控制网

我国 GPS 控制网分为 A、B、C、D、E 级五个等级。这些级别的划分主要是依据测量的精度要求进行的,其中 A 级是最高精度,依次递减到 E 级。

A 级 GPS 控制网由卫星定位连续运行基准值构成,其精度不低于表 6-1 的要求。

表 6-1　A 级 GPS 控制网精度要求

级别	坐标年变化率中误差		相对精度	地心坐标各分量 年平均中误差/mm
	水平分量/(mm/年)	垂直分量/(mm/年)		
A	2	3	1×10^{-8}	0.5

B、C、D 和 E 级的精度应不低于表 6-2 的要求。

表 6-2　B、C、D 和 E 级 GPS 控制网精度要求

级别	相邻点基线分量中误差		相邻点间平均距离/km
	水平分量/mm	垂直分量/mm	
B	5	10	50
C	10	20	20
D	20	40	5
E	20	40	2

2. 城市 GNSS 控制网

在城市和工程建设地区需要建立密度更高的 GPS 控制网。根据《卫星定位城市测量技术标准》(CJJ/T 73—2019)，城市 GNSS 控制网主要分为二、三、四等和一、二级。其中三等网相当于国家 C 级网，四等网相当于国家 E 级网，一级网相当于国家 D 级网。这样的分级有助于满足不同规模城市和工程的测量需求。

了解 GNSS 控制网的分级对于进行精确的地理空间测量至关重要。建立 GNSS 控制网的过程包括踏勘选点、仪器准备、外业观测与成果检核等多个步骤。在这个过程中，需要考虑测区的规模、控制网的用途和精度要求，以确保测量结果的准确性和可靠性。

6.3.2　GPS 控制网技术设计

GPS 测量的技术设计是进行 GPS 测量定位的最基础的工作，它是根据国家现行的规范、规程，针对 GPS 控制网的用途及用户要求，提出的对 GPS 测量的网形、精度及基准等的具体设计，用以得到最优的布测方案。布设应遵循从整体到局部、分级布网的原则。城市首级 GPS 网应一次全面布设，加密 GPS 网可逐级布网、越级布网或布设同级全面网。

GPS 控制网技术设计及外业测量的主要技术依据是 GPS 测量规范、测量任务书及各部委根据本部门实际情况制定的 GPS 测量规程或细则。

测量任务书或测量合同是测量施工单位上级主管部门或合同甲方下达的技术要求文件，它规定了测量任务的范围、目的、精度和密度要求，提交成果资料的项目和时间，完成任务的经济指标等。

在 GPS 测量方案设计时，一般先依据测量任务书提出 GPS 网的精度、点位密度和经济指标，再结合国家标准或行业规范，现场具体确定点位及点间的连接方式，各点设站观测的次数及时段长短等。

1. 技术设计前的资料搜集

技术设计前应搜集以下资料，并应对资料进行分析研究，必要时应进行实地勘察。

(1)测区范围既有的国家三角点、导线点、天文重力水准点、水准点、甚长基线干涉测量站、卫星激光测距站、天文台和已有的 GPS 站点资料，包括点之记、网图、成果表、技术总结等。

(2)测区范围内有关的地形图、交通图及测区总体建设规划和近期发展方面的资料。若任务需要，还应搜集有关的地震、地质、验潮站等相关资料。

2. 技术设计后的上交资料

技术设计后应上交以下资料。

(1)技术设计书与专业设计书(附 GPS 点位设计图)。

(2)野外踏勘技术总结等。

此外在进行 GPS 控制网的基准设计时,还必须将 GPS 测量成果转化到工程所需的地面坐标系中,联测足够多的控制点。新建 GPS 控制网的坐标系应尽量与测区过去采用的坐标系一致。如果采用的是地方或城市独立坐标系,应进行坐标转换。为求得 GPS 点的正常高程,可根据具体情况联测高程点,联测的高程点需要均匀分布于控制网中。

6.3.3　GPS 控制网图形设计

(1)观测时段:测站上开始接收卫星信号进行观测到停止接收,连续观测的时间间隔。

(2)同步观测:两台或两台以上接收机同时对同一组卫星进行的观测。

(3)独立基线:一组未构成任何闭合环的基线向量就是独立基线。对于 N 台 GPS 接收机构成的同步观测环,独立基线数为 $N-1$。

(4)同步观测环:三台或三台以上接收机同步观测所获得的基线向量所构成的闭合环。

(5)独立观测环:由独立观测所获得的基线向量构成的闭合环。

(6)异步观测环:由非同步观测所获得的基线向量构成的闭合环。

(7)星历:不同时刻卫星在轨道上的坐标值。

(8)数据剔除率:同一时段中删除的观测值个数与获取的观测值总数比值。

(9)天线高:观测时接收机天线平均相位中心到测站中心标志面的高度。

(10)静态定位:通过在多个测站上进行同步观测,确定测站之间相对位置的 GPS 定位测量。

6.3.4　GPS 控制测量外业

在大地测量和工程测量中,GPS 定位技术以其高精度和高效率得到广泛应用。按照用户接收机在定位过程中所处状态的不同,GPS 定位可以分为静态定位和动态定位两类。

静态定位主要应用于那些需要高精度且位置变化缓慢的场合。例如,在大地测量、工程测量及地质勘查等领域,通常需要确定固定目标点的精确坐标。在这些情况下,由于待定点位置变化极其缓慢或几乎不变,可以认为在一个较长的观测时段内(如数小时或数天),其坐标是固定不变的。因此,通过大量的重复观测,并利用特定的数据处理方法,可以显著提高定位精度。

静态定位(见图 6-6)的优点在于其定位精度高,而且可以通过长时间的观测和数据处理来消除或削弱各种误差源的影响。但是,静态定位也有其局限性,如不适用于需要实时位置的场合,以及对于运动中的目标无法进行准确定位。

静态定位是 GPS 定位技术中应用最为广泛的一种方法,它通过长时间固定在一点

图 6-6　GPS 静态定位

进行重复观测来获取高精度的位置数据。这种定位方式通常用于需要高精度测量且目标位置相对稳定的场合,如大地测量、桥梁和建筑物的形变监测等。下面将详细介绍静态定位的外业组织与观测步骤,通过标准化的操作流程,确保数据采集的准确性和高效性。

1. 准备工作

1)设备检查

准备所需的 GPS 接收机、天线、电源、数据传输设备等。检查设备的完好性和精度,电池充满电。确保设备在观测过程中能够正常工作,检查并设置好天线,保证其能够稳定地固定在预定的测量点上。

2)测站选择

在开始静态定位的外业工作之前,需要明确任务目标,确定待测点的位置、数量和分布情况。同时,需要收集相关的地理信息和地图资料,以便制订合理的观测计划。选择开阔地带以减少多路径效应的影响,避免高楼大厦、树木等可能遮挡卫星信号的障碍物。考虑地面稳定性,防止地质原因导致的设备移动。使用专业的测量工具确定待定点的精确位置,记录测站的具体坐标和其他相关信息。

3)人员组织

根据任务规模和要求,组织相应数量的外业人员。人员应具备 GPS 定位技术的基本知识,能够熟练操作相关设备。同时,需要明确各自的职责和任务,确保外业工作的顺利进行。

2. 观测前准备

1)设备安装

将 GPS 接收机的天线正确安装在三脚架上,确保其稳固不动。调整天线至大致垂直位置,以便收集到最佳信号。

2)参数设置

根据项目要求设置采样间隔(通常为 30 秒每次或更高频率)。配置数据记录模式,确保数据可以准确无误地存储。

3)环境检查

观察周边环境,确认没有临时施工或其他可能影响观测的因素。检查天气条件,避免在极端气候下进行观测。

3. 观测过程

1)开始观测

选择地势开阔、无遮挡物的地点作为测站,确保 GPS 信号能够良好接收。架设天线时,应注意天线的指向和高度,避免多路径效应的影响。同时,确保天线与接收机之间的连接稳定可靠,启动 GPS 接收机,进行设备初始化。根据任务要求,设置观测模式、采样间隔、截止高度角等参数。确保参数设置正确无误,以保证观测数据的质量和精度,之后才能开始收集数据。持续监测设备的运行状态,确保其正常工作。

2)巡视检查

在所有测站设备初始化完成后,开始进行同步观测。确保各测站的观测时间一致,以便后续数据处理。在观测过程中,实时检查信号质量和数据采集情况,及时处理异常情况,防止意外情况发生(如设备被碰触、电池电量耗尽等)。记录任何异常情况,并在必要时采取措施。

3)结束观测

根据项目要求完成规定时间的观测后,及时将观测数据记录并存储在安全可靠的设备中。同时,记录观测过程中的天气、环境等影响因素,以便后续数据分析时参考,关闭设备并拆卸。

4. 数据处理

1)数据下载

将收集到的数据从接收机下载到计算机。检查数据的完整性,确保没有遗漏或损坏。

2)数据分析

使用专业软件进行数据处理,包括数据解算和误差分析。根据需要进行必要的数据修正和优化。

3)报告编制

汇总分析结果,编制详细的测量报告。报告中应包含观测点的坐标、精度评估及任何重要的观测记录。

静态定位的外业组织与观测是一项复杂而精细的工作,需要严谨的操作和细致的观察。务必注意操作的规范性和数据的准确性,以确保最终成果的质量。耐心和细致是高精度测量的关键。

6.3.5　GPS 控制内业

内业数据处理是 GPS 静态测量的重要环节,涉及原始数据的整理、预处理、基线解算、网平差与精度评定等环节,对于最终结果的精度和可靠性至关重要。这一阶段的目的是处理和分析收集到的数据,以获得高精度的定位结果,确保数据的准确性和可靠性。

1. 数据整理

1)数据收集

在进行内业数据处理之前,首先需要收集外业观测得到的原始数据,包括观测文件、星历文件、气象数据等,确保所有数据的完整性和准确性。

2)数据格式转换

根据所使用的数据处理软件的要求,可能需要对原始数据进行格式转换。常见的数据格式有 RINEX、SSF 等,需要使用专业的数据转换工具或软件完成格式转换工作。

2. 数据预处理

1)数据编辑与筛选

对原始观测数据进行编辑和筛选,去除异常值、粗差和冗余数据。根据数据质量标准和经验规则,设定合适的阈值进行筛选,根据需要使用软件将数据转换为可处理的格式(如RINEX 格式)。

2)数据清洗

去除明显的错误数据和异常值。检查并修正时钟跳变、硬件故障等问题。周跳是 GPS观测中常见的问题,它会导致数据的不连续和误差。利用周跳探测算法,检测并修复周跳现象,确保数据的连续性和准确性。

3)卫星几何分布评估

分析卫星的几何分布情况,确定 PDOP(位置精度因子)等参数,以评价定位精度。

3. 基线解算

1）基线生成

利用软件创建站点之间的基线连接。输入已知点坐标或假定一个起始点坐标作为参考。

2）解算设置

配置解算参数，如截止高度角、解算模式（固定或浮动）。选择适当的大气模型和地球椭球参数。

3）解算执行

运行基线解算，计算各测站间的相对坐标。检查解算结果的一致性和精度。基线解算是内业数据处理的核心步骤之一。通过双差观测方程，可以求解出基线向量。在实际应用中，可以选择固定解或浮动解进行解算。固定解利用已知的精确坐标作为约束条件，提高解算精度；浮动解则不依赖外部约束，直接求解基线向量。在基线解算过程中，需要进行质量控制和异常处理。通过比较不同解算方案的结果，检查解的稳定性和一致性。对于解算中出现的异常值或错误，需要进行分析和处理，以确保解算的可靠性。

4. 网平差与精度评定

1）网平差处理

对多个测站形成的网进行整体平差操作，消除系统误差，提高相对定位精度。网平差处理是处理多个基线向量之间的不一致性和误差的过程。无约束平差仅考虑基线向量之间的几何关系，通过最小二乘法求解最优解；约束平差则引入已知的控制点坐标作为约束条件，进一步提高平差精度。实际中可根据具体情况选择合适的平差方法。

2）精度分析

分析基线解算的统计参数，如标准偏差、均值等，以评估精度。对于不符合精度要求的结果进行重新解算或排除。

3）成果输出

输出经过网平差处理后的最终坐标成果。将平差后的结果转换到所需的坐标系中，如大地坐标系、地方坐标系等。根据实际项目要求，输出相应的坐标成果和报告。如果可能，可与其他测量技术的结果进行对比分析，以进一步验证精度。

5. 报告编写

1）数据整理

汇总所有处理过程的记录和参数设置，整理解算结果和精度分析报告。

2）报告撰写

根据项目要求编写详细的数据处理报告。报告中应包含方法论述、数据处理流程、结果分析及结论等部分。

3）审核提交

对报告进行仔细审阅，确保逻辑清晰、数据准确。提交报告给项目负责人或相关单位。

在进行内业数据处理时，应严格按照操作规程进行，避免操作失误导致数据损坏或丢失。在处理过程中，应注意数据的备份和保存，以防数据丢失或损坏。对于解算中出现的异常值和错误，应及时进行记录和分析，以便后续处理和改进。GPS静态测量内业数据处理是一个复杂而精细的过程，需要严谨的操作和深入的理解，在实际应用中，还需根据具体情况灵活调整和优化处理方案，以获得更加准确和可靠的定位成果。

任务 6.4　RTK 测量

6.4.1　RTK 的定义及工作原理

1. RTK 的定义

RTK(Real-Time Kinematic)是一种能够在野外实时获得厘米级定位精度的实时动态定位技术。与传统的静态、快速静态和动态测量不同,RTK 不需要事后进行数据处理和解算,而是在测量现场就能实时获取高精度位置信息。这种技术极大地提高了工程放样、地形测图及各种控制测量的效率和精度,是 GPS 应用领域的一个重要里程碑。

2. RTK 的工作原理

RTK 主要依赖基准站和移动站之间的实时数据通信和差分计算来进行工作。在 RTK 系统中,通常将一台接收机设置在已知位置的基准站上,而另一台或几台接收机则安装在移动载体上,这些移动载体上的接收机被称为移动站。RTK 工作原理如图 6-7 所示。

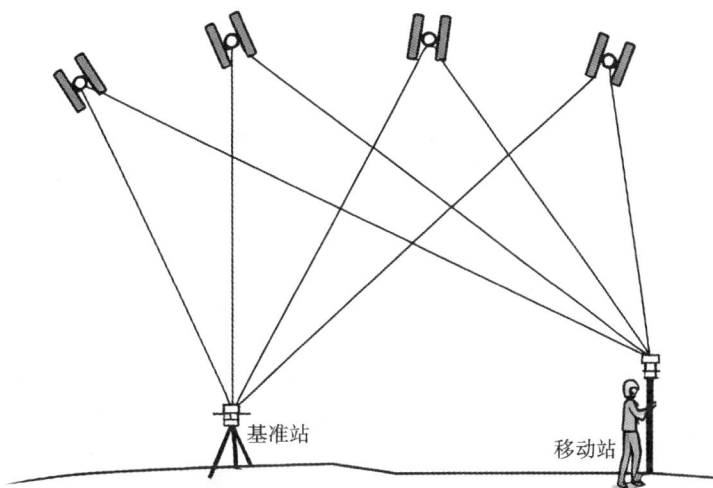

图 6-7　RTK 工作原理

基准站和移动站同时接收来自同一时间、同一 GPS 卫星发射的信号。基准站将获得的观测值与自身的已知位置信息进行比较,计算出 GPS 差分改正值。这个改正值包含了各种误差因素,如卫星轨道误差、人气延迟等。

随后,基准站通过无线电数据链电台将这些改正值实时传输给移动站。移动站在接收到这些改正值后,会对其自身的 GPS 观测值进行精化处理,从而得到经过差分改正后的更为准确的实时位置。

在用户站(即移动站)上,GPS 接收机在接收 GPS 卫星信号的同时,也通过无线电接收设备接收基准站传输的观测数据。然后,根据相对定位原理,实时解算整周模糊度未知数,并计算显示用户站的三维坐标及其精度。

实时计算的定位结果不仅提供了移动站的精确位置,还能用于监测基准站与用户站观测成果的质量和解算结果的收敛情况。这样,系统可以实时地判定解算结果是否成功,进而减少不必要的冗余观测量,缩短整体的观测时间。

RTK 采用载波相位差分方法,这是因为它相较于伪距差分和坐标差分(位置差分)具有更高的定位精度和更小的误差相关性。随着基准站与移动站空间距离的增加,伪距差分和坐标差分定位方法的误差相关性会迅速降低,而载波相位差分方法则能更好地保持定位精度,从而确保 RTK 在实际应用中的可靠性和有效性。

6.4.2 RTK 系统的组成

RTK(实时动态载波相位差分)系统主要由基准站、移动站、通信系统及 RTK 测量软件系统等几个关键部分组成。这些组件协同工作以提供高精度的实时位置信息。

1. 基准站

基准站是 RTK 系统的核心部分之一,负责提供高精度的差分改正信息。基准站主要由以下设备组成。

GPS 接收机:这是基准站的核心设备,用于接收来自 GPS 卫星的信号。接收机通常具有数据传输参数、测量参数、坐标系统等的设置功能,用户可以根据需要进行调整。

GPS 天线:用于接收 GPS 卫星发射的射频信号,保证信号的质量和稳定性,并将其转换为接收机可以处理的电信号。

图 6-8 移动站设备

无线电通信发射设备:负责将基准站获取的差分改正信息实时发送给移动站,通常使用无线电波进行数据传输,确保了信息的快速、准确传输。

电源:为基准站的各个设备提供稳定的电力供应,保证长时间工作的稳定性,可以是电池或连接到电网。

基准站控制器:管理整个基准站的操作,包括启动、停止收集数据和处理数据等,负责控制和管理基准站的运行。通常是一个集成了数据处理和通信功能的设备。

2. 移动站

移动站(见图 6-8)是 RTK 系统中的移动部分,接收来自基准站的差分改正信息,并结合自身接收的 GPS 信号,实现实时高精度定位。移动站主要由以下设备组成。

GPS 天线:与基准站的 GPS 天线功能相同,用于接收 GPS 卫星信号。

GPS 接收机:接收并处理来自 GPS 卫星的信号,以及来自基准站的差分改正值,计算出移动站的精确位置。

无线电通信接收设备:负责接收来自基准站的差分改正信息,确保移动站能够实时获取所需的信息。

电源:为移动站的各个设备提供电力供应,通常采用可充电电池,以便在野外长时间工作。

移动站控制器:通常是一个便携式的设备,用于控制和管理移动站的运行、导航、数据记录和显示定位结果。

3. 通信系统

通信系统是 RTK 系统中连接基准站和移动站的关键部分,通常包括无线电通信设备和相关的数据传输协议,该系统连接基准站和移动站,允许两者之间交换数据,确保差分改正信息能够在基准站和移动站之间实时、准确地传输。

4. RTK 测量软件系统

RTK 测量软件系统(见图 6-9)是 RTK 系统的"大脑",负责处理来自基准站和移动站的原始数据,实时解算移动站的位置,并显示和记录测量结果。软件系统通常具有多种测量模式、数据处理功能和数据输出格式,以满足不同用户的需求。

RTK 系统通过基准站、移动站、通信系统和 RTK 测量软件系统的协同工作,实现了高精度、实时的定位功能,为各种工程测量和地形测绘工作提供了强大的技术支持。

6.4.3   RTK 测量的实施

RTK 测量是基于载波相位观测值的实时动态定位技术,作业过程如下。

图 6-9   南方测绘工程之星软件

1. 基准站设置

将基准站天线安置在已知坐标点上,应使其对中和水平,确保基站的稳定并具有可靠的信号覆盖,并记录天线的斜高(即天线相位中心到测站标志中心的垂直距离)。架设电源(电瓶)、无线电台及发射天线,并确保它们正确连接。开启基准站设备,将其设置为基站模式。

2. RTK 手簿设置

打开 RTK 手簿(一种用于控制和记录测量数据的移动设备),通过蓝牙与基站主机连接。新建工程,根据需要设置坐标系统,包括输入测站点的地方坐标和当地中央子午线经度。设置数据链,输入坐标转换参数(若有必要)和基准站天线的高度。保存配置文件以便下次使用时可以快速调用。

3. 移动站设置与校正

打开移动站设备,并将其设置为流动站模式。通过蓝牙将移动站主机与 RTK 手簿连接,确保与基站之间的通信正常。根据需要设置坐标系统,输入当地中央子午线经度和坐标转换参数(若有必要)。输入移动站天线的高度,将移动站放置在另一个已知坐标点上进行点的检验校正,以校准移动站的位置。校正过程中,显示屏会提示操作者是否基于已知点或未知点进行校正,根据实际情况确认后即可开始测量工作。

以上步骤完成后,移动站就可以开始进行实时动态定位测量,获取和记录测量点的厘米级精度坐标、高程等数据。在测量过程中,确保所有设备电源电量充足,通信数据链路稳定。检查测量数据的质量,包括精度、稳定性等,如有需要,进行重复测量以保证数据的准确性和可靠性。

6.4.4　CORS 网络 RTK 技术

多基准站 RTK 技术,也称为网络 RTK 技术,是对普通 RTK 方法的改进,其主要优势在于扩大了覆盖范围、提高了定位精度和可靠性,同时降低了建设成本。多基准站 RTK 技术需要建立多个基准站连续运行卫星定位导航服务系统(CORS)。其工作原理是在一个区域内建立若干个连续运行的 GPS 基准站,根据这些基准站的观测值建立区域内的 GPS 主要误差模型(电离层、对流层、卫星轨道等误差)。系统运行时,将这些误差从基准站的观测值中减去,形成"无误差"的观测值,然后利用这些无误差的观测值和用户站的观测值,经有效的组合,在移动站附近建立起一个虚拟参考站,移动站与虚拟参考站进行载波相位差分改正,实现实时 RTK。

多基准站 RTK 技术可以有效消除电离层、对流层和卫星轨道等误差,在用户站远离基准站时,该技术也能很快确定自己的整周模糊度,实现厘米级的实时快速定位。

多基准站 RTK 技术集 internet 技术、无线电通信技术、计算机网络管理和 GPS 定位技术于一身,不仅提高了定位的精度和可靠性,还扩大了作业范围,降低了建设成本,为 GPS 应用的广泛性和便捷性带来了显著提升。

6.4.5　公路工程 GNSS-RTK 放样测量

RTK 工程放样是一种高精度的测量技术,常用于道路建设、桥梁施工、建筑工程、管道铺设等需要高精度定位的领域。RTK 工程放样的详细操作流程和步骤如下。

1. 设备准备与检查

(1)硬件设备:确保 RTK 设备(包括基准站、移动站、对中杆等)完好无损,电池电量充足。

(2)软件:安装并熟悉工程测量软件(如"工程之星"或其他专业测绘软件),确保其版本兼容设备,并了解所需功能(如点放样、直线放样、曲线放样等)的操作方法。根据需要设置 RTK 设备的参数,如数据链设置等。

(3)检查设备状态:确认所有设备工作正常,电池电量充足,数据链通信畅通,软件已更新至最新版本。

2. 基准站设置

(1)架设三脚架:选择一个视野开阔、地势较高的位置架设基准站,避免高压线、树木等遮挡。电台天线的三脚架应尽量置于高处,与移动站三脚架保持至少 3 m 距离,以减少信号干扰。

(2)安装基准站接收机:将基准站接收机固定在三脚架上,安装电台发射天线,并连接电源。使用测高片或基座(对于已知点)将基准站接收机稳固地安装在三脚架上,确保其对中整平。若在已知控制点上架设,需要严格按照测量规范进行对中与整平。

(3)开启基准站:打开基准站接收机电源,设置其工作模式为基准站模式,设置启动参数,如差分格式、基站坐标等,并启动基准站。如果是网络 RTK,需要确保网络连接正常,能够接入 CORS 服务或其他 NTRIP(网络传输实时定位)服务器。

3. 移动站设置

(1)安装移动站接收机与对中杆:将移动站接收机安装在对中杆顶端,确保对中杆的对中装置工作正常,以便后续精准定位。

（2）连接与初始化：开启移动站接收机，通过蓝牙或数据线将其与手簿连接，启动测量软件，设置移动站工作模式为流动站模式，并开始搜索和锁定卫星信号。同时，确保移动站能成功接收到基准站的数据流，显示 RTK 固定解状态。

4. 新建工程与参数设置

（1）创建新项目：在测量软件中创建一个新的工程项目，输入项目名称、坐标系统，根据所在地区的具体情况，设置投影参数等基本信息。

（2）求转换参数：使用 RTK 设备测量至少两个已知控制点的大地坐标。在数据采集器中输入已知控制点的平面坐标和大地坐标，计算转换参数并应用。

（3）导入设计数据：根据工程需求，导入放样点数据 TXT 文件或 CAD 底图，这可能涉及使用数据线或蓝牙将文件传输到设备内存中。对于直线放样，可能还需要选择特定的 CAD 放样功能，并导入对应的直线、圆弧等放样元素。

（4）设定放样参数：根据设计要求设置放样公差、放样方向（正放样或反放样）、提示音等个性化参数。

5. 放样操作

（1）点放样：在软件中输入或调用需要放样的设计点坐标，启动点放样功能，软件将引导操作员沿着指示的方向移动对中杆，直至达到设计点位，此时软件会显示"到达"或类似提示，表明放样完成。

（2）直线放样：选择放样线段，在 CAD 底图上选择需要放样的线段，或输入多段线、圆弧的参数。启动直线放样功能，软件将实时显示当前位置与目标线段的关系（如偏距、角度），指导操作员调整对中杆位置，沿直线方向前进，直至完成整条线段的放样。

（3）曲线放样：输入曲线参数，对于圆弧或其他复杂曲线，输入其几何参数（如圆心坐标、半径、起止角度等）。启动曲线放样功能，软件将提供动态指引，帮助操作员沿着曲线轮廓逐步移动，精确放置曲线上的关键点或进行连续放样。

6. 质量检查与记录

（1）复核放样结果：对已完成的放样点或线进行必要的复测，确保其精度满足工程要求。

（2）记录与报告：在软件中记录放样过程中的关键信息（如放样时间、操作员、设备状态等），生成放样报告，作为施工依据和质量控制文档。

7. 收工与设备维护

（1）关闭设备：依次关闭移动站接收机、基准站接收机、电台（如有）及其他辅助设备，并妥善收纳。

（2）设备保养：清洁设备，检查是否有损坏或磨损，及时充电，存放于适宜环境中，以备下次使用。

以上步骤是 RTK 工程放样的基本流程，实际操作中需要根据具体情况、相关测量规范和设备型号进行适当调整。在进行 RTK 放样时，务必遵循设备操作手册的指导，确保作业安全与数据准确性。

【复习思考】

1. 在公路工程中，GPS 放样与全站仪放样相比有什么优点？

2. GPS 测量的误差来源有哪些？

3. RTK 系统的组成有哪些？

项目 7   地形图测绘及应用

【学习目标】

1. 知识目标

(1)掌握地形图的基本概念、组成要素及其在工程规划、资源管理等领域的重要性。

(2)理解比例尺的定义、分类及精度要求,熟悉图名、图号、图廓等地形图数学要素的规范。

(3)掌握地物符号和地貌符号的分类及表示方法。

(4)了解大比例尺地形图测绘的技术流程,包括测图准备、数据采集方法及内业成图步骤。

(5)熟悉地形图的应用方法,如图上量测坐标、距离、坡度、面积,以及断面图绘制和土方量计算等。

2. 技能目标

(1)能够根据项目需求选择合适的测图比例尺,并利用比例尺精度指导测绘工作。

(2)能够识别地形图中的地物符号和等高线,准确判读地貌特征。

(3)掌握全站仪、GNSS-RTK 等仪器的操作技能,完成外业数据采集。

(4)能够使用成图软件进行内业数据处理,绘制地物、等高线及完成地形图整饰。

(5)能够应用地形图解决实际问题,如计算坡度、土方量,优化道路选线等工程任务。

3. 思政目标

(1)培养严谨的测绘职业素养,遵守技术规范,确保地形图数据的准确性和可靠性。

(2)增强团队协作能力,在测图任务中合理分工。

(3)提升问题解决能力,能够根据地形复杂性和工程需求灵活选择测绘方法。

(4)树立环保与安全意识,在野外作业中注意保护测区环境及设备安全。

(5)理解地形图的社会价值,如灾害防治、资源管理等,强化责任意识。

【项目导入】

地物是地球表面固定不变的物体,地球表面高低起伏的形态称为地貌,地物与地貌合称为地形,地形图则是将一定区域内的地物和地貌,经过综合取舍,根据正投影方法按一定比例尺缩绘,并用规定符号表达出来的图形。地形图作为地理信息的重要载体,是工程规划、灾害防治和资源管理的基础工具。现代测绘技术通过"先控制后碎部"的测量原则,实现了从传统人工测量到数字化成图的转变,显著提升了地形图的精度和应用效率。例如,汶川地震后快速获取的卫星影像与地形数据,为灾后救援和重建提供了关键支持。

任务 7.1 地形图基本知识

地形图是反映地球表面自然地理要素(如地貌、水系、植被等)和人工地物(如道路、建筑物等)的综合性地图。它通过符号、颜色和等高线等方式,以平面投影的形式、按一定的比例尺准确表达地物的空间位置、形状和高程信息,是工程规划、资源管理和科学研究的重要工具。

7.1.1 比例尺

1.定义与公式

比例尺是地形图的数学基础,表示图上距离与实地水平距离的比例关系,是地形图精度和详细程度的核心指标。比例尺计算见式(7-1)。

$$\frac{d}{D}=\frac{1}{D/d}=\frac{1}{M} \tag{7-1}$$

式中,d 为图上一线段长度,D 为相应实地的水平距离,M 为比例尺分母。

比例尺的大小是以比例尺的分数值(比例尺分母 M)来衡量的。分数值越大或比例尺分母 M 越小,则比例尺越大,表示地物地貌越详尽。数字比例尺通常标注在地形图下方。

2.表示方法

1)数字比例尺(数值比例尺)

用分数或比例表示,如 1∶500、1/2000。分母越大,分数或比值越小,如 1/2000;反之,分数或比值越大,如 1∶500。其特点是精确,便于计算,但需要结合单位理解。

2)文字比例尺

用文字描述图上与实地的对应关系,如"1 cm 代表实地 50 m"。其特点是直观,适合非专业人员理解。

3)图示比例尺(直线比例尺)

用线段标注实地距离,如图上绘制一段标有"0~100 m"的刻度线。其特点是避免图纸缩放导致的误差,适用于纸质地图。

3.分类与用途

比例尺分类与用途如表 7-1 所示。

表 7-1 比例尺分类与用途

比例尺类型	典型比例	应用场景	特点
大比例尺	1∶500、1∶5000	建筑布局、市政工程、地籍测量	精度高(厘米级),标注细节(如井盖、路灯)
中比例尺	1∶10000、1∶50000	区域规划、资源调查、军事地形分析	平衡精度与范围,突出主要地物(道路、河流)
小比例尺	1∶100000、1∶1000000	全国地形概览、宏观战略分析	覆盖范围广,简化细节(仅标注主要山脉、城市)

4. 比例尺精度

人眼可分辨的最小图上距离(通常为 0.1 mm)对应的实地距离。因此,地形图上 0.1 mm 的长度所代表的实地水平距离,称为比例尺精度,用 ε 表示,见式(7-2)。

$$\varepsilon = 0.1M \tag{7-2}$$

比例尺精度在测量工作中的主要用途:一是指导测图时的量距精度控制,比例尺精度直接决定了测绘过程中距离测量的最低精度要求,如 1:1000 地形图的比例尺精度为 0.1 m,测图时量距的精度只需要达到 0.1 m,小于 0.1 m 的距离在图上表示不出来;二是反向推导测图比例尺,当工程要求明确需在图面表达实地最小地物尺寸时,可通过比例尺精度反推适用比例尺,如欲表示实地最短线段长度为 0.5 m,根据比例尺精度可推出测图比例尺不得小于 0.1:(0.5×1000)=1:5000。

比例尺选择要考虑精度与效率矛盾。比例尺越大(如 1:500),数据采集越精细,但测绘成本、工作量呈指数级增长。同时,比例尺应基于项目实际需求(如规划阶段用 1:10000,施工阶段用 1:500),避免过度追求大比例尺导致资源浪费。

7.1.2 图名、图号、图廓与接图表

1. 图名

图名是地形图的名称,通常以图幅内主要山峰、城镇等标志性地物命名。地形图命名时,应考虑直观反映图幅核心区域,如"北京市朝阳区地形图""秦岭主峰太白山",避免冗长,便于快速识别与检索,与图号配合使用,增强地图管理效率。

2. 图号

图号是地形图的唯一编号,用于标识图幅的地理位置和分幅规则。地形图的分幅与编号主要有两种方式:一种是按经纬线划分梯形分幅与编号,主要用于中小比例尺的国家基本图;另一种是按坐标格网划分矩形分幅与编号,用于大比例尺地形图。

1)分幅方法

大比例尺地形图常采用正方形分幅法,图幅一般为 40 cm×40 cm、50 cm×50 cm 或 40 cm×50 cm。如图 7-1 所示,是以 1:5000 地形图为基础进行的正方形分幅。常见大比例尺地形图的图幅如表 7-2 所示。

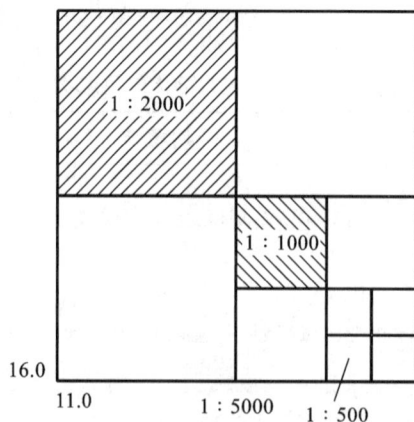

图 7-1　大比例尺地形图分幅

表 7-2 常见大比例尺地形图的图幅

比例尺	图幅大小/cm	实地面积/km²	1:5000 图幅内的分幅数	每平方千米图幅数
1:5000	40×40	4	1	0.25
1:2000	50×50	1	4	1
1:1000	50×50	0.25	16	4
1:500	50×50	0.0625	64	16

2)图幅编号

(1)坐标编号法。

图号一般采用该图幅西南角坐标的千米数为编号,x 坐标在前,y 坐标在后,中间由短横线连接。如图 7-1 所示,其西南角坐标为 $x=16.0$ km,$y=11.0$ km,因此,编号为"16.0-11.0"。1:500 地形图坐标取至 0.01 km,1:1000、1:2000 地形图坐标取至 0.1 km。

(2)流水编号法。

如果测区范围比较小,图幅数量少,可采用流水编号法。当采用流水编号法时,按测区统一的顺序,从左到右、从上到下用阿拉伯数字(数字码)(1,2,3,4,…)编定,如图 7-2 所示的图幅编号为工业园区-15(工业园区为图名)。

(3)行列编号法。

当采用行列编号法时,横行以拉丁字母(A,B,C,D,…)为代号,由上到下排列,纵列以阿拉伯数字(1,2,3,…)为代号,从左到右来编定,先行后列。

3.图廓与接图表

(1)图廓。

图廓是地形图的边界线及周边说明性内容,分为内图廓和外图廓。内图廓就是坐标格网线,用细实线表示,是图廓的范围线,绘图必须控制在该范围线内;外图廓用粗实线表示,主要起装饰作用。

(2)接图表。

接图表位于图的北图廓左上角,用来说明本图与相邻图幅的联系。如图 7-3 所示,中间画有斜线的格代表本图幅,周围分别标明相应的图号(或图名),便于查找相邻的图幅。

1	2	3	4	5			
	6	7	8	9	10		
			11	12	13	14	15

图 7-2 工业园区-15

塘岔	西保村	里湖镇
二钢厂		三中
手拖厂	北宋村	小河湾

图 7-3 接图表

7.1.3 地物符号

地物符号是地形图中用于表示自然或人工地物的标准化图形标记,通过形状、颜色和线型直观反映地物的类别、位置和特征。地物符号的设计遵循统一规范,确保地图的通用性和可读性。根据地物的大小及描述方式的不同,地物符号分为比例符号、非比例符号和半比例符号三种。

1. 比例符号

地物的轮廓较大,其形状和大小可按测图比例尺缩绘在图纸上,再配以特定的符号予以说明,这种符号称为比例符号,特点为长度、宽度均按同一比例尺缩小,适用于占地面积较大的地物,如房屋、草地、湖泊、农田及较宽的道路等在大比例尺地形图中均可以用比例符号表示。其特点是可以根据比例尺直接进行度量与确定位置。

2. 非比例符号

地物轮廓过小无法按比例缩绘,则不考虑其实际大小,采用统一符号表示其位置和属性,这种符号称为非比例符号,如导线点、水准点、路灯、消火栓、检修井或旗杆等。非比例符号只能显示物体的位置和意义,不能用来确定物体面积的大小。非比例符号的中心位置与地物实地的中心位置的关系随地物的不同而异。

3. 半比例符号(线状符号)

半比例符号又称为线形符号,实地上呈线状或带状延伸的地物(如通信线、管道等)按测图比例尺缩小后,地物长度按比例缩绘,宽度不按比例。半比例符号只能从图上量取其实地长度,而不能确定其宽度。这种符号的中心线一般表示其实地地物的中心位置。

4. 地物注记

地物注记以文字、数字或符号形式对地物进行解释或补充,不直接反映地物的形状或尺寸,而是提供属性信息,如城镇、工厂、河流的深度和流向、房屋层数、植被等。地物注记通常分为:文字注记,标注地物名称(如河流、道路名称)或类别(如植被类型);数字注记,地物的量化信息(如高程值、房屋层数);符号注记,通过特定符号补充地物性质(如草地、耕地的特定标识)。

7.1.4 地貌符号

地貌符号是地形图中用于表示地表高低起伏形态及地貌特征的图形标记,在地形图上,主要用等高线表示。通过等高线、地貌标记符号及高程注记等,能够准确表示地面起伏形态和确定地面点的高程,反映地形的坡度、高程、地貌类型(如山地、丘陵、平原等)。

1. 等高线的概念

等高线是地面上高程相等的相邻点连成的闭合曲线,通过垂直投影并按比例缩绘于地形图上,反映地形起伏形态。等高线可视为不同海拔高度的水平面与实际地表的交线,具有严格的闭合性。

如图 7-4 所示,假设湖中有座小岛,最初山顶恰好被水淹没时的水面高程为 100 m,如果湖水水位以每 5 m 的高度下降至岛底部高程 75 m 的位置为止,此时,再按一定的比例尺缩绘到图上,就形成了山体的等高线地形图。

2. 等高距和等高线平距

相邻等高线之间的高差称为等高距,用 h 表示。在同一幅地形图上等高距是相同的,因此也称为基本等高距。相邻等高线之间的水平距离称为等高线平距,用 d 表示,它随地面的起伏情况而改变。h 和 d 的比值就是地面坡度 i,其计算见式(7-3)。

$$i = \frac{h}{d}$$

(7-3)

等高线平距的大小反映了地面起伏的状况,等高线平距小,相应等高线密,则对应地面坡度大,即该地较陡;等高线平距大,相应等高线稀,则对应地面坡度小,即该地较缓。如果一系列等高线平距相等,则该地的坡度相等。等高距和等高线平距如图 7-5 所示。

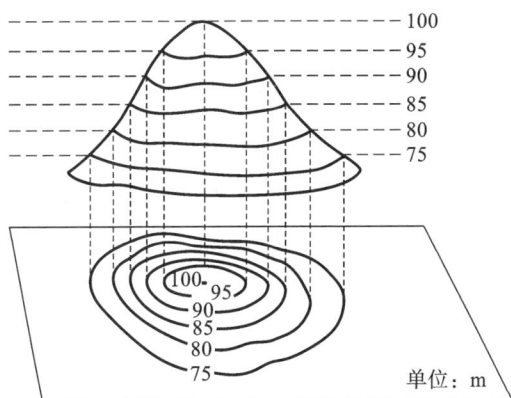

图 7-4　等高线

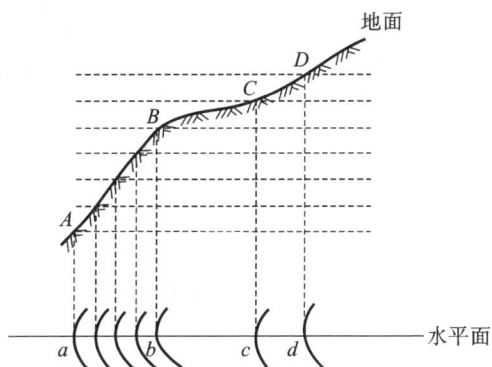

图 7-5　等高距和等高线平距

3. 等高线基本特性

(1)等高性:同一等高线上所有点的高程相等。

(2)闭合性:所有等高线均为闭合曲线;若未在图幅内闭合,则延伸至图外闭合。

(3)不相交性:除悬崖、陡崖等特殊地貌外,等高线在图上不相交或重合。

(4)正交性:等高线与山脊线、山谷线垂直相交。

(5)疏密反映坡度:等高线越密集,坡度越陡;反之越平缓。

4. 等高线的分类

为了减少图上注记和读图方便,在测图和制图时常将等高线进行分类(见图 7-6)。

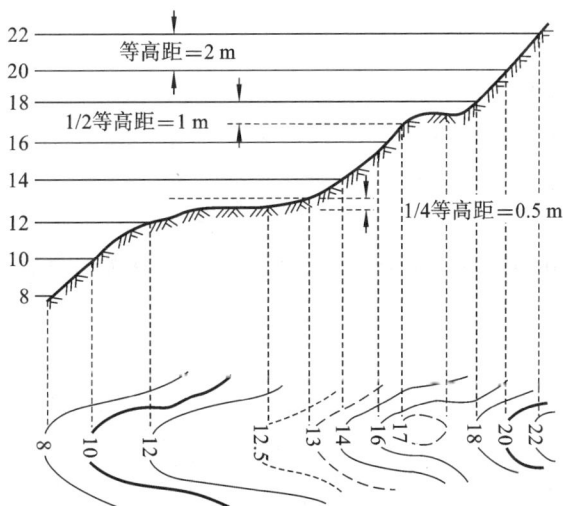

图 7-6　各种等高线

1)基本等高线(首曲线)

同一张地形图上按基本等高距描绘的等高线称基本等高线,其是等高距的整倍数,在图上用 0.15 mm 宽的细实线描绘。

2)加粗等高线(计曲线)

为了读图方便起见,每隔四条首曲线(每五倍基本等高距)的等高线用 0.30 mm 宽的粗实线描绘并注记高程,称为加粗等高线。

3)半距等高线(间曲线)

在基本等高线不能反映出地面局部地貌的变化时,可用二分之一基本等高距的等高线,称为半距等高线,用 0.15 mm 宽的长虚线表示。

4)辅助等高线(助曲线)

更加细小的变化,还可用四分之一基本等高距的等高线,称为辅助等高线,用 0.15 mm 宽的短虚线表示。

任务 7.2 大比例尺地形图测绘

大比例尺(比例尺 1∶500～1∶5000)地形图是工程规划、施工设计的重要基础资料,其核心内容包括地物、地貌及数学要素的精确表达。例如,水利工程选址、市政道路设计等均需要依赖高精度地形数据进行空间分析与决策。随着数字测图技术的发展,传统白纸测图已逐步被全站仪、三维激光扫描等数字化手段取代,显著提升了测绘效率和成果精度。

7.2.1 测图前的准备工作

要顺利完成某一测区的数字测图任务,就必须做好充分的准备工作,包括已有成果资料收集、人员组织、仪器与工具安排、实地踏勘与测区划分、技术设计书编写等,并根据工作量大小、人员情况和仪器情况拟订作业计划,编写数字测图技术设计书来指导数字测图工作,确保数字测图的有序开展。

1. 已有成果资料收集

测图需要准备的资料主要有已有控制点坐标高程成果、旧有图纸成果和其他资料。测图前必须保证图根控制测量已完成,且控制点收集完毕。已有控制点坐标高程成果主要有GNSS 点成果、等级导线点成果、三角点成果和水准点成果等。这些已知点成果主要作为图根控制(图根平面控制和图根高程控制)的起算数据。

旧有图纸成果主要是旧的各种比例尺地形图、地籍图、平面图等。旧的图纸资料可以作为工作计划图、制作工作草图的底图。其他资料包含测区有关的地质、气象、交通、通信等方面的资料,以及城市与乡、村行政区划表等。

2. 人员组织

测图作业的人员配置因方法不同而异,主要涉及小组规模与角色分工。

草图法:每组至少 3 人(观测员 1 人、领尺员 1 人、跑尺员 1～2 人),领尺员负责草图绘制与内业成图,跑尺员数量可随熟练度增至 2～3 人,外业与内业通常按 1∶1 时间分配。

编码法:每组最少 2 人(观测员 1 人、跑尺员 1 人),不需要草图,通过全站仪编码实现自动化成图,熟练时可增加跑尺员。

电子平板法:配置 1 名观测员、1 名计算机操作员及 1～3 名跑尺员,实时数据采集与处理同步进行。

GNSS-RTK 法:人员数量由移动站决定,基准站固定,每增加 1 个移动站则需要 1 名外业观测员。

不同模式通过角色分工(如领尺员的核心协调作用)与设备适配,平衡效率与精度需求。

3. 仪器与工具安排

大比例尺数字测图主要采用全站仪或 GNSS-RTK 两类设备,其配置与技术要求如下。

全站仪测图:需要配备全站仪(测角精度≤2″、测距精度≤3＋2 ppm)、三脚架、棱镜、对中杆、钢尺及通信工具(如对讲机),同时需要定期进行仪器检定(棱镜常数校准、性能可靠性验证)以符合规范要求。

GNSS-RTK 测图:以 RTK 接收机、电子手簿替代全站仪,利用多系统兼容性(GPS/GLONASS/北斗)实现厘米级实时定位,适用于复杂地形或通视条件受限区域。

仪器选择需要综合测区范围、精度要求(如 RTK 精度需要满足规范要求)、作业模式(外业采集与内业处理交替进行)等因素,并同步配置内业成图软件、计算机硬件、交通与通信工具。

4. 实地踏勘与测区划分

1)实地踏勘

实地踏勘需要系统调查交通状况(公路、铁路、乡村便道通行能力)、水系分布(江河、湖泊、桥梁及水路交通)、植被覆盖(森林、农田分布及面积)、控制点信息(三角点、GNSS 点的坐标系统及保存状态)、居民点布局(城镇分布、食宿供电条件)及风俗民情(民族习俗、治安状况)。同时需要评估地形特征(自然坡度、通视条件、地物类型)和气候特点,以确定碎部点测量密度、观测方法及作业时段安排。

2)测区划分

数字测图采用动态分区法,以道路、河流、山脊等线状地物为边界划分作业区,区别于传统白纸测图的图幅分界法;地籍测量则按街坊单元分区,确保各区数据独立性。分区原则要兼顾地物关联性最小化与多组协同作业效率最优化。

5. 技术设计书编写

1)拟订作业计划

作业计划需要明确任务内容(控制点加密、图根测量、测图范围等)及时间节点,综合考虑季节、气候等外部因素,确保计划可实施性。其编制依据如下。

(1)规范依据:测量任务书、技术规程及软件/作业模式要求。

(2)资源条件:仪器设备等级与数量、人员技术水平及测区后勤保障能力。

(3)成果规划:控制网埋设与外业施测安排、数据采集范围、经费预算及验收计划。

2)编写技术设计书

(1)任务概述:说明测区范围、成图比例尺、技术依据及任务量。

(2)测区概况:描述地形类别(海拔、高差)、地物分布特征(居民地、水系)及气候条件。

(3)已有资料分析:评价现有控制点基准、比例尺及数据质量,明确利用方案。

(4)精度要求:规定平面/高程系统、成图精度及等高距。

(5)控制测量:布设方案(如 GNSS 网、导线网)、施测方法及限差规定。

(6)数据采集与成图:外业采集技术要求(要素取舍原则)、内业成图流程及典型示例。

(7)新技术应用:明确新仪器/方法的操作规范与精度验证流程。

(8)质量管控:制定分级检查验收流程及质量评定标准。

(9)成果提交:清单包括控制点资料、图纸、电子数据及验收报告。

(10)经费预算:基于生产定额编制预算表,涵盖设备、人力及后勤成本。

7.2.2 数字测图的步骤与方法

通过使用全站仪和 RTK 仪器在野外采集碎部点的坐标和高程等数据。全站仪基于棱镜或免棱镜模式实现高精度测量,数据存储于仪器内存或电子手簿中;RTK 仪器则利用 GNSS 实时动态定位,不需要通视条件,即可快速获取三维坐标并存储于手簿。外业数据通过传输设备导入计算机后,经过整理编辑后在计算机上绘出地形图。这种测图方式也称为全站仪和 RTK 数字测图,得到的成果为数字地形图,该图既可以按各种比例尺绘制成纸质图,也可直接向规划、设计、管理和施工等部门提供数字化地形信息,供其根据自己的需要进行利用和处理。全站仪地形测图模式如图 7-7 所示。

全站仪是大比例尺地形图的数字化测图的主要仪器之一,全野外数字测图实际作业根据提供图形信息码的方式不同可以分为 3 种:草图法、编码法和电子平板法。

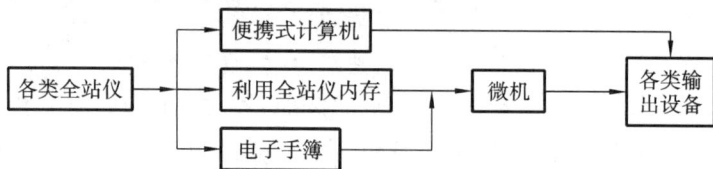

图 7-7 全站仪地形测图模式

1. 草图法

草图法作业是通过全站仪采集碎部点的三维坐标并自动存储数据,同时外业人员需要现场手工绘制地形地貌草图,将测点编号与草图位置对应标注,明确地物属性、连接关系及地貌特征线等要素。草图需要记录测站与后视点信息、北方向、测绘时间、人员姓名等基础资料,确保内外业点号严格一致,并遵循位置准确、比例协调、清晰易读的原则。草图法通过图形直观呈现地物轮廓与相对位置,不需要复杂编码,外业效率高且便于错误溯源,但内业需要依赖草图进行人工编图,工作量较大且耗时较长。

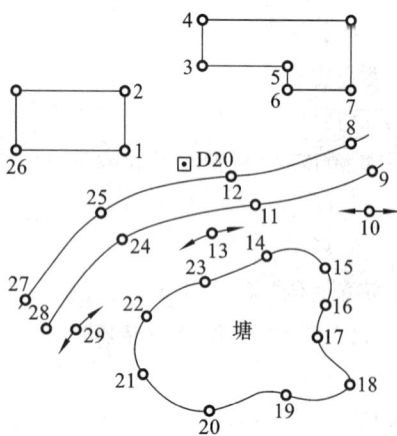

图 7-8 现场草图示例

现场草图示例如图 7 8 所示,该草图展示了测站 D20 施测的部分碎部点分布情况。外业数据采集中,全站仪结合电子手簿自动记录测点三维坐标,同时现场手工绘制地形草图并标注对应点号及地物连接关系,对无法直接测量的点位可通过皮尺丈量距离并标记,供内业通过交互编辑或量算功能生成坐标。地貌采点时需要采用一站多镜法,在地性线(如山沟底、山坡边缘)密集布设特征点以确保等高线真实性,陡坎等特殊地形需要同步测量坎上坎下点位或记录坎高参数。每测站作业完成后,须对已知点进行重测检核,确认无误后关闭仪器并搬站。外业过程中需要通过对讲机保持观测员与跑尺员沟通,确保草图点号与仪器记录严格一致,及时排查漏测、重复测量等异常情况。

如图 7-9 所示,草图法施测过程中,作业人员一般配置为 3~5 人,其中观测员 1 人、跑尺员 1~3 人,草图绘制员 1 人。为便于作业人员技术全面发展,一般外业 1 天,内业 1 天,2 人轮换。需要注意的是,如果全站仪测距过长时,观测员与跑尺员、观测员与草图绘制员都必须保持良好通信,使得草图编号、信息与手簿上的保持一致。全站仪测图最大测距长度如表7-3所示。

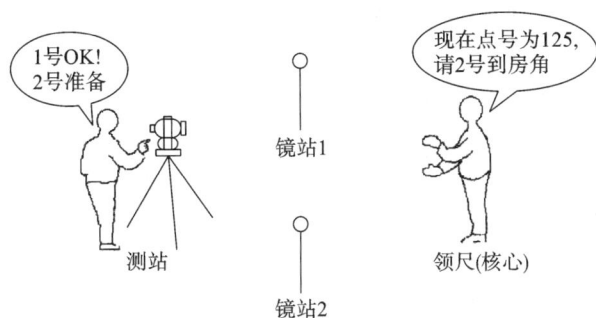

图 7-9 现场草图施测示例

表 7-3 全站仪测图最大测距长度

比例尺	最大测距长度/m	
	地物点	地形点
1∶500	160	300
1∶1000	300	500
1∶2000	450	700
1∶5000	700	1000

使用草图法进行地形图测绘时,正确选择地形特征点是碎部测量中十分重要的工作,它是地形测绘的基础,综合取舍需要遵循现行图式标准,并结合以下原则灵活处理。

控制点与居民地:精确展绘各等级测量控制点符号;房屋以墙基外角定位,按材质、层数分类,临时建筑在1∶500比例下可省略,轮廓凹凸在图上小于0.4 mm(简单房屋0.6 mm)时简化连接,内部天井需要区分表示。

交通设施:道路按实宽比例绘制,标注技术等级及铺面材料;桥梁实测结构,乡村路宽不足1 mm时以中线表示;路堤、路堑需要测注坡顶与坡脚高程。

管线水系:永久性管线按类别实测走向,杆塔位置精确表示;水系按测时水位绘水涯线,宽度不足0.5 mm的河流用单线表示,池塘、水渠需要标注顶、底高程。

地貌植被:自然地貌以等高线为主,陡坎(坡度≥70°)与梯田坎按投影宽度取舍;植被范围实测,符号配置不超过3种,地类界与线状地物重合时优先后者。

注记与要素配合:名称、高程注记需要核实法定名称,均匀分布并标注地形特征点;要素重叠时,主次移位0.3 mm或简化次要符号,等高线遇建筑物、水系等需要中断。

特殊处理:无法实测的点位通过量距计算坐标,地貌采点需要密集覆盖地性线,陡坎同步测坎高,每站结束后需要检核已知点,确保数据一致性。

2.编码法

编码法会对每个碎部点按一定规则赋予唯一编码(观测时通过仪器或手簿输入编号,每个编号对应有坐标数据 X、Y、H),内业将数据传输至计算机后,由成图软件(如 CASS)识别编码并自动连点成图。

编码法数据采集分为两种模式：一是外业同步输入简码,利用"简码识别"直接生成图形;二是外业无编码时通过编辑引导文件(.YD 格式),将无码坐标文件与预设属性匹配,生成带编码的数据文件(全站仪通常采用第一种模式)。内业处理时,软件结合编码引导法(通过.YD 文件补全地物属性)或最短距离排序法(按测点间距自动连接轮廓),解析编码规则并调用符号库批量生成标准化图形,显著减少人工绘图量且确保数据规范;但需要人工修正编码错误或复杂地物的连接异常,整体效率依赖于编码输入的准确性和算法适应性。

1)野外操作码编写

对于地物的第一点,操作码就是地物代码。如图 7-10 中的 1、5 两点(点号表示测点顺序,括号中为该测点的编码,下同)。

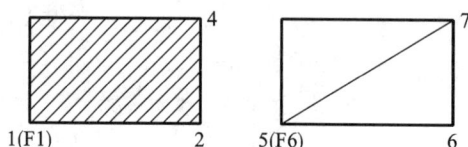

图 7-10 地物起点的操作码

2)测点顺序观测

连续观测某一地物时,操作码为"＋"或"－",如图 7-11 所示。其中"＋"表示连接线依测点顺序进行;"－"号表示连接线依测点顺序相反的方向进行。在 CASS 中,连线顺序将决定类似标记与坎类的齿牙线的画向,齿牙线及其他类似标记总是画向连线方向的左边,因而改变连线方向就可改变其画向。

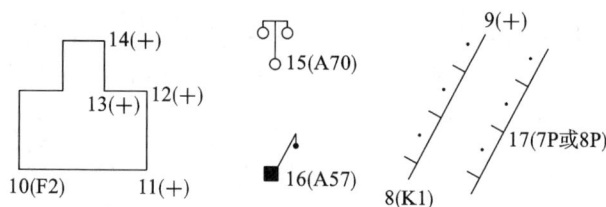

图 7-11 连续观测的操作码

3)测点交叉观测

交叉观测不同地物时,操作码为"$n＋$"或"$n－$"。其中"＋""－"号的意义同上,n 表示该点应与以上 n 个点前面的点相连($n=$ 当前点号－连接点号－1,即跳点数),还可用"＋A＄"或"－A＄"标识断点,A＄是任意助记字符,当一对 A＄断点出现后,可重复使用 A＄字符,如图 7-12 所示。

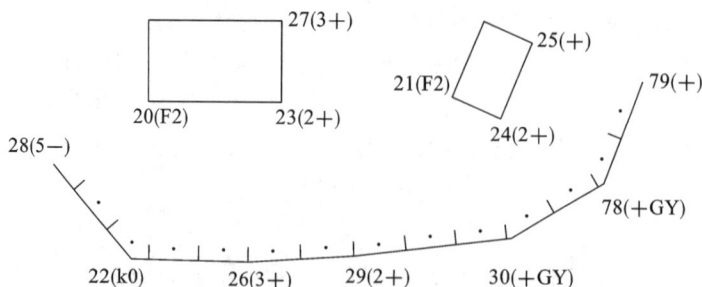

图 7-12 连续观测的操作码

4)编码数据绘图

(1)编码数据格式。

按照上述的方式给每个地物点编码后,所采集的数据既有坐标又有编码,如果要对所采集的数据进行修改,先要弄清楚采集的数据传输到电脑中的格式,图 7-13 为野外编码数据格式,格式如下。

1 点点名,1 点编码,1 点 Y(东)坐标,1 点 X(北)坐标,1 点高程

……

N 点点名,N 点编码,N 点 Y(东)坐标,N 点 X(北)坐标,N 点高程

(2)编码成图。

编码法内业数据处理需要将野外采集的.DAT 格式数据传输至计算机后,先修正观测错误数据,随后通过以下步骤成图:定显示区,操作方式与"草图法"中的"测点点号"定位绘图流程一致,用于设定图形显示范围;简码识别,在测图软件(如 CASS)中通过"绘图处理"菜单调用"简码识别"功能,将含简码的坐标文件(例如 D:\CASS10.0\DEMO\YMSI.DAT)转换为软件可识别的绘图码,系统提示"简码识别完毕!"后自动生成平面图形。该流程依托编码规则自动化成图,核心是通过软件解析编码并关联符号库快速绘制地物。简码识别自动成图如图 7-14 所示。

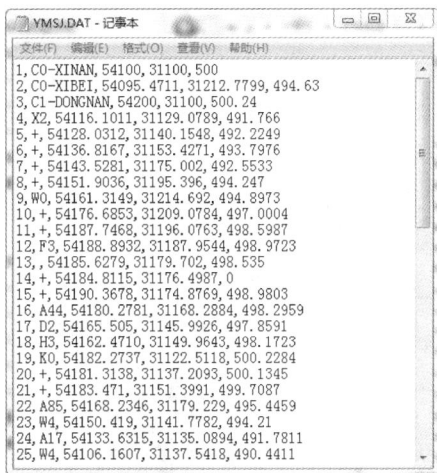

图 7-13 野外编码数据格式

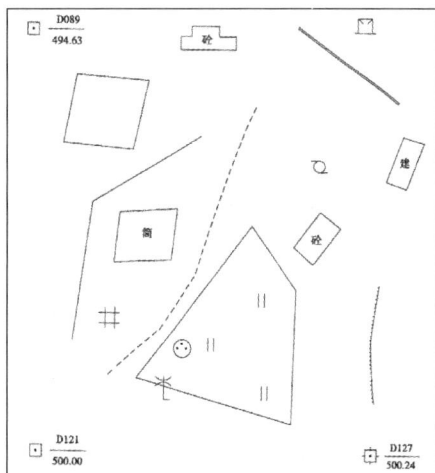

图 7-14 简码识别自动成图

3.电子平板法

电子平板法通过全站仪、RTK 等设备实时采集数据,并传输至安装测图软件的电子平板(笔记本电脑)或 PDA 手簿,其观测数据直接进入电子平板或 PDA 手簿,在成图软件的支持下,现场完成图形绘制与编辑,直接生成数字地形图。

电子平板法施测时,作业人员一般配置 3~5 人,其中观测员 1 人,电子平板操作员 1 人,跑尺员 1~3 人。其优势在于通过内外业一体化作业实现实时成图,测量数据经全站仪或 RTK 采集后直接传输至平板终端,现场完成地物绘制与编辑,大幅减少内业工作量,同时借助人机交互即时校验,提升成图准确性,且灵活支持坐标或原始测量数据输入,适应复杂地形需求。其劣势表现为对设备依赖性较高,需要携带高续航电源及便携计算机,强光环境下屏幕可视性差,恶劣天气易影响设备稳定性,且初期硬件与软件投入成本较高,对操作人员技术要求严格。

数字测图方法对比如表 7-4 所示。

表 7-4　数字测图方法对比

对比项	外业工作量	内业处理	设备要求	适用场景
草图法	需要手工记录点号与地物关系	需要根据草图重新绘制图形,耗时较长	仅需要全站仪和纸质草图	复杂地形或编码记忆困难时更灵活
编码法	需要记忆地物编码	需要通过编码自动成图,部分需返工	依赖编码输入设备	规则地物且编码熟练的团队
电子平板法	不需要绘制草图,实时成图	现场完成编辑,内业仅需要少量修正	需要便携计算机、高续航电源	地形简单、需要快速出图的区域

7.2.3　数字测图的内业成图

1. 数据传输与处理

外业采集的坐标数据需要通过通信接口(如串口 COM1/COM2)或者 U 盘、蓝牙等形式传输至计算机,使用通信接口时,需要设置通信参数(如波特率、校验位等),确保传输稳定性,最终形成包含点号、编码、坐标和高程的 DAT 格式文件。

2. 展绘测点点号

在成图软件(如 CASS)中导入数据,按坐标自动展绘测点点号,为后续绘制地物、地貌提供定位基准。南方 CASS 10.1 软件的绘图界面如图 7-15 所示,主要由菜单面板、CASS 属性面板、CAD 工具栏、CASS 工具栏、CASS 地物面板、命令栏和绘图窗口等部分组成。

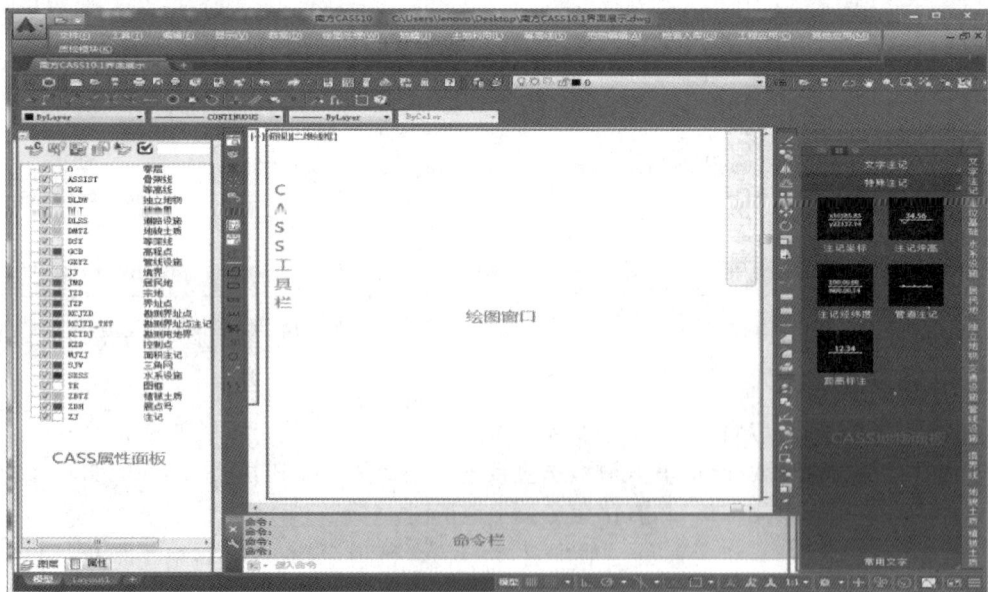

图 7-15　南方 CASS 10.1 软件的绘图界面

3. 地物绘制

1)绘制规则

草图法:对照外业绘制的草图,手动连接地物特征点,适用于复杂地形或编码缺失的情况。

编码法:利用预设的地物编码自动生成符号(如房屋、道路),需要提前规范编码规则。

特殊规则处理:如悬空建筑与水涯线重合时需要间断水涯线,双线道路与建筑物边线重合时需要保留建筑物边线。

2)居民地绘制

交互绘制居民地图式符号,其对话框如图 7-16 所示。居民地绘制内容包括一般房屋、普通房屋、特殊房屋、房屋附属、支柱墩、垣栅等。

3)地貌土质绘制(以"WMSJ.DAT"为演示数据)

地貌土质包括等高线、高程点、自然地貌和人工地貌等 4 大类。以加固陡坎绘制为例:选择右侧屏幕菜单的"地貌土质"→"人工地貌",选择"加固陡坎",如图 7-17 所示。

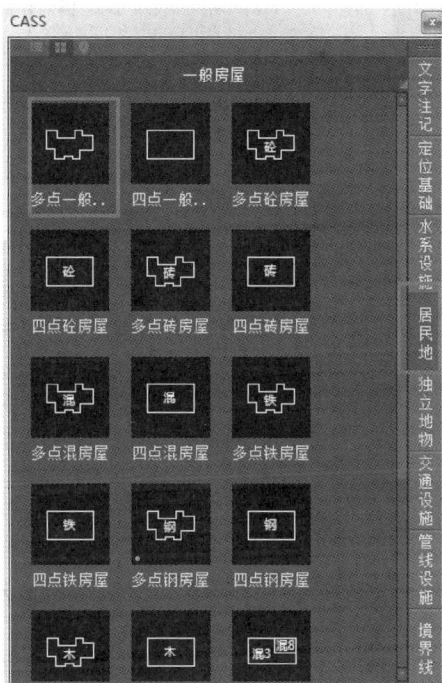

图 7-16　居民地对话框

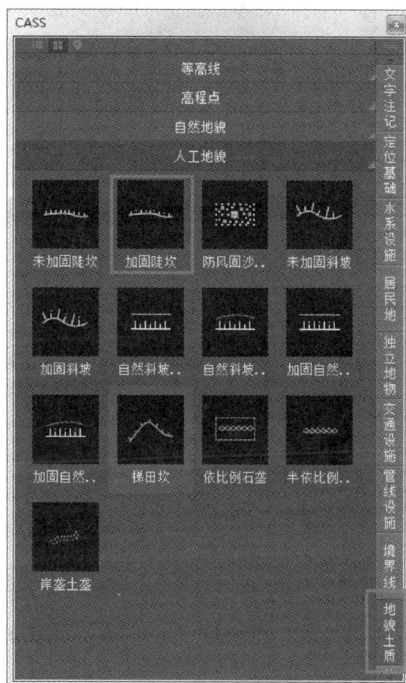

图 7-17　地貌土质对话框

4)交通设施绘制(以"WMSJ.DAT"为演示数据)

交通设施包括铁路、火车站附属、城际公路、城市公路、乡村公路、道路附属、桥梁、渡口码头和航行标志等 9 大类,又分为线状道路、面状道路及点状交通设施。

5)植被土质绘制(以"WMSJ.DAT"为演示数据)

交互绘制植被和园林的相应符号,具体可分为以下几类。

(1)点状元素。

点状元素包括各种独立树、散树。绘制时只需用鼠标给定点位即可。

(2)线状元素。

线状元素包括地类界、行树、防火带、狭长竹林等。绘制时用鼠标给定各个拐点,然后根据需要进行拟合。

(3)面状元素。

面状元素包括各种园林、地块、花圃等。绘制时用鼠标画出其边线,然后根据需要进行拟合。

4. 等高线绘制

在地形图中,等高线是表示地貌起伏的一种重要手段。在 CASS 软件中完成等高线的绘制,就要先将野外测得的高程点建立数字地面模型(DTM)、生成三角网(TIN),修改数字地面模型,再在模型上通过内插算法生成等高线,最后调整平滑度、修饰注记等高线。

7.2.4 地形图的拼接、检查与整饰

1. 地形图的拼接

每幅图施测完后,在相邻图幅的连接处,无论是地物或地貌,往往都不能完全吻合。如图 7-18 所示,左、右两幅图边的房屋、道路、等高线都有偏差。如相邻图幅地物和等高线的偏差不超过表 7-5 的规定,取平均位置加以修正。修正时,通常用宽 5~6 cm 的透明纸蒙在左图幅的接图边上,用铅笔把坐标格网线、地物、地貌描绘在透明纸上,然后再把透明纸按坐标格网线位置蒙在右图幅的接图边上,同样用铅笔描绘地物、地貌。若接边差在限差内,则在透明纸上用彩色笔平均配赋,并将纠正后的地物、地貌分别刺在相邻图边上,以此修正图内的地物、地貌。

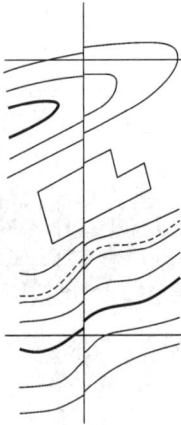

图 7-18　地形图的拼接

表 7-5　地形图接边误差允许值

地区类别	点位中误差 /mm	邻近地物点间距中误差/mm	等高线高程中误差(等高距)			
			平地	丘陵地	山地	高山地
山地、高山地和设站施测困难的旧街坊内部	0.75	0.6	1/3	1/2	2/3	1
城市建筑区和平地、丘陵地	0.5	0.4				

2. 地形图的检查

1)室内检查

观测和计算手簿的记载是否齐全、清楚和正确,各项限差是否符合规定;图上地物、地貌的真实性、清晰性和易读性,各种符号的运用、名称注记等是否正确,等高线与地貌特征点的高程是否符合,有无矛盾或可疑的地方,相邻图幅的接边有无问题等。如发现错误或疑点,应到野外进行实地检查修改。

2)外业检查

首先进行巡视检查,根据室内检查的重点,按预定的巡视路线,进行实地对照查看。主要查看原图的地物、地貌有无遗漏;勾绘的等高线是否逼真合理,符号、注记是否正确等。然后进行仪器设站检查,除对在室内检查和巡视检查过程中发现的重点错误和遗漏进行更正和补测外,对一些怀疑点,地物、地貌复杂地区,图幅的四角或中心地区,也需要抽样设站检查,一般抽检 10% 左右。

3. 地形图的整饰

当原图经过拼接和检查后,需要进行清绘和整饰,使图面更加合理、清晰、美观。整饰应按先图内后图外,先地物后地貌,先注记后符号的原则进行。工作顺序为:内图廓、坐标格网,控制点、地形点符号及高程注记,独立物体及各种名称、数字的绘注,居民地等建筑物,各

种线路、水系等,植被与地类界,等高线及各种地貌符号等。图外的整饰包括外图廓线、坐标网、经纬度、接图表、图名、图号、比例尺、坐标系统及高程系统、施测单位、测绘者及施测日期等。图上地物及等高线的线条粗细、注记字体大小均按规定的图式进行绘制。

　　现代测绘部门大多已采用计算机绘图工序,经外业测绘的地形图,只需用铅笔完成清绘,然后用扫描仪使地图矢量化,便可通过 AutoCAD 等绘图软件进行地形图的机助绘制。

任务 7.3　地形图的应用

　　地形图的应用可通过真实工程场景导入,要求学习者利用地形图完成道路选线优化、土方量计算及洪水风险分析等核心任务。本任务聚焦地形图在坡度判读、等高线数据提取、数字地面模型(DTM)模拟等关键技术中的应用,结合测绘软件和工具,可解决复杂地形下的工程设计与防灾问题,旨在提升综合运用地形数据开展规划、计算及决策的实践能力。

7.3.1　地形图的图上量测

1.求图上某点的坐标

　　大比例尺地形图上绘有坐标方格网,并在图廓的四角点上注有纵横坐标值,再根据比例尺大小,可以知道每条纵横坐标格网线的坐标值。

　　如图 7-19 所示,若要求图上 A 点的坐标,先看点落在哪个方格内,求出 A 点所在小方格西南角点 d 的坐标 x_d、y_d,然后通过 A 点分别作 X 轴和 Y 轴的平行线,与方格四边线相交于 m、n、h、k,量出图上长度 dh、dn,该长度乘以比例尺分母即为实地水平距离,则 A 点坐标计算见式(7-4)。

$$\begin{cases} x_A = x_d + M \times dh \\ y_A = y_d + M \times dn \end{cases} \tag{7-4}$$

式中:M——地形图比例尺分母,图 7-19 比例尺为 1∶500。

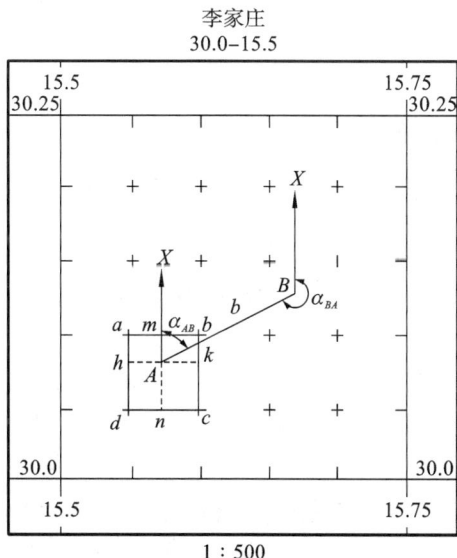

图 7-19　地形图的图上量测(一)

d 点坐标为 $x_d = 30050$ m，$y_d = 15550$ m，从图上量得 $dh = 0.0662$ m，$dn = 0.0428$ m，则有：

$$x_A = (30050 + 500 \times 0.0662) \text{ m} = 30083.1 \text{ m}$$

$$y_A = (15550 + 500 \times 0.0428) \text{ m} = 15571.4 \text{ m}$$

在实施高精度地图量测时，必须系统消除图纸伸缩变形误差。此时，除量出 dh、dn 长度外，还要量出此方格的边长 da、dc 的图上长度，该长度一般与方格边长的理论值 $l = 10$ cm 会有少量差别。当 da、dc 不等于 l 时，应按方格的理论长度与实际长度的比例关系计算消除图纸伸缩变形误差的图上长度，再代入式(7-4)计算 A 点的坐标，见式(7-5)。

$$\begin{cases} x_A = x_d + M \times dh \dfrac{l}{da} \\ y_A = y_d + M \times dn \dfrac{l}{dc} \end{cases} \tag{7-5}$$

2. 求图上某直线的水平距离

如图 7-19 所示，图上有 A、B 两点，如需求出这两点的距离，可按照下列两种方法解决。

1)图面量取法

在地形图应用中，采用直尺直接量测获取两点间水平距离时，需先用直尺精确量取图上直线段的刻度长度，再将所得数值乘以比例尺分母进行换算。该量距方法因操作便捷、计算简单等特点，成为地形图量距的基础性技术手段。

图面量取法的基本假设是图纸尺寸稳定，因此特别适用于新型聚酯薄膜图纸等变形系数低于 0.2‰ 的测绘载体，或当工程项目的测量精度要求低于 1/1000 时的地形分析作业。需要注意的是，该方法未包含图纸伸缩改正计算，当使用传统纸质地图或需要毫米级精度时，建议配合图幅校正网格进行尺寸验证。

2)坐标求距法

若分别按式(7-5)求出 A、B 两点的平面坐标 x_A、y_A 和 x_B、y_B，则 A、B 两点间的水平距离 D_{AB} 可按式(7-6)计算。

$$D_{AB} = \sqrt{\Delta x_{AB}^2 + \Delta y_{AB}^2} \tag{7-6}$$

式中，$\Delta x_{AB} = x_B - x_A$，$\Delta y_{AB} = y_B - y_A$。

由于式中使用的坐标值考虑了图纸变形的因素，因此由上式计算的水平距离也可以消除图纸伸缩变形的影响，但此法比较麻烦。

3. 求图上某直线的方位角

同样在图 7-19 上，若求直线 AB 的坐标方位角，可通过以下两种方式解决。

1)图面量角度

先通过直线的端点 A 作平行于纵轴的直线 AX，然后通过量角器量取 AX 与 AB 的夹角，即可得到坐标方位角 α_{AB}，该方法操作简便，但受限于纸张的变形影响。

2)坐标反算法

先按照公式(7-5)求出 A、B 两点的平面坐标，再计算坐标增量，那么直线 AB 的坐标方位角可按式(7-7)求得。

$$\alpha_{AB} = \arctan \frac{\Delta y_{AB}}{\Delta x_{AB}} \tag{7-7}$$

用计算器计算方位角数值时,可根据 Δx_{AB}、Δy_{AB} 的符号来确定值所在象限,最后换算为正确的方位角度值。

4. 求图上某点的高程

根据地形图上的等高线,可确定任一地面点的高程。当目标点恰好位于某条等高线上时,该点的高程直接等于该等高线标注的高程值。如图 7-20 所示,p 点的高程为 20 m。

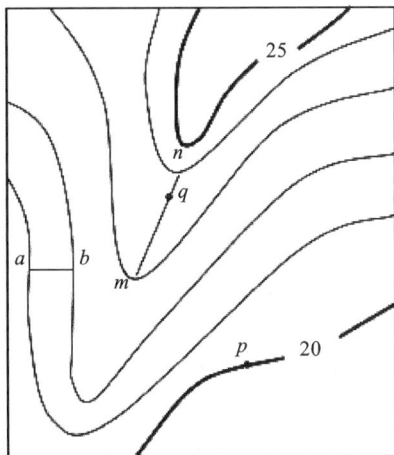

图 7-20　地形图的图上量测(二)

当确定位于相邻两等高线之间的地面点 q 的高程时,可以采用目估的方法确定。更精确的方法是,先过 q 点作垂直于相邻两等高线的线段 mn,再依高差和平距成比例的关系求解。例如,图中等高线的基本等高距为 1 m,则 q 点高程 H_q 为:

$$H_q = H_m + \frac{mq}{mn} \cdot h = \left(23 + \frac{14}{20} \times 1\right) \text{ m} = 23.7 \text{ m}$$

式中,H_m 为 m 点高程;mq、mn 分别为线段 mq、mn 的长度;h 为基本等高距。

如果要确定两点间的高差,则可采用上述方法确定两点的高程后,相减即得两点间高差。当求图中某点的高程时,mq/mn 的值通常是目估法得到,估读到 $1/10$ 的精度,再根据等高距和此处等高线的高程快速地求出所求点高程。

5. 求图上直线的坡度

坡度用于表示地表倾斜程度,定义为两点间的垂直高差 Δh 与水平距离 L 的比值,可表示为百分比或角度,见式(7-8)。

$$i = \frac{\Delta h}{L} \quad \text{或} \quad i(\%) = \frac{\Delta h}{L} \times 100\% \tag{7-8}$$

1)确定垂直高差 Δh

读取直线两端点的等高线高程值(终点高程 $H_{终点}$,起点高程 $H_{起点}$),若点不在等高线上,则需通过内插法计算高程,高程差计算见式(7-9)。

$$\Delta h = H_{终点} - H_{起点} \tag{7-9}$$

2)量取图上直线距离 d

用直尺或比例尺量取两点间的图上直线距离(单位:mm)。

3)换算实地水平距离 L

根据地形图比例尺(如 $1:M$),将图上距离转换为实地水平距离(单位:m):

$$L = d \times M$$

如图 7-20 所示,比例尺 1∶5000,量得 p、q 两点图上距离 $d = 16.5$ mm,则 $L = 16.5 \times 5$ m $= 82.5$ m。

4)计算坡度 i

代入式(7-8)计算坡度值,结果可为正(上坡)或负(下坡)。

如图 7-20 所示,按上述方法求出 p、q 两点水平距离 $L = 82.5$ m,高差 $\Delta h = 3.7$ m,则:

$$i = \frac{\Delta h}{L} = \frac{+3.7}{82.5} = +0.045 \quad \text{或} \quad i = \frac{\Delta h}{L} \times 100\% = +4.5\%$$

如果两点间的距离较长时,中间通过数条等高线,且等高线平距不等,则所求地面坡度为两点之间的平均坡度。

6. 图上面积量测

1)几何图形法

当欲求面积的边界为直线时,可以把该图形分解为若干个规则的几何图形,如三角形、梯形或平行四边形等,如图 7-21 所示。然后,量出这些图形的边长,这样就可以利用几何公式计算出每个图形的面积。最后,将所有图形的面积之和乘以该地形图比例尺分母的平方,即为所求面积。

将多边形划分为简单几何图形时,需要注意以下几点。

(1)将多边形划分为三角形,面积量算的精度最高,其次为梯形、长方形。

(2)划分为三角形以外的几何图形时,尽量使它的图形个数最少,线段最长,以减少误差。

(3)划分几何图形时,尽量使底与高之比接近 1∶1(使梯形的中位线接近于高)。

(4)如图形的某些线段有实量数据,则应首先利用实量数据。

(5)为了进行校核和提高面积量算的精度,应对同一几何图形,量取另一组面积计算要素,量算两次面积。

2)坐标计算法

如果图形为任意多边形,并且各顶点的坐标已知,则可以利用坐标计算法精确求算该图形的面积。如图 7-22 所示,各顶点按照逆时针方向编号,则面积计算见式(7-10)。

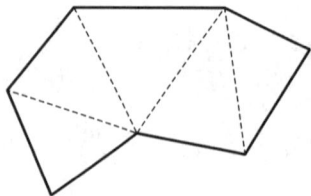

图 7-21 几何图形法

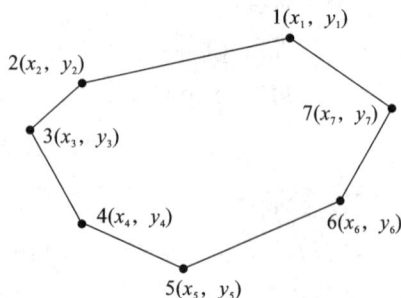

图 7-22 坐标计算法

$$S = \frac{1}{2} \sum_{i=1}^{n} x_i (y_{i-1} - y_{i+1}) \tag{7-10}$$

上式中,当 $i = 1$ 时,y_{i-1} 用 y_n 代替,当 $i = n$ 时,y_{i+1} 用 y_1 代替。

3)透明方格法

对于不规则图形,可以采用图解法求算图形面积。通常使用绘有单元图形的透明纸蒙在待测图形上,统计落在待测图形轮廓线以内的单元图形个数来量测面积。

透明纸上通常绘出边长为 1 mm 的小方格,如图7-23 所示,每个方格的面积为 1 mm²,而所代表的实际面积则由地形图的比例尺决定。量测图上面积时,将透明纸固定在图纸上,先数出完整小方格数 n_1,再数出图形边缘不完整的小方格数 n_2。然后,按式(7-11)计算整个图形的实际面积。

$$S = \left(n_1 + \frac{n_2}{2}\right) \times \frac{M^2}{10^6} \text{ m}^2 \qquad (7-11)$$

式中,M 为地形图比例尺分母。

图 7-23 透明方格法

为了检核错误和提高精度,应将方格网透明纸调整位置和角度后再量一次,取其平均值作为此图形的面积。

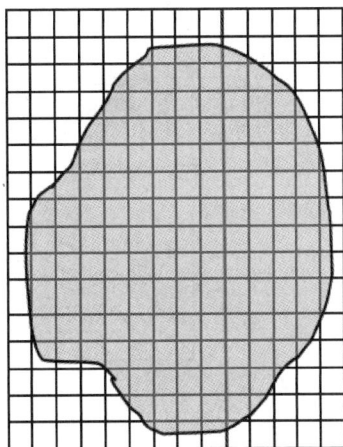

7.3.2 地形图在工程项目建设中的应用

地形图作为工程项目的"地理语言",在工程建设的应用中,除能得到点的坐标和高程、线的直线长度、方位角及坡度,图形面积等基础数据外,有时还会综合运用到更为复杂的问题,其中断面图绘制与土方量计算是较为常见的应用方面。

1. 绘制纵断面图

地形断面图是指沿某一方向描绘地面起伏状态的竖直剖面图。在交通、渠道及各种管线工程中,可根据断面图地面起伏状态,量取有关数据进行线路设计。断面图可以在实地直接测定,也可根据地形图绘制。

绘制断面图时,首先要确定断面图的水平方向和垂直方向的比例尺。通常,在水平方向采用与所用地形图相同的比例尺,而垂直方向的比例尺通常要比水平方向大 10 倍,以突出地形起伏状况。

如图 7-24 所示,要求在等高距为 5 m、比例尺为 1∶5000 的地形图上,沿 AB 方向绘制地形断面图,方法如下。

(1)在地形图上绘出断面线 AB,依次交于等高线 1、2、3、…、10 点。

(2)如图 7-25 所示,在另一张白纸(或毫米方格纸)上绘出水平线 AB,并作若干平行于 AB 等间隔的平行线,间隔大小依竖向比例尺而定,再注记出相应的高程值。

(3)把 1、2、3、…、10 等交点转绘到水平线 AB 上,并通过各点作 AB 的垂直线,各垂线与相应高程的水平线交点即断面点。

(4)用平滑曲线连接各断面点,则得到沿 AB 方向的断面图,如图 7-25 所示。

2. 场地平整土方量计算

1)方格网法

如图 7-26 所示,方格网法是通过将场地划分为规则网格,计算每个网格的挖填方量并汇总的土方计算方法。该方法适用于地形起伏较小、坡度平缓的场地平整工程,具有操作直

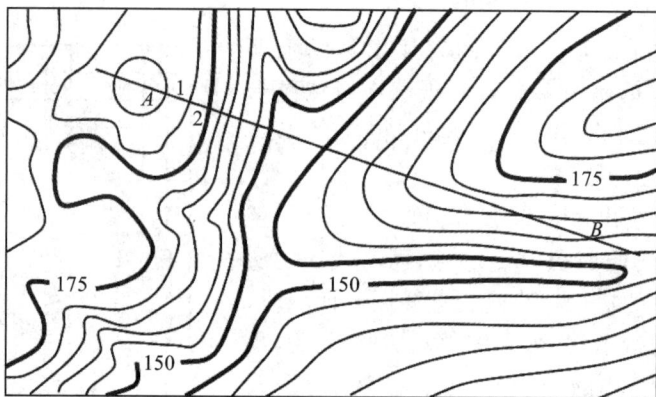

图 7-24　地形图

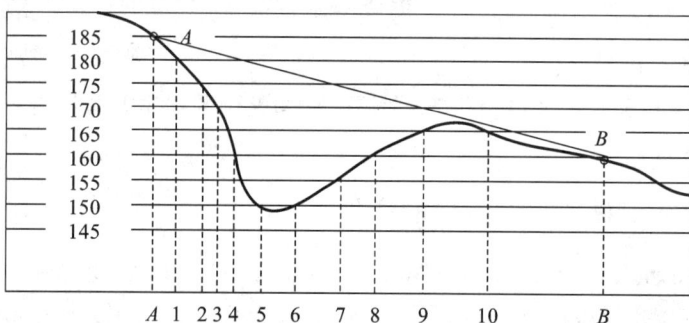

图 7-25　绘制地形断面图

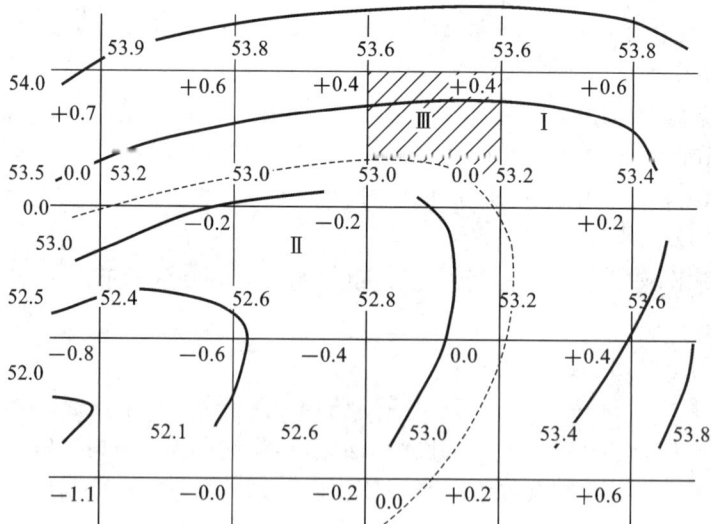

图 7-26　方格网法计算挖填方量

观、精度可控的特点。

（1）划分方格网。

根据地形成图比例和地形复杂程度，将场地划分为边长 10～40 m 的正方形网格（通常采用 20 m×20 m），并与测量坐标网对齐。网格边长选择原则：地形复杂时选小网格（如 10

m），地形简单时选大网格（如 40 m）。

（2）标注高程与挖填施工高度。

在方格角点标注自然地面标高 $H_{自然}$（实测或地形图提取）和设计地面标高 $H_{设计}$（平整后目标标高），然后计算各角点施工高度 h，见式（7-12）。

$$h = H_{自然} - H_{设计} \tag{7-12}$$

正值为挖方（标记为"＋"），负值为填方（标记为"－"）。

（3）确定零点与零线。

①零点确定。

相邻角点施工高度符号不同（一挖一填）时，按比例计算零点位置，见式（7-13）。

$$X = \frac{h_1}{h_1 + h_2} \times a \tag{7-13}$$

式中，h_1、h_2 为相邻角点施工高度绝对值；a 为网格边长。此外零点的确定也可以采用图解法。

②零线确定。

用虚线连接各零点形成的挖填分界线，亦称零等高线，用于划分挖填区域。

（4）计算网格土方量。

①全挖/全填网格计算。

直接按四角棱柱体计算，见式（7-14）。

$$V = \frac{A}{4} \times (h_1 + h_2 + h_3 + h_4) \tag{7-14}$$

式中，A 为各个方格网的实际面积；h_1、h_2、h_3、h_4 分别为网格四角点施工高度绝对值。

②部分挖填网格。

分解为几何体（如三角棱柱、梯形棱柱），然后分别计算挖填量。

下面以图 7-26 中方格Ⅰ、Ⅱ、Ⅲ为例，说明各方格的填、挖方量计算方法。

方格Ⅰ的挖方量：$V_1 = \dfrac{A}{4} \times (0.4 + 0.6 + 0 + 0.2) = 0.3A$

方格Ⅱ的填方量：$V_2 = \dfrac{A}{4} \times (-0.2 - 0.2 - 0.6 - 0.4) = -0.35A$

方格Ⅲ的填、挖方量：$V_3 = \dfrac{1}{4} \times (0.4 + 0.4 + 0 + 0) \cdot A_{挖} - \dfrac{1}{4} \times (0 - 0.2 - 0) \cdot A_{填} = 0.2A_{挖} - 0.05A_{填}$

（5）汇总土方总量。

分别汇总所有网格的挖方量和填方量，并计入边坡土方量（若存在边坡设计）。如果设计高程 H 是各方格的平均高程值，则最后计算出来的总填方量和总挖方量基本相等。

2）等高线法

等高线法是利用地形图中的等高线数据，通过计算相邻等高线围合区域的体积来估算土方量的一种方法。该方法适用于地形起伏较大、坡度变化复杂的场地，能更精确地反映自然地形特征。

（1）数据准备。

提取地形图中等高线的高程值，确保等高距（相邻等高线高差）与场地平整精度要求匹配，根据设计标高确定平整后的基准面（如水平面或倾斜面）。

（2）划分等高线区域。

如图 7-27 所示,将相邻等高线围合的封闭区域划分为计算单元,通常为不规则多边形（如梯形、三角形）。对陡坡或沟谷等复杂地形区域加密等高线,提升计算精度。

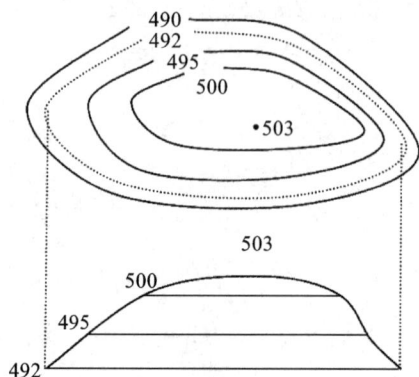

图 7-27   等高线法计算挖填方量

（3）计算区域体积。

①平均高度法。

单层土方量按式（7-15）计算。

$$V = \frac{S_1 + S_2}{2} \times \Delta h \tag{7-15}$$

式中,S_1、S_2 为相邻等高线围合区域的面积;Δh 为等高距。

②棱台体积法（精度更高）。

适用于面积差异较大的相邻等高线区域,计算见式（7-16）。

$$V = \frac{\Delta h}{3} \times (S_1 + S_2 + \sqrt{S_1 + S_2}) \tag{7-16}$$

（4）汇总土方总量。

累加各层等高线区域的挖填方量,结合设计标高调整挖填平衡。

【复习思考】

1.什么叫地形图?

2.什么是比例尺精度?举例说明其实际意义。

3.地物符号分为哪三类?各举一例说明。

4.碎部测量中如何选择地物和地貌的特征点?

5.等高线有哪些基本特性?

6.什么是等高距、等高线平距?

7.简述数字测图内业中数据格式要求。

8.简述数字测图外业中的草图法步骤。

9.简述方格网法计算场地平整土方量的步骤。

10.在图 7-28 中（比例尺为 1:2000）,完成下列工作。

（1）在地形图上用圆括号中的符号绘出山顶（△）、鞍部的最低点（×）、山脊线（—·—·—）、山谷线（……）。

（2）B 点高程是多少？AB 水平距离是多少？

（3）A、B 两点间，B、C 两点间是否通视？

（4）由 A 选一条既短，坡度又不大于 3％的线路到 B 点。

（5）绘 AB 断面图，平距比例尺为 1：2000，高程比例尺为 1：200。

图 7-28　第 10 题图

项目 8　测设的基本工作

【学习目标】

1. 知识目标

(1)掌握测设的基本概念及其在工程施工中的重要性。

(2)理解水平距离测设的原理、方法及精度控制要求。

(3)掌握水平角测设的技术要点,包括一般方法和精密方法的应用场景。

(4)熟悉高程测设的步骤,包括一般方法和高程传递的操作流程。

(5)了解点的平面位置测设方法及其适用条件。

2. 技能目标

(1)能够使用钢尺和全站仪进行水平距离的精确测设,并完成相关改正计算。

(2)能够运用经纬仪或全站仪标定设计水平角,并进行误差调整。

(3)能够根据设计高程,利用水准仪完成高程测设和高程传递操作。

(4)能够通过直角坐标法和极坐标法在实地标定点的平面位置。

(5)能够在复杂地形条件下,选择合适方法完成点位测设。

3. 思政目标

(1)培养严谨细致的工作态度,确保测设数据的准确性和可靠性。

(2)增强团队协作能力,能在测设过程中与设计、施工人员有效沟通。

(3)树立安全意识和法律法规意识,严格遵守测量仪器的操作规范和现场施工要求。

(4)培养问题解决能力,能够针对测设中的误差或障碍提出合理解决方案。

(5)提升责任意识,理解测设精度对工程质量的直接影响,确保施工放样的规范性。

【项目导入】

　　测设(施工放样)是将设计图纸的建筑物位置、形状和高程标定到实地的关键过程,本质为"图纸到实地"的逆向实施,需要通过测量技术将设计转化为实地定位。其核心包括四大基本工作,即水平距离测设(按设计长度放样)、水平角测设(标定设计角度)、高程测设(传递设计高程)及点的平面位置测设(极坐标法、交会法等),辅以坡度、铅垂线等专项技术。测设精度直接影响施工质量,需要根据工程需求选择合适测设方法(如全站仪、GNSS),并协调设计、施工与测量三方,解决复杂环境下的误差控制问题。通过工程案例(如建筑轴线、桥梁桩基)阐明测设的实践意义,强调其贯穿土木、水利、城市规划等工程全周期,是设计落地的技术纽带,为后续仪器操作与放样方法提供理论框架。

任务 8.1　水平距离、水平角和高程的测设

测设是最主要的施工测量技术工作,水平距离、水平角和高程则是测设的基本要素。水平距离测设通过钢尺或全站仪,将图纸尺寸精准复现至实地,需要修正环境误差;水平角测设利用经纬仪标定方向线夹角,确保建筑物轴线交点的几何精度;高程测设则借助水准仪传递设计标高,控制施工面的竖向定位。三者共同构成工程放样的基础框架,直接影响建筑、道路、管线等工程的施工质量,是连接设计与施工的关键环节。

8.1.1　水平距离测设

1.钢尺测设一般方法

当测设精度要求较低时(相对误差 1/1000~1/5000),已知方向在现场用直线标定,且测设距离小于钢尺长度,则测设只需要在已知距离的起点用钢尺的零端对齐,沿着该方向水平拉直至终点,对应位置上尺身读出的读数即为该方向的水平距离。为了核查与提高测设精度,应再测设一次,若两次测设的相对误差在限差(1/3000~1/5000)以内,取平均位置作为该端点的最终位置。钢尺测设的一般方法适用于普通工程放样或图根导线测量。

若测设距离大于钢尺长度,则需要沿着已知方向依次水平丈量若干尺段,按照一般方法丈量,取各尺段长度之和定出已知水平距离的另一端点,同时使用上述方法校核和提高测设精度,取中点标定。

2.钢尺测设精密方法

当测设精度要求较高时(相对误差 1/10000~1/40000),则需要考虑尺长改正、温度改正和高差改正等复杂修正,具体施测步骤如下。用钢尺测设已知水平距离的精确方法如图 8-1所示。

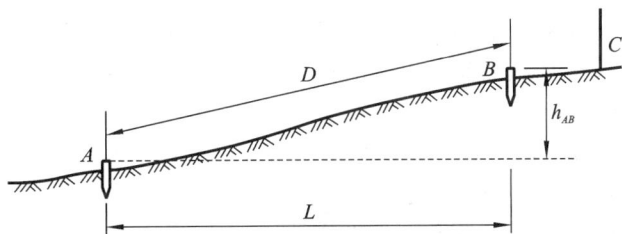

图 8-1　用钢尺测设已知水平距离的精确方法

1)初步测设

使用经过检定的钢尺,确保尺长误差在允许范围内,配备经纬仪用于直线定向与定线,按一般方法沿已知方向测设设计距离 D,定出终点位置。

2)数据采集

用水准仪测量起点与终点的高差 h,获取现场实测温度。

3)分段精密量距

每个尺段需要进行三次独立测量,每次移动钢尺位置,误差不大于 2 mm 时取平均值,施加标准拉力(如 30 m 钢尺为 100 N),保证钢尺平直。

4)进行三项改正计算

(1)尺长改正(ΔL_d):根据钢尺实际长度与标称长度的差值修正。

（2）温度改正（ΔL_t）：按公式计算 $\Delta L_t = L \cdot \alpha(t - t_0)$（$\alpha$ 为膨胀系数，t_0 为钢尺检定时的温度，t 为测量时的实时温度）。

（3）高差改正（ΔL_h）：倾斜改正公式为 $\Delta L_h = -\dfrac{h^2}{2L}$。

5）调整终点位置

实际测设距离按式（8-1）计算，并用经纬仪定向，调整钢尺量距至 L。

$$L = D - (\Delta L_d + \Delta L_t + \Delta L_h) \tag{8-1}$$

本方法适用于钢结构、精密工程放样、往返测量（进行往测与返测，取平均值作为最终结果）。

3. 全站仪测设

光电测距仪测设法是一种高精度的测量方法，其结合光电测距仪的高效性和钢尺的局部调整优势，工程中以使用全站仪为主，适用于工程测设中的精确点位标定。全站仪测设的分步解析及关键要点如下。用全站仪测设已知水平距离如图 8-2 所示。

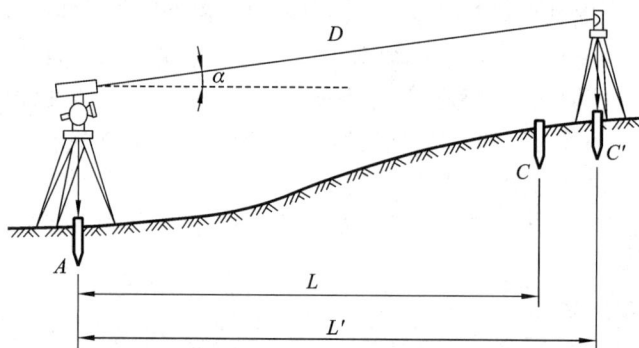

图 8-2　用全站仪测设已知水平距离

1）初步定位（C' 点）

在起点 A 架设全站仪，沿已知方向移动反光棱镜，使仪器显示距离略大于设计值 L，初步定出 C' 点。其目的是为后续调整留出空间，避免因初始距离不足导致反复移动。

2）精确测量与计算

在 C' 点安置棱镜，测量斜距 D 和垂直角 α（必要时进行气象改正），计算水平距离 $L' = D\cos\alpha$。计算差值 $\Delta L = L - L'$，确定调整方向。

（1）若 $\Delta L > 0$，需要将 C' 向远离 A 方向移动。

（2）若 $\Delta L < 0$，需要将 C' 向靠近 A 方向调整。

3）实地调整（C 点标定）

使用钢尺沿测设方向量取 ΔL，修正 C' 至 C 点，并用木桩标记。注意：钢尺需校准，确保拉力、温度符合标准，以减小量距误差。

4）验证与迭代

将棱镜移至 C 点，复测 AC 距离。若与设计值 L 的偏差在限差内，则完成测设；否则重复步骤 2～4，直至满足精度要求。

8.1.2　水平角测设

水平角测设是根据地面已知的一个点和从该点出发的一个方向，按照设计角度，在地面标定特定方向线的测量工作，是工程放样的基础步骤。水平角测设分为一般方法和精密方法。已知水平角测设的一般方法如图 8-3 所示。

1. 一般方法

1）仪器安置与对中

在角顶点 O 点架设经纬仪，严格对中整平，确保仪器水平度盘误差可控。在已知方向点 A 竖立标杆或棱镜，作为起始方向基准。

2）盘左初步标定（正镜）

盘左位置瞄准 A 点，配置水平度盘读数为 $0°00'00''$，顺时针旋转照准部至设计角度 β，沿视线方向标定临时点 B'。

3）盘右修正（倒镜）

换盘右位置重新瞄准 A 点，保持水平度盘读数不变，再次顺时针旋转至 β 角位置，标定另一临时点 B''。

4）取中点定最终方向

若 B' 与 B'' 不重合，取两点连线的中点 B，则 $\angle AOB$ 即为测设的 β 角。

采用盘左盘右两种状态进行水平角测设时，正倒镜标定的两临时点 B' 与 B'' 的水平偏差应不大于 $40''$，最终方向点 B 的定位误差应在工程允许范围（如一般工程为 ± 1 cm）内。瞄准时需要消除视差，保证标杆或棱镜清晰居中，仪器对中误差应不大于 2 mm，避免因安置偏差影响测设精度。一般方法测设多用于常规工程放样，如建筑轴线、道路中线等方向标定的场景。

2. 精密方法

当水平角测设的精密度要求较高时（如 $\pm 10''$ 以内），通过多测回观测与误差修正实现毫米级方向标定。已知水平角测设的精密方法如图 8-4 所示。

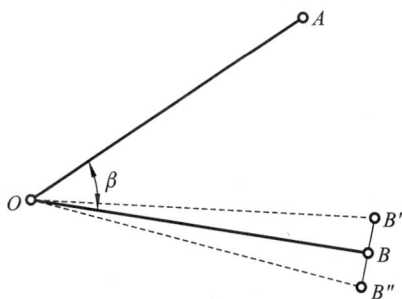

图 8-3　已知水平角测设的一般方法

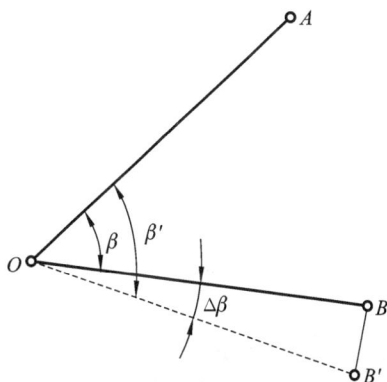

图 8-4　已知水平角测设的精密方法

1）仪器选择与校准

优先选用高精度全站仪或精密经纬仪，确保水平度盘精度在 $\pm 2''$ 内。同时测量前需要完成仪器调平、视准轴误差校正及水平度盘零点校准。

2）初步标定方向

在角顶点 O 安置仪器，对中误差不大于 1 mm，整平气泡居中偏差不大于 1 格。盘左瞄准已知方向点 A，配置水平度盘读数为 $0°00'00''$，顺时针转至设计角度，标定临时点 B'。

3）多测回修正

采用多测回观测 $\angle AOB'$，记录各测回盘左、盘右读数，计算实测角值 β'。根据设计角 β

与实测角 β' 计算角度偏差 $\Delta\beta = \beta - \beta'$。若 $\Delta\beta$ 超出限差要求($\pm10''$),则应对 B' 进行改正,用式(8-2)计算垂距。

$$\Delta d = \frac{OB' \cdot \Delta\beta}{\rho} \tag{8-2}$$

式中,$\rho = 206265''$,$\Delta\beta$ 以秒为单位。

在现场过 B' 点,沿 OB' 的垂直方向量取调整垂距 $B'B$,最终定出 B 点,则 $\angle AOB$ 就是要测设的水平角。若 $\Delta\beta$ 为正值,则应沿垂线往内改正 Δd;反之,则向外改正。单测回内盘左、盘右角值互差不大于 $10''$,测回间角值互差不大于 $8''$,相对基准点 O 最终方向点 B 的定位误差不大于 5 mm。

8.1.3 高程测设

高程测设是根据邻近已知的水准点,按照设计高度,在现场标定出设计高程位置的测量工作,常用于建筑基础、道路纵坡等施工场景。

1. 一般方法

如图 8-5 所示,某点 A 的设计高程为 $H_A = 71.600$ m,附近有已知水准点 BM$_3$,高程为 $H_{BM3} = 71.346$ m,现要将 A 点的设计高程测设到一个木桩上,作为施工时控制高程的依据,其测设步骤如下。

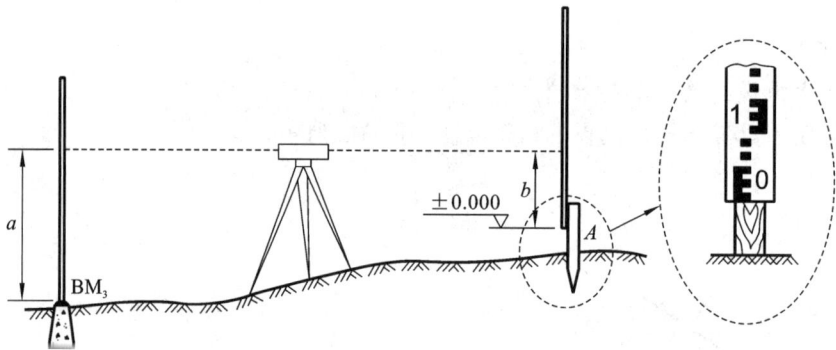

图 8-5 已知高程测设的一般方法

(1)在水准点 BM$_3$ 和木桩之间架设水准仪,后视立于水准点上,后尺中丝读数为 $a = 1.782$ m。

(2)计算自动安平水准仪水准尺在前视点上的读数 b,根据图 8-5 可列出式(8-3)。

$$b = H_{BM3} + a - H_A \tag{8-3}$$

将相关数据代入得 $b = (71.346 + 1.782 - 71.600)$ m $= 1.528$ m。

(3)前视靠在木桩一侧的水准尺,上下升降调整至前视读数正好为 $b = 1.528$ m 时,在木桩侧面水准尺底部画一道横线,此线即为 A 点的设计高程 71.600 m。同一路线可使用往返测量高差进行校核,闭合差应不大于 10 mm。

2. 高程传递

当需要开挖较深的基坑或高楼面测设高程时,由于测设点与水准点之间的高差很大,无法直接用水准尺测定点位的高程,此时可采用高程传递的方法,即用钢尺配合自动安平水准仪将高程传递至低处或高处临时设置的水准点上,然后根据临时水准点测设所需的点位高程。

如图 8-6 所示,已知水准点 BMR 的高程是 $H_{BMR}=95.267$ m,需要测设低处 B 点,使其高程为 $H_设=87.600$ m。具体步骤如下。

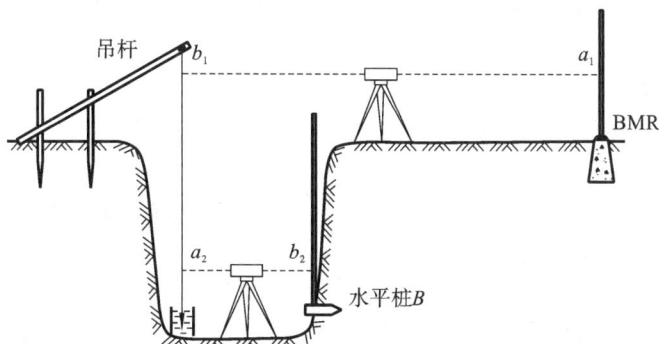

图 8-6 已知高程测设的高程传递

(1)悬挂钢尺:基坑边架设吊杆,悬挂零点向下的钢尺,下端挂 10 kg 重锤并浸入油桶以稳定钢尺。

(2)地面水准仪读数:地面水准仪后视 BMR 点,读取水准尺读数 $a_1=1.642$ m(对应高程基准),同时读取钢尺读数 $b_1=9.216$ m(钢尺至地面的距离)。

(3)坑底水准仪读数:坑底水准仪读取钢尺读数 $a_2=0.648$ m(钢尺至坑底的距离)。

(4)计算 B 点水准尺读数:若 B 点水准尺底高程为 $H_设$,则前视读数 $b_应$ 的计算见式(8-4)。

$$b_应 =(H_{BMR}+a_1)-(b_1-a_2)-H_设 \tag{8-4}$$

由该式算得 $b_应=[(95.267+1.642)-(9.216-0.648)-87.600]$ m$=0.741$ m。上下移动低处 B 的水准尺到恰好读数 $b_2=0.741$ m 时,沿尺底画横线即为设计高程。从低处向高处测设高程时的方法与此类似。

8.1.4 直线测设

直线测设就是按照设计要求,在实地定出直线上一系列点的工作,所以又称为定线。施工过程中,经常会碰到在两点间测设直线或者将已知直线延长的情况,由于现场条件不同,所采取的测设方法也要根据实际情况灵活应用。

1. 两点间测设直线

测设直线是通过已知两点在地面或工程现场标定一条直线的过程,其核心原理为"两点确定一条直线"。具体步骤与技术要求如下。

1)仪器安置与基准点定位

如图 8-7 所示,在已知点 A、B 处设置标志桩(如木桩或钢钉),确保点位稳固且坐标准确。使用经纬仪或全站仪对中整平于起点 A,瞄准目标点 B,固定水平制动螺旋。

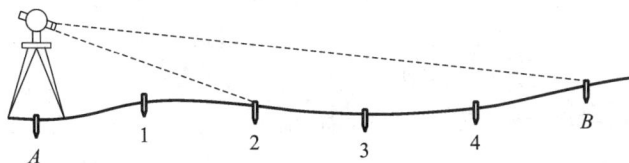

图 8-7 经纬仪测设直线

2）直线标定

沿仪器视准轴方向，用钢尺量距并每隔一定间距（如 10 m）打入 1、2、3、4 临时木桩，标记直线方向。通过多次测量，用仪器指挥测钎左右移动微调，直到恰好与望远镜竖丝重合时，调整桩位定点，确保所有中间点与 A、B 两点严格共线，并将误差控制在允许范围内。

3）碎部点加密

在地形复杂区域（如起伏坡面），沿直线方向加密特征点（如坡度变化点、地性线转折点），确保直线延伸的连续性。

通常只需要测设一次盘左（或盘右）即可，如果测设的直线点较低或较高时（在深坑下或坡上），应使用盘左盘右各测设一次，取平均值定点。

2. 延长已知直线

延长已知直线是工程测量中常见的操作，需通过几何原理结合仪器工具实现。

1）顺延法

在已知直线端点 A 架设经纬仪或全站仪，对中整平后照准直线另一端点 B，固定水平制动螺旋。沿视线方向用钢尺量取需要延长的距离（如 C 点），打入木桩标记。通过往返测量验证新点 C 的共线性，误差应满足横向偏移不大于 5 mm。顺延法延长直线如图 8-8 所示。

图 8-8 顺延法延长直线

此方法适用于地形平坦且通视条件良好的区域，如道路中线延长。为了控制测设精度，延长的直线部分一般不超过已知直线的长度，若延长部分超过已知直线，应使用盘左盘右各测设一次。

2）倒延法

当 A 点无法架设仪器或 AC 距离较远时，会导致测设 C 点精度降低，此时可以使用倒延法测设直线。如图 8-9 所示，在已知直线端点 B 架设仪器，盘左照准后视点 A 并水平旋转 180°倒转望远镜，沿反方向延长直线至目标点 C'；盘右重复上述操作定出目标点 C''，取 C' 和 C'' 的中点 C 作为直线测设的最终定点。

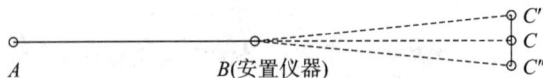

图 8-9 倒延法延长直线

3）平行线法

当延长直线的部分不能与已知直线通视时，可使用平行线法绕过障碍物确定延长部分。如图 8-10 所示，AB 为已知直线，分别在 A、B 两点架设经纬仪或全站仪并后视照准，水平旋转 90°至直线右侧定出合适垂距 d，定出 A'、B'，再将仪器架设到 A'、B' 两点，使用顺延法或倒延法测设 $A'B'$ 的延长线，得 C'、D' 两点，接着分别以 $C'D'$ 作为新的已知直线，根据距离 d 垂直定出 C、D 两点，即可得到 AB 延长线 CD。

8.1.5 坡度线测设

坡度线测设是将设计坡度的变坡点标定于实地的测量工作，需要结合高程与水平距离

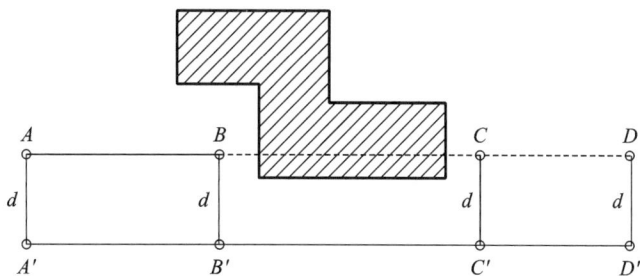

图 8-10 平行线法延长直线

进行控制,确保坡度方向与设计一致。根据坡度大小和场地条件的不同,坡度线测设的方法有水平视线法和倾斜视线法。

1. 水平视线法

水平视线法是利用水准仪的水平视线标定坡度线上各点设计高程的方法,适用于坡度较小($|i|\leqslant5\%$)的工程场景,如道路、管线的施工测量。

如图 8-11 所示,A、B 为设计坡度线的两个端点,A 点设计高程为 $H_A=56.487$ m,坡度线长度 $D=90$ m,设计坡度 $i=-1.5\%$,要求在 AB 方向上每隔 20 m 间距打一个木桩,并在木桩上标记高程,再将每个高程标记与相邻高程标记连线形成设计坡度线。设附近有已知水准点 BM_1,$H_{BM1}=56.128$ m,测设的实施步骤如下。

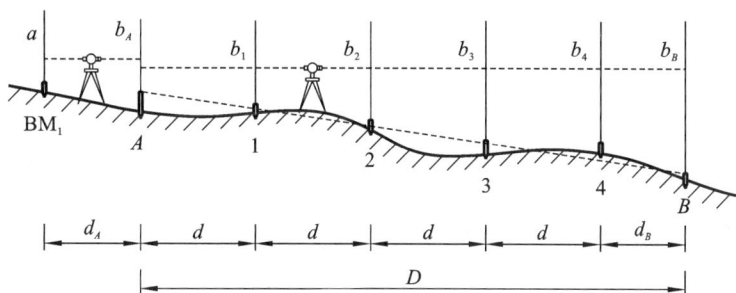

图 8-11 水平视线法测设坡度线

(1)沿 AB 方向按 $d=20$ m 间距标定出 1、2、3、4 号木桩。

(2)计算各桩的设计高程。

第 1 点的设计高程:$H_1=H_A+i\times d=[56.487+(-1.5\%)\times20]$ m$=56.187$ m。

第 2 点的设计高程:$H_2=H_1+i\times d=55.887$ m。

第 3 点的设计高程:$H_3=H_2+i\times d=55.587$ m。

第 4 点的设计高程:$H_4=H_3+i\times d=55.287$ m。

B 点设计高程(逐桩):$H_B=H_4+i\times d_B=[55.287+(-1.5\%)\times(90-80)]$ m$=55.137$ m。

B 点设计高程(整坡):$H_B=H_A+i\times D=[56.487+(-1.5\%)\times90]$ m$=55.137$ m。

此式可以检核逐桩计算的 B 点设计高程是否正确,而两式计算结果一致,说明高程计算正确。坡度 i 有正负之分,计算设计高程时,坡度应当同符号运算。

(3)在已知水准点 BM_1 与 A 木桩之间安置水准仪,读出后视读数 $a=0.866$ m,则此时的仪器视线高度 $H_{视}$:

$$H_视=H_{BM1}+a=(56.128+0.866)\ \text{m}=56.994\ \text{m}$$

那么,在 A 木桩应该测设的水准尺前视读数 b_A:

$$b_A=H_视-H_A=(56.994-56.487)\ \text{m}=0.507\ \text{m}$$

同理,其余点木桩应测设的前视读数为 $b_1=0.807$ m,$b_2=1.107$ m,$b_3=1.407$ m,$b_4=1.707$ m,$b_B=1.857$ m。

(4)将水准尺分别靠在木桩的侧面,上下移动水准尺,直到尺身读数为 b 时,沿尺底部画一条横线,该线即在 AB 坡度线上。

2. 倾斜视线法

当坡度较大时,坡度线两端高差过大,不便使用水平视线法测设坡度线,此时可用倾斜视线法。倾斜视线法的核心是通过调整仪器视线与设计坡度线平行,利用固定仪器高 l 作为基准值,直接标定各桩点的高程。此方法适用于坡度较大或距离较长的场景,相较于水平视线法更高效。

如图 8-12 所示,A、B 为设计坡度线的两个端点,A 点设计高程为 $H_A=122.600$ m,坡度线水平距离 $D=110$ m,设计坡度为 $i=-10\%$。倾斜视线法测设坡度线的步骤如下。

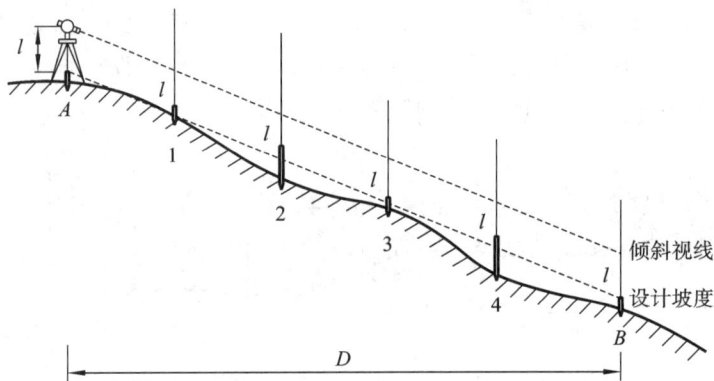

图 8-12　倾斜视线法测设坡度线

(1)根据设计数据 A 点的设计高程、坡度 i 和坡度线水平距离 D,计算山 B 点的设计高程,即:

$$H_B=H_A+i\times D=[122.600+(-10\%)\times110]\ \text{m}=111.600\ \text{m}$$

(2)按照前述测设已知高程的方法,从已知高程测设出 A、B 两点并用木桩标记。

(3)在 A 点安置水准仪,应使仪器的一个脚螺旋在 AB 方向上,另外两个脚螺旋的连线与 AB 连线垂直,量取仪器高 l(设 $l=1.553$ m),通过旋转 AB 垂线上的两个脚螺旋,实现视线上下移动,在望远镜中瞄准 B 点使得十字丝横丝读数恰好等于仪器高 l(1.553 m)处,并使 1、2、3、4 点各个木桩上立尺读数皆为 l,此时仪器视线即为测设的坡度线。如设计坡度较大时,可利用经纬仪或全站仪定出中间各点。

任务8.2　点的平面位置测设

点的平面位置测设是工程测量中的核心任务,旨在通过已知控制点将设计图纸上的设计点位(x,y)精确标定至实地,以满足建筑物定位、施工放样等的需求。其核心目标是通过合理选择测设方法,确保点位精度与施工要求相符,同时兼顾效率与地形适应性。点的平面位置测设需要结合前述水平距离测设和水平角测设等内容,主要分为直角坐标法、极坐标法、角度交会法、距离交会法等。

8.2.1　直角坐标法

当施工场地布设有建筑方格网或彼此垂直的轴线时,可以根据已知两条相互垂直的方向线来进行测设。直角坐标法适用于规则场地布局的场景,该方法计算简单、操作方便,其局限性在于依赖正交控制网,地形复杂或通视条件差时效率较低。

如图 8-13 所示,施工场地布设有 100×100 的建筑方格网,已知某建筑的待测点(角点 a、b、c、d)与控制点(如方格网点 Ⅰ、Ⅱ、Ⅲ、Ⅳ)的坐标差(Δx、Δy),控制点 Ⅰ 的坐标为 (600.00 m,500.00 m),待测点 a 的坐标为(620.00 m,530.00 m),则 $\Delta x = 20.00$ m,$\Delta y = 30.00$ m。

1. 基线定向

在控制点 Ⅰ 安置经纬仪或全站仪,瞄准基线终点 Ⅳ,沿视线方向测设 Δy(如 30.00 m),定出中间点 m,继续测设至点 n。

2. 正交放样

在 m 点安置经纬仪,瞄准 Ⅳ 点后逆时针旋转 $90°$,沿视线方向测设 Δx(如 20.00 m),标定待测点 a,重复操作确定其他角点 b、c、d。

3. 精度校验

检查建筑物四角是否为 $90°$,各边长是否符合设计长度,误差需要在限差内。

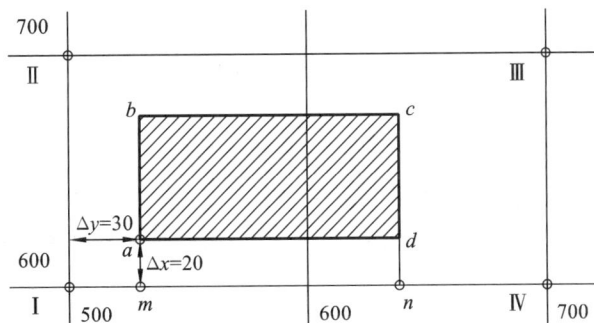

图 8-13　直角坐标法测设点位

8.2.2　极坐标法

极坐标法是根据水平角和水平距离测设地面点平面位置的方法,通常适用于以下场景:通视条件良好的场地、复杂形状建筑物(如曲线形、不规则布局)的中短距离测设、测设点附近有控制点且需要快速定位的场地。

如图 8-14 所示,根据控制点 $A(x_A、y_A)$、$B(x_B、y_B)$ 坐标与待测点 $P(x_P、y_P)$ 坐标计算 A、P 两点之间的水平距离 D_{AP},见式(8-5)。

$$D_{AP} = \sqrt{\Delta x_{AP}^2 + \Delta y_{AP}^2} \tag{8-5}$$

再计算 AB 的坐标方位角和 AP 的坐标方位角,见式(8-6)。

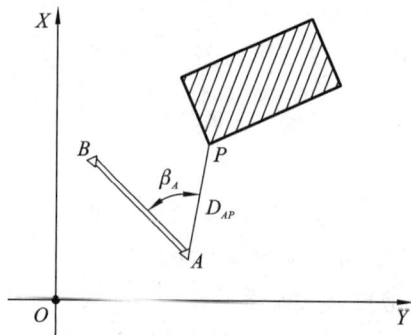

图 8-14 极坐标法测设点位

$$\begin{cases} \alpha_{AB} = \arctan \dfrac{\Delta y_B - \Delta y_A}{\Delta x_B - \Delta x_A} \\[3mm] \alpha_{AP} = \arctan \dfrac{\Delta y_P - \Delta y_A}{\Delta x_P - \Delta x_A} \end{cases} \tag{8-6}$$

计算水平角时注意是右方向—左方向,则 $\angle PAB$ 的计算见式(8-7)。

$$\beta_A = \alpha_{AP} - \alpha_{AB} \tag{8-7}$$

准备好数据后,进行现场测设。具体步骤如下。

(1)仪器架设:在 A 点安置经纬仪,整平居中。

(2)角度放样:旋转照准部至水平角 β_A,锁定方向线 AP。

(3)距离放样:沿 AP 方向测设距离 D_{AP},指挥棱镜移动至目标位置,通过仪器数据实时修正偏差。

(4)精度复核:检查待测点与相邻控制点的边角值是否与设计值一致(如边长误差不大于 1/3000)。

极坐标法的特点是灵活性高,适用于复杂形状建筑物,局限性在于依赖测距工具性能,长距离测设时需要分段控制,否则易累积误差。全站仪可以同时便捷地测角量边,快速输入坐标能自动计算方位角和边长,因此使用全站仪进行极坐标放样效率极高。

8.2.3 角度交会法

角度交会法是采用两个以上测站,分别测设角度定出方向线,方向线再交会出点的平面位置的方法。角度交会法适用于长距离或地形复杂区域,如跨越水域、高差大或障碍物多的场地,无法直接量距时优先采用;通视条件受限,需要通过两个或多个已知控制点交会定位的场景(如隧道工程、桥梁定位);高精度要求,适用于需要避免累积误差的远距离测设(如水坝轴线控制点定位)。

如图 8-15(a)所示,A、B、C 为已知控制点,P 为待测设点,角度交会法的测设步骤具体如下。

1. 数据准备

根据 $A(x_A, y_A)$、$B(x_B, y_B)$ 两点和 $P(x_P, y_P)$ 点坐标进行计算,可得到坐标方位角 α_{AB}、α_{AP}、α_{BP},测设水平交会角 $\beta_A(\angle PAB)$ 和 $\beta_B(\angle PBA)$,交会角计算时要注意象限修正,见式(8-8)。

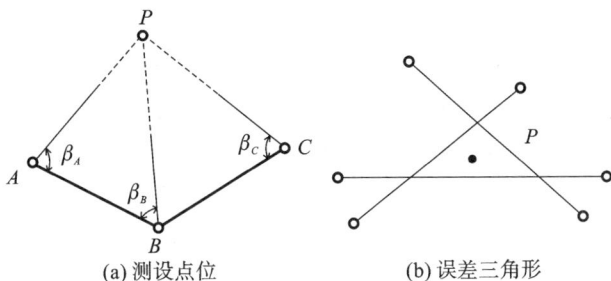

(a) 测设点位　　　　(b) 误差三角形

图 8-15　角度交会法

$$\begin{cases} \beta_A = \alpha_{AB} - \alpha_{AP} \\ \beta_B = \alpha_{BP} - \alpha_{BA} \end{cases} \tag{8-8}$$

2. 现场测设 P 点

在控制点 A 安置全站仪，对中整平后瞄准后视点 B，设置水平度盘为 $0°$，旋转照准部至角度 β_A，标定方向线 AP；在控制点 B 安置另一台仪器，瞄准后视点 A，旋转至角度 β_B，标定方向线 BP；现场立一根测钎，由两台仪器同时观测指挥，前后左右移动，直至两台仪器竖丝同时照准看见测钎，此时测钎所在的两条方向线的交点位置就是 P 点。

3. 测设检核

为了检核和提高测设精度，根据 B、C 两点和待测设点 P 的坐标计算交会角 β_C，在现场的第三个已知控制点安置仪器，瞄准 B 点，顺时针测设交会角 β_C，标定第三条方向线 CP。三条方向线交会处存在误差，形成误差三角形，如图 8-15(b)所示。如果三角形最大边长不超过 3 cm，则取该三角形的重心标定点位，作为待测设点 P 的最终位置。

8.2.4　距离交会法

距离交会法是通过测量两个已知控制点到待测点水平距离来确定其平面位置的方法。距离交会法以两个控制点为中心，分别以待测点与两控制点的距离为半径画圆弧，两圆弧交点即为目标点。该方法适用于待测点与两控制点距离较短（通常不超过钢尺单次量距长度）、地形平坦、无障碍物影响测距的场地。

如图 8-16 所示，P 点为待测点，其设计坐标已知，周围有 A、B 两个控制点且坐标已知，测设方法如下。

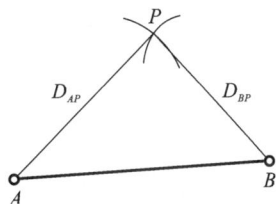

图 8-16　距离交会法测设点位

1. 数据准备

根据已知坐标计算待测点 P 点到 A、B 两控制点的水平距离 D_{AP}、D_{BP}，见式(8-9)和式(8-10)。

$$D_{AP} = \sqrt{\Delta x_{AP}^2 + \Delta y_{AP}^2} \tag{8-9}$$

$$D_{BP} = \sqrt{\Delta x_{BP}^2 + \Delta y_{BP}^2} \tag{8-10}$$

2. 现场测设

以 A 点为圆心、AP 为半径（D_{AP}）画圆弧；以 B 点为圆心、BP 为半径（D_{BP}）画另一圆弧。两圆弧的交点即为待测点 P 的位置，同时，需通过方向判断消除多解。

【复习思考】

1. 测设（施工放样）的定义是什么？其核心工作包括哪些内容？

2. 水平距离测设中，钢尺测设的一般方法与精密方法有何区别？分别适用于什么场景？

3. 简述水平角测设的一般方法步骤，并说明盘左、盘右操作的作用。

4. 高程测设时，如何利用水准仪标定设计高程？写出计算前视读数的公式。

5. 直线测设的"倒延法"适用于什么场景？其操作步骤是什么？

6. 坡度线测设中，水平视线法与倾斜视线法的主要区别是什么？

7. 极坐标法测设点位时，如何计算待测点的水平角和水平距离？

8. 已知设计距离 $D=48.500$ m，钢尺实际长度 $L=30.005$ m（标称 30 m），现场温度 $t=35\ ℃$（膨胀系数 $\alpha=1.25\times10^{-5}$），高差 $h=1.2$ m。计算尺长改正、温度改正、高差改正及实际测设长度 L'。

9. 水准点 BM_1 高程 $H_1=85.326$ m，后视读数 $a=1.453$ m，待测点 P 设计高程 $H=86.100$ m。求前视应读读数 b。

10. A 点高程 $H_A=102.500$ m，坡度 $i=+2.5\%$，水平距离 $D=80$ m。求 B 点设计高程，并计算每隔 20 m 的逐桩高程。

11. A、B 为控制点，其坐标 $x_A=485.389$ m，$y_A=620.832$ m，$x_B=512.815$ m，$y_B=682.320$ m。P 点为待测点，其设计坐标为 $x_P=504.485$ m，$y_P=653.256$ m，计算以 A 点为测站采用极坐标法测设所需的数据，并说明用经纬仪和钢尺的测设步骤。

12. 论述测设精度对工程施工质量的影响，结合水平距离测设案例说明如何控制误差。

13. 说明直角坐标法、极坐标法、角度交会法的优缺点及适用场景，并举例说明。

项目 9　建筑施工测量

【学习目标】

1. 知识目标

（1）掌握民用建筑物定位原理。

（2）掌握多高层民用建筑基础及主体施工测量方法。

（3）掌握工业建筑控制网及柱列轴线测设、基础测设、柱的测设、吊车梁的测设、屋架的测设等施工测量内容与方法。

（4）具备进行建筑施工测量的工作能力。

2. 技能目标

（1）掌握建筑物的定位和放线的方法。

（2）掌握基槽与基坑抄平方法。

（3）掌握垫层中线测设方法。

（4）掌握建筑施工场地墙体轴线测设方法和墙体高程传递方法。

（5）掌握高层建筑物轴线控制的外控法和内控法。

（6）了解激光铅垂仪的使用。

（7）掌握厂房矩形控制网的布设过程。

（8）掌握柱列轴线测设方法。

3. 思政目标

（1）培养严谨的科学态度和求真务实的工作作风，注重数据的准确性和可靠性。

（2）培养团队协作精神和沟通能力，能够在团队中发挥自己的优势并与其他成员有效协作。

（3）增强创新意识和实践能力，在测量工作中培养职业素养和职业道德，遵守行业规范和法律法规，保护知识产权和测量成果。

【项目导入】

本项目主要介绍民用建筑和工业建筑施工测量，包括民用建筑定位放线、基础施工测量、多高层建筑主体施工测量放线。通过本项目内容的学习，学生能掌握民用建筑施工测量的主要工作内容及方法；掌握建筑细部施工测量方法；掌握工业建筑施工测量的主要工作内容和方法。

任务 9.1　施工测量概述

9.1.1　施工测量的主要内容

在施工阶段进行的测量工作称为施工测量。施工测量贯穿于整个施工过程,从场地平整、建筑物定位、基础施工,到建筑物构件安装等工序,都需要进行施工测量,才能使建(构)筑物各部分的尺寸、位置符合设计要求。施工测量的主要内容包括施工控制网的建立,建(构)筑物的详细测设、检查、验收、变形观测等工作。

9.1.2　施工测量的特点和要求

施工测量是直接为工程施工服务的,其工作直接影响工程质量及施工进度,它必须与施工组织计划相协调。施工测量的精度与建(构)筑物的大小、材料、用途和施工方法等因素有关。一般情况下的测设精度,大型建(构)筑物高于中、小型建(构)筑物,高层建筑物高于低层建筑物,钢结构厂房高于钢筋混凝土结构厂房,装配式建筑物高于非装配式建筑物,工业建筑物高于民用建筑物。施工精度不够将造成质量事故,精度要求过高则导致人力、物力及时间的浪费。测量标志从选点到埋设均应考虑方便实用,并要妥善保护和检查,如有破坏,应及时恢复。

施工测量前应做好一系列准备工作,认真核算图纸上的尺寸与数据;检校好仪器和工具;制订合理的测设方案。在测设过程中,应采取安全措施,防止发生事故。

9.1.3　施工测量的原则

为了保证各个建(构)筑物的平面位置和高程都符合设计要求,施工测量也应遵循"从整体到局部,先控制后碎部"的原则,即在施工现场先建立统一的平面控制网和高程控制网,然后根据控制点的点位,测设各个建(构)筑物的位置。

任务 9.2　建筑施工场地的控制测量

9.2.1　概述

施工之前,在建筑施工场地应重新建立专门的施工控制网。施工控制网分为平面控制网和高程控制网两种。与测图控制网相比,施工控制网具有控制范围小、控制点密度大、精度要求高及使用频繁等特点。

9.2.2　施工场地的平面控制测量

1. 施工坐标系与测量坐标系的坐标换算

施工坐标系亦称建筑坐标系,其坐标轴与主要建筑物主轴线平行或垂直,以便用直角坐标法进行建筑物的放样。施工控制测量的建筑基线和建筑方格网一般采用施工坐标系,而施工坐标系与测量坐标系往往不一致,因此,施工测量前常常需要进行施工坐标系与测量坐标系的坐标换算。

如图 9-1 所示,设 xOy 为测量坐标系,$x'O'y'$ 为施工坐标系,$x_{O'}$、$y_{O'}$ 为施工坐标系的原点 O' 在测量坐标系中的坐标,α 为施工坐标系的纵轴 $O'x'$ 在测量坐标系中的坐标方位角。设已知 P 点的施工坐标为 (x'_P, y'_P),则可按式(9-1)将其换算为测量坐标 $(x_P、y_P)$。

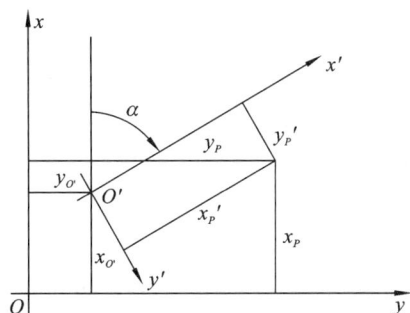

图 9-1　施工坐标系与测量坐标系的换算

$$\begin{cases} x_P = x_{O'} + x'_P \cos\alpha - y'_P \sin\alpha \\ y_P = y_{O'} + x'_P \sin\alpha + y'_P \cos\alpha \end{cases} \tag{9-1}$$

如已知 P 的测量坐标,则可按式(9-2)将其换算为施工坐标 (x'_P, y'_P)。

$$\begin{cases} x'_P = (x_P - x_{O'})\cos\alpha + (y_P - y_{O'})\sin\alpha \\ y'_P = -(x_P - x_{O'})\sin\alpha + (y_P - y_{O'})\cos\alpha \end{cases} \tag{9-2}$$

2. 建筑基线

建筑基线是建筑场地的施工控制基准线,即在建筑场地布置的一条或几条轴线。在面积较小、地势平坦的小型建筑场地通常布设一条或几条建筑基线。建筑基线的布设形式根据建筑物的分布、施工场地地形等因素确定,常用的布设形式有"一"字形、"L"形、"十"字形和"T"形,如图 9-2 所示。

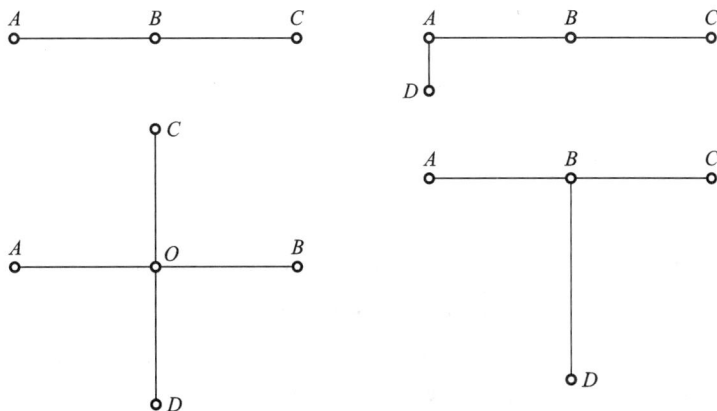

图 9-2　建筑基线的布设形式

建筑基线的布设应尽可能靠近拟建的主要建筑物,并与其主要轴线平行,以便进行建筑物的定位。建筑基线应尽可能与施工场地的建筑红线相联系,基线上的基线点应不少于三个,以便相互检核。基线点应选在通视良好和不易被破坏的地方,为能长期保存,要埋设永久性的混凝土桩。

建筑基线可根据附近已有控制点测设,在新建筑工程中,可以利用建筑基线的设计坐标和附近已有控制点的坐标,用极坐标法测设建筑基线。如图 9-3 所示,A、B 为附近已有控制点,1、2、3 为选定的建筑基线点。测设方法如下。

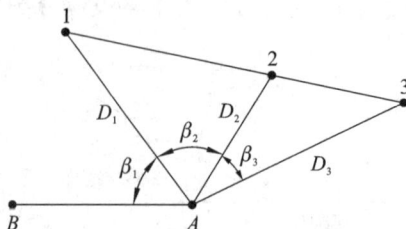

图 9-3　根据控制点测设建筑基线

根据已知控制点和建筑基线点的坐标,计算出测设数据 β_1、D_1、β_2、D_2、β_3、D_3。然后,用极坐标法测设 1、2、3 点。

由于存在测量误差,因此需要精确测出已测设直线的折角 β' 和距离 D',并与设计值相比较。如图 9-4 所示,如果 $|\Delta\beta|$ 大于 $20''$,则应对 $1'$、$2'$、$3'$ 点在与基线垂直的方向上进行等量调整,调整量按式(9-3)计算。

$$\delta = \frac{ab}{a+b} \times \frac{\Delta\beta}{2\rho} \tag{9-3}$$

式中:δ——各点的调整值(m);

　　　a、b——分别为 1—2、2—3 的长度(m);

　　　ρ——取 $206265''$;

　　　$\Delta\beta$——测设角与设计角理论值的偏差。

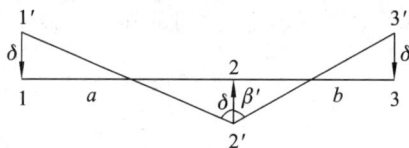

图 9-4　基线点的调整

若测设距离超限,偏差大于 1/10000,则以 2 点为准,按设计长度沿基线方向调整 $1'$、$3'$ 点。

3. 建筑方格网

布设建筑方格网时,应根据总平面图上各建(构)筑物、道路及各种管线的布置,结合现场的地形条件来确定。在平坦地区的大型建设项目中,建筑基线不能完全控制整个建筑场区,通常都是沿着互相平行或互相垂直的方向布置控制网点,构成正方形或矩形格网,这种场区平面控制网称为建筑方格网,如图 9-5 所示。建筑方格网具有使用方便、计算简单、精度较高等优点。建筑方格网的布置与建筑基线一样,按"设计—测设—检测—调整"这四个步骤来进行。其中检测的内容为测量全部的角度和边长,然后根据测量数据进行平差计算得到实际的点位坐标,调整时,按实际坐标与设计坐标的差值进行点位调整。

由于建筑方格网的测设工作量大,测设精度要求高,因此可委托专业测量单位进行。

9.2.3　施工场地的高程控制测量

在建筑场区还应建立施工高程控制网,作为测设建筑物高程的依据。建筑施工场地的

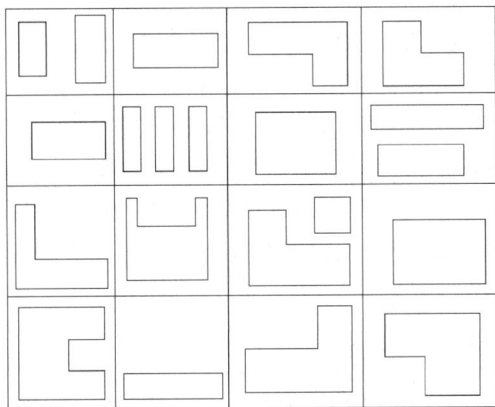

图 9-5　建筑方格网

高程控制测量一般采用水准测量方法,应根据施工场地附近的国家或城市已知水准点,测定施工场地水准点的高程。施工场地水准点的密度,应尽可能满足安置一次仪器即可测设出所需高程的要求。网点的位置可以实地选定并埋设稳固的标志,也可以利用施工平面控制桩兼做高程点。水准点距离建(构)筑物不宜小于 25 m,距离回填土边线不宜小于 15 m。如遇基坑时,距基坑边缘不应小于基坑深度的两倍。为了便于检核和提高测量精度,施工场地高程控制网应布设成闭合或附合路线。高程控制网分为首级网和加密网,相应的水准点称为基本水准点和施工水准点。

为了检查水准点是否因受振动、碰撞和地面沉降等原因而发生高程变化,应在土质坚实和安全的地方布置三个以上的基本水准点,并埋设永久性标志。基本水准点应布设在土质坚实、不受施工影响、无振动和便于实测的地方,并埋设永久性标志。一般情况下,按四等水准测量的方法测定其高程,而对于为连续性生产车间或地下管道测设建立的基本水准点,则需按三等水准测量的方法测定其高程。

施工水准点是用来直接测设建筑物高程的。为了测设方便和减少误差,施工水准点应靠近建筑物。由于设计建筑物常以底层室内地坪高 ±0.000 标高为高程起算面,为了施工引测方便,常在建筑物内部或附近测设 ±0.000 水准点。±0.000 标高一般用红油漆在标志物上绘一个倒立三角形"▼"来表示,三角形的顶边代表 ±0.000 标高的实际位置。

任务 9.3　多层民用建筑施工测量

民用建筑包括居住建筑和公共建筑,如住宅、办公楼、食堂、俱乐部、医院和学校等。民用建筑施工测量的主要任务是按照设计要求,进行建筑物的定位和放线、基础工程施工测量、墙体工程施工测量及高层建筑施工测量等。

9.3.1　施工测量前的准备工作

设计图纸是施工测量的主要依据,在测设前,应熟悉设计图纸和资料,了解施工建筑物与相邻地物的关系。施工测量前的准备工作包括施工图校核、现场踏勘、确定施工测量方案和准备施工测量数据、测量仪器和工具的检验校正等内容。

1.施工图校核

施工图是施工测量的主要依据,相关人员应充分熟悉有关的设计图样,并校核与测量有关的内容。可根据不同施工阶段的需要,校核总平面图、建筑施工图(见图 9-6)、结构施工图、设备施工图等。校核内容应包括坐标与高程系统、建筑轴线关系、几何尺寸、各部位高程等,如校核总平面图采用哪种坐标系统,掌握坐标换算关系,检查坐标格网与放样建筑物所注坐标数字是否相符。核对建筑物各轴线的间距、夹角及几何关系,以轴线图为准,对比基础、非标准层及标准层之间的轴线关系。同时应及时了解和掌握有关工程设计变更文件,以确保测量放样数据准确可靠。

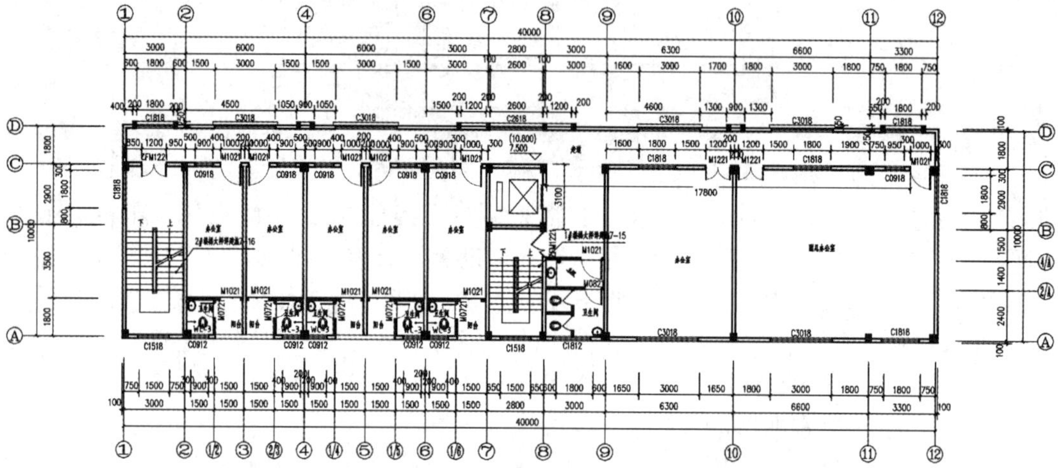

图 9-6　建筑施工图

2.现场踏勘

通过现场踏勘可以了解施工现场的地物、地貌及现有测量控制点的分布情况。平面控制点或建筑红线桩点是建筑物定位的依据点。由于建筑施工时间较长,施工工地各类建筑材料堆放较多,容易造成对建筑物定位依据点的破坏,给施工带来不必要的损失,所以施工测量人员应认真做好定位依据点资料成果与点位(桩位)交接工作,并做好保护工作。

3.确定施工测量方案和准备施工测量数据

在校核施工图样、掌握施工计划和施工进度的基础上,结合现场条件和实际情况,编制施工测量方案。方案包括技术依据、测量方法、测量步骤、采用的仪器工具、技术要求、时间安排等。

施工测量准备工作是施工测量能顺利进行的重要保证。在每次现场测量之前,应根据设计图样测量控制点的分布情况,准备好相应的放样数据,同时应对数据进行检核,以减小出错的概率。施工测量放样数据的正确与否直接关系建筑工程质量、造价、工期等,要保证放样数据百分之百正确,因此应由不同人员对施工测量放样数据进行校核。施工测量计算资料应及时整理、装订成册、妥善保管。

4.测量仪器和工具的检验校正

施工测量前,应对测设所使用的仪器和工具进行检核。由于经常使用的全站仪、水准仪等在搬运过程中、人工操作和外界环境的影响下容易产生变化,进而影响测量精度,所以这类测量仪器应在每项施工测量前进行检验校正。

9.3.2　建筑物的定位与放线

1.建筑物的定位

建筑物的定位,就是将建筑物外廓各轴线交点(简称角桩,即图 9-7 中的 F、G、H 和 I 点)测设在地面上,作为基础放样和细部放样的依据。

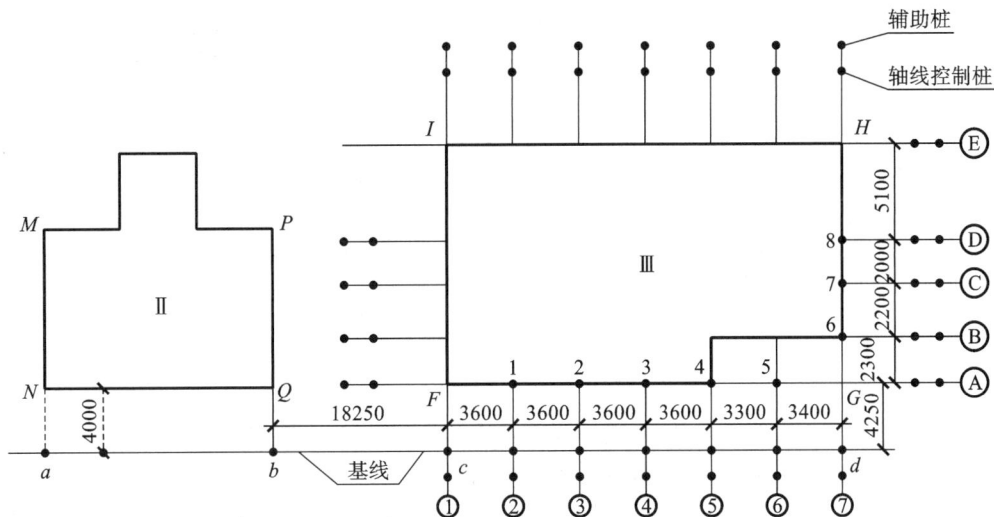

图 9-7　建筑物的定位和放线

由于定位条件不同,定位方法也不同,下面介绍根据已有建筑物测设拟建建筑物的方法。

(1)如图 9-7 所示,用钢尺沿Ⅱ号楼的东、西墙,延长出一小段距离 l(图 9-7 中 $l=4000$ mm)得 a、b 两点,作出标志。

(2)在 a 点安置经纬仪,瞄准 b 点,并从 b 沿 ab 方向量取 18.250 m 定出 c 点,作出标志,再继续沿 ab 方向从 c 点起量取 21.100 m,定出 d 点,作出标志,cd 线就是测设Ⅲ号楼平面位置的建筑基线。

(3)分别在 c、d 两点安置经纬仪,瞄准 a 点,顺时针方向测设 90°,沿此视线方向量取距离 l,定出 F、G 两点,作出标志,再继续定出 H、I 两点,作出标志。F、G、H 和 I 四点即为Ⅲ号楼外廓定位轴线的交点。

(4)检查 H、I 点的距离是否等于 21.100 m,$\angle H$ 和 $\angle I$ 是否等于 90°,其误差应在允许范围内。如施工场地已有建筑方格网或建筑基线时,可直接采用直角坐标法进行定位。

2.建筑物的放线

建筑物的放线是指根据已定位的外墙轴线交点桩(角桩),详细测设出建筑物各轴线的交点桩(或称中心桩),然后,根据交点桩用白灰撒出基槽开挖边界线。放线方法如下。

1)在外墙轴线周边测设中心桩位置

如图 9-7 所示,在 F 点安置经纬仪,瞄准 G 点,用钢尺沿Ⓐ轴方向量出相邻两轴线间的距离,定出 1、2、3、4、5 各点,同理可定出 6、7、8 各点。量距精度应达到设计精度要求。量出各轴线之间距离时,钢尺零点要始终对在同一点上。

2)恢复轴线位置

由于在开挖基槽时,角桩和中心桩要被挖掉,为了便于在施工中恢复各轴线位置,应把各轴线延长到基槽外安全地点,并做好标志,这个工作叫作引测轴线。其方法包括设置龙门板和轴线控制桩两种形式,下面主要讲述龙门板的设置步骤。

设置龙门板是指建筑施工中将各轴线引测到基槽外的水平木板上,固定龙门板的木桩称为龙门桩,如图 9-8 所示。设置龙门板的步骤如下。

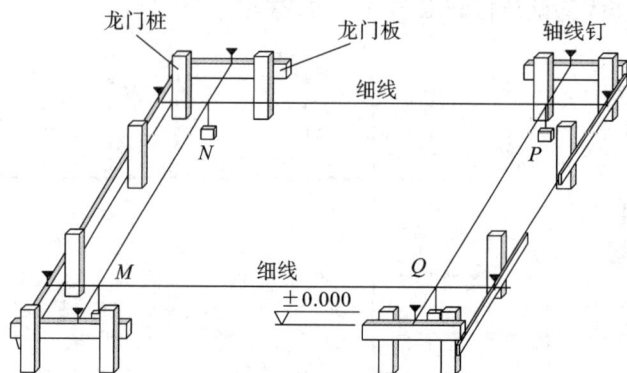

图 9-8 龙门板

(1)在建筑物四角与隔墙两端,基槽开挖边界线以外 1.5～2 m 处,设置龙门桩。龙门桩要钉得竖直、牢固,龙门桩的外侧面应与基槽平行。

(2)根据施工场地附近的水准点,用水准仪在每个龙门桩外侧,测设出该建筑物室内地坪设计高程线(即±0.000 标高线),并作出标志。沿龙门桩±0.000 标高线钉设龙门板,这样龙门板顶面的高程就在±0.000 的水平面上。然后,用水准仪校核龙门板的高程,如有差错应及时纠正,其允许误差为±5 mm。

(3)在 N 点安置经纬仪,瞄准 P 点,沿视线方向在龙门板上定出一点,用小钉作标志,纵转望远镜在 N 点的龙门板上也钉一个小钉。用同样的方法,将各轴线引测到龙门板上,所钉小钉称为轴线钉。轴线钉定位误差应在±5 mm 内。

(4)用钢尺沿龙门板的顶面,检查轴线钉的间距,其误差不超过 1∶3000。检查合格后,以轴线钉为准,将墙边线、基础边线、基础开挖边线等标定在龙门板上。

由于龙门板占用场地较多,在施工中更容易被破坏,因此可设置轴线控制桩。轴线控制桩设置在基槽外、基础轴线的延长线上,作为开槽后各施工阶段恢复轴线的依据。轴线控制桩一般设置在基槽外 4 m 处,并用水泥砂浆加固。如附近有建筑物,亦可把轴线投测到建筑物上,用红漆作出标志,以代替轴线控制桩,使轴线更容易得到保护。

9.3.3 基础工程施工测量

建筑物轴线测设完成后,再根据基础详图的尺寸和标高要求,并考虑防止基槽坍塌而增加的放坡尺寸,在地面上用白石灰撒出开挖边线,即可进行基础施工。

1.基槽抄平

建筑施工中为了控制基槽的开挖深度,要进行高程测设,又称抄平。

1)设置水平桩

为了控制基槽的开挖深度,当快挖到槽底设计标高时,应用水准仪根据地面上±0.000点,在槽壁上测设一些水平小木桩(称为水平桩),如图 9-9 所示,使木桩的上表面离槽底的设计标高为一固定值(如 0.5 m)。

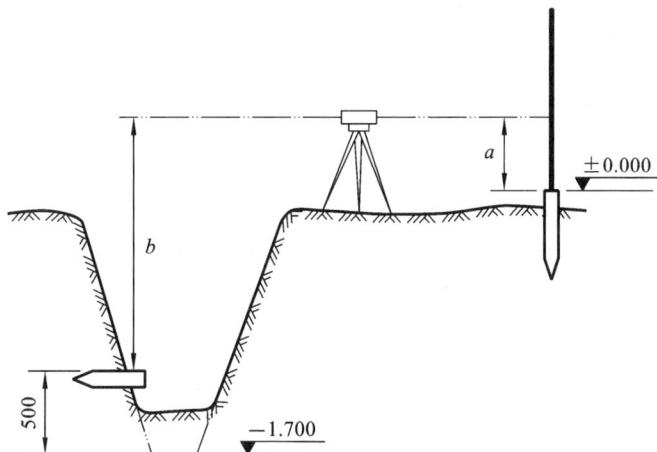

图 9-9 设置水平桩

为了施工时使用方便,一般在槽壁各拐角处、深度变化处和基槽壁上每隔 3～4 m 测设一水平桩。

水平桩可作为挖槽深度、修平槽底和打基础垫层的依据。

2)水平桩的测设方法

如图 9-9 所示,槽底设计标高为－1.700 m,欲测设比槽底设计标高高 0.500 m 的水平桩,测设方法如下。

(1)在地面适当地方安置水准仪,在±0.000 标高线位置上立水准尺,读取后视读数 $a=$ 1.529 m。

(2)此时计算测设水平桩的应读前视读数 $b=a-h=[1.529-(-1.7+0.5)]$ m $=$ 2.729 m。

(3)在槽内一侧立水准尺,并上下移动,当水准仪视线读数为 2.729 m 时,沿水准尺尺底在槽壁打入一小木桩,然后检验该桩的标高,如误差超限则需要进行调整,直至误差在限制范围内。

2. 垫层中线的投测

基础垫层打好后,根据轴线控制桩或龙门板上的轴线钉,用经纬仪或拉线挂垂球的方法,把轴线投测到垫层面上,如图 9-10 所示,误差应在±5 mm 内,并用墨线弹出墙中心线和基础边线,作为砌筑基础的依据。

由于整个墙身砌筑均以此线为准,这是确定建筑物位置的关键环节,所以要严格校核后方可进行砌筑施工。

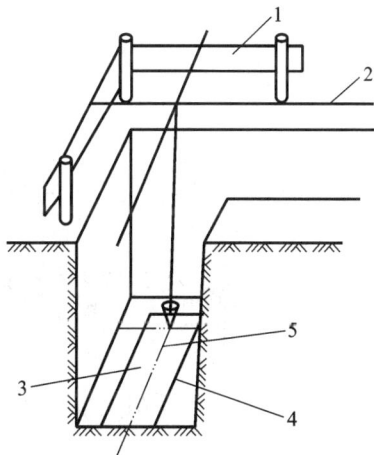

图 9-10 垫层中线的投测

1—龙门板;2—细线;3—垫层;
4—基础边线;5—墙中线

3. 基础标高的控制

房屋基础墙的高度是用基础皮数杆来控制的。立皮数杆时,先在立杆处打一木桩,用水准仪在木桩侧面定出一条高于垫层某一数值的水平线,如 100 mm,然后将皮数杆上标高相同的一条线与木桩上的水平线对齐,并用大铁钉把皮数杆与木桩钉在一起,作为基础墙的标高依据。基础施工结束后,应检查基础面的标高是否符合设计要求,可利用水准仪将基础面上测出的若干点高程与设计高程进行比较,其允许误差为±10 mm。

9.3.4 墙体施工测量

1. 墙体轴线定位

基础工程结束后,利用轴线控制桩或龙门板上的轴线和墙边线标志,用经纬仪或拉细绳

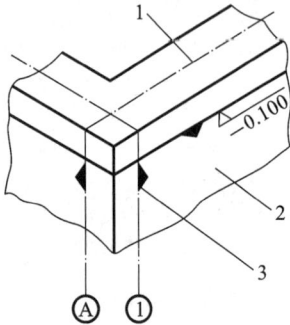

图 9-11 墙体轴线定位

1—墙中心线;2—外墙基础;3—轴线

挂垂球的方法将轴线投测到基础面上或防潮层上。用墨线弹出墙中线和墙边线,检查外墙轴线交角是否等于90°。延伸墙轴线,并画在外墙基础上,如图9-11所示,作为向上投测轴线的依据。墙体砌筑前,根据墙体轴线和墙体厚度,弹出墙体边线,以此进行墙体砌筑。

2. 墙柱标高测设

墙体砌筑时,其标高用墙身皮数杆控制。墙身皮数杆一般立在建筑物的拐角和内墙处,并固定在木桩或基础墙上,如图9-12所示。皮数杆上根据设计尺寸,按砖和灰缝厚度画线,并标明门、窗、过梁、楼板等的标高位置。杆上标高注记从±0.000向上增加。在墙身砌起1 m以后,就在室内墙身上定出+0.500 m的标高线,即50线,用于该层地面施工和室内装修。

第二层以上墙体施工中,为了使皮数杆在同一水平面上,要用水准仪测出楼板四角的标高,取平均值作为地坪标高,并以此作为立皮数杆的标志。

当精度要求较高时,可用钢尺沿墙身自±0.000起向上直接量测至楼板外侧,确定立杆标志。

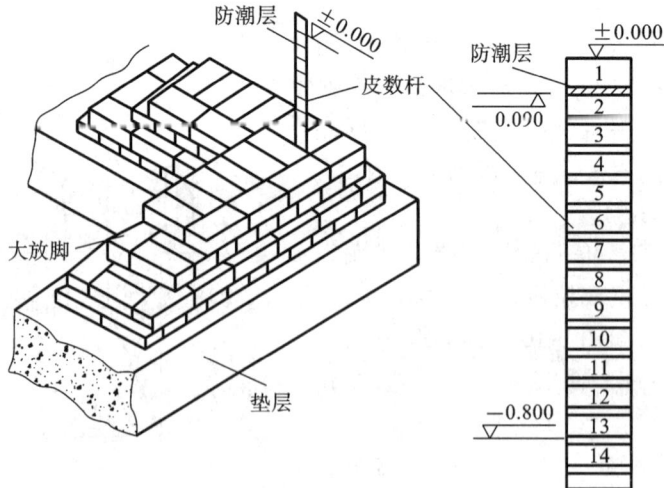

图 9-12 墙体皮数杆的设置

9.3.5 建筑物的轴线投测

每层楼面建好后,继续往上施工墙体和柱子时,建筑物轴线位置应确保正确,此时可将基础或首层墙面上的轴线竖向投测到楼面上,并在楼面上重新弹出墙柱的轴线。在这个测

量工作中,从下往上进行轴线投测是关键,一般多层建筑常用吊垂线投测轴线。

吊垂线投测轴线是将较重的垂球悬挂在楼面的边缘,慢慢移动,使垂球线或垂球尖对准底层的轴线端头标志,线在楼板或柱顶边缘的位置即为楼层轴线端点位置,并画出标志线。此时,便在楼面上得到轴线的一个端点,采用相同的方法投测另一个端点,两个端点的连线即为墙体轴线。各轴线的端点投测完后,用钢尺检核各轴线的间距,符合要求后,继续施工,并把轴线逐层自下向上传递。

吊垂球法简便易行,不受施工场地限制,一般能保证施工质量。

9.3.6　建筑物的标高竖向传递

在多层建筑施工中,要由下层向上层传递高程,以便控制新楼层的施工,使楼板、门窗口等的标高符合设计要求。标高竖向传递一般可采用以下两种方法。

1. 用墙体皮数杆传递高程

当一般建筑物的一层楼墙体砌完并施工好楼面后,此时,可把皮数杆移到二层继续使用。为了使皮数杆立在同一水平面上,用水准仪测定楼面四角的标高,取平均值作为二楼的地面标高,并在立杆处绘出标高线,立杆时将皮数杆的±0.000 线与该线对齐,以皮数杆为标高依据进行墙体砌筑。重复此步骤可逐层往上传递高程。

2. 利用钢尺直接量测传递标高

对于二层以上的各层,每砌高一层,用钢尺从底层的+500 mm 水平标高线起往上直接量测,把标高传递到第二层,然后根据传递上来的高程测设第二层的地面标高线,以此为依据立皮数杆。在墙体砌到一定高度后,用水准仪测设该层的+500 mm 水平标高线,再往上一层的标高可以此为准用钢尺传递,以此类推,逐层传递标高。

任务 9.4　高层建筑施工测量

在高层建筑物施工过程中,随着高度的增加,施工中对竖向偏差的控制要求就越高,轴线竖向投测的精度和方法必须与其适应,以保证工程质量。

高层建筑物施工测量中的主要问题是垂直度的控制,就是要将建筑物的基础轴线准确地向高层引测,并保证各层相应轴线位于同一竖直面内,控制竖向偏差,使轴线向上投测的偏差值不超限。

有关规范对于不同高度高层建筑施工的竖向精度有不同的要求,为了保证总的竖向施工误差不超限,要求层间垂直度测量竖向误差在本层内不超过 5 mm,全楼累计误差值不应超过 $2H/10000$(H 为建筑物总高度),且在建筑物高度大于 30 m 且小于等于 60 m 时,允许偏差不应大于 10 mm;建筑物高度大于 60 m 且小于等于 90 m 时,允许偏差不应大于 15 mm;建筑物高度大于 90 m 时,允许偏差不应大于 20 mm。

高层建筑物轴线的竖向投测,主要有外控法和内控法两种。

9.4.1　外控法(经纬仪法)

经纬仪法根据建筑物轴线控制桩来进行轴线的竖向投测,以此来控制建筑物的垂直度,因此也称为外控法。使用经纬仪进行建筑物底部中心轴线位置的投测,需要将经纬仪分别安置在轴线控制桩 A_1、A_1'、B_1 和 B_1' 上,严格对中整平,把建筑物主轴线精确地投测到建筑物的底部,并设立标志,如图 9-13 中的 a_1、a_1'、b_1 和 b_1',以供下一步施工与向上投测之用。

向上投测中心线需要将经纬仪安置在中心轴线控制桩 A_1、A_1'、B_1 和 B_1' 上,严格整平仪器,用望远镜瞄准建筑物底部已标出的轴线 a_1、a_1'、b_1 和 b_1' 点,用盘左和盘右分别向上投测到每层楼板上,并取其中点作为该层中心轴线的投影点,如图 9-13 中的 a_2、a_2'、b_2 和 b_2'。

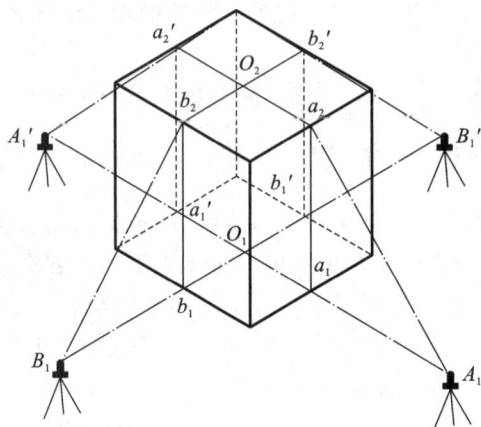

图 9-13　经纬仪投测中心轴线

当楼层建得较高时,经纬仪投测时的仰角较大,操作不方便,误差也较大,此时需增设轴线引桩,将轴线控制桩用经纬仪引测到远处大于建筑物高度的稳固地方,然后继续往上投测。如果周围场地有限,也可引测到附近建筑物的屋面上。

如图 9-14 所示,将经纬仪安置在已经投测上去的较高层(如第 10 层)楼面轴线 $a_{10}a_{10}'$ 上,瞄准地面上原有的轴线控制桩 A_1 和 A_1' 点,将轴线延长到远处 A_2 和 A_2' 点,并用标志固定其位置,A_2、A_2' 即为新投测的 A_1A_1' 轴控制桩。注意上述投测工作均应采用盘左盘右取中法进行,以减小投测误差。投测完成后应进行监督和距离检核,检核合格无误后,可按上述方法继续进行投测。

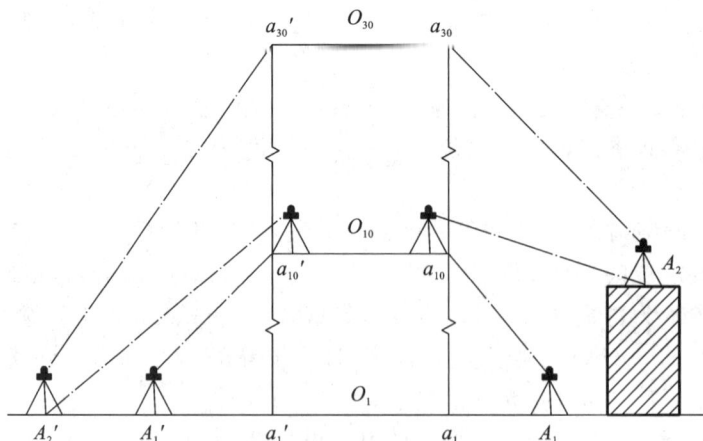

图 9-14　经纬仪引桩投测

9.4.2　内控法

内控法是在建筑物内首层地面上设置固定标志,同时在各层楼板相应位置上预留 200 mm×200 mm 的传递孔,在轴线控制点上直接采用吊线坠法或铅直仪法的一种测量方法。

通过预留孔将其点位垂直投测到任一楼层,当因施工场地限制,无法在建筑物以外的轴线上安置经纬仪时,可采用此法进行竖向投测。

在基础施工完毕后,在±0.000 首层平面适当位置设置与轴线平行的辅助轴线。辅助轴线距轴线 500～800 mm 为宜,并在辅助轴线交点或端点处埋设标志。内控法轴线控制点的设置如图 9-15 所示。

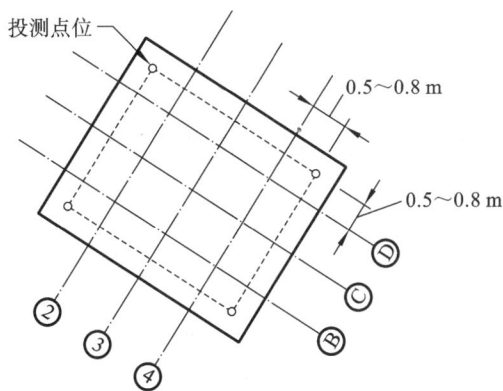

图 9-15 内控法轴线控制点的设置

1. 吊线坠法

该法一般用于高层建筑施工中,与一般的吊垂线法原理一样,但线坠的质量更大,通常垂球的重量为 10～20 kg,吊线的强度更高,通常是直径为 0.5～0.8 mm 的钢丝。此外,为了减少风力的影响,应将吊垂线的位置放在建筑物内部,因此也称为内控法。事先在首层地面上埋设轴线点的固定标志,将控制轴线引测至建筑物内。

如图 9-16 所示,向上各层在相应位置留出预留洞(200 mm×200 mm),供吊垂线通过。投测时,在施工层楼面上的预留孔上安置挂有吊线坠的十字架,慢慢移动十字架对准首层固定标志,当吊垂尖静止对准地面固定标志时,十字架的中心就是应投测的点,并在预留孔四周做上标志,作为以后恢复轴线及放样的依据。标志连线交点,即为从首层投上来的轴线点。吊线坠法既经济简单,又直观准确。控制轴线投测至施工层后,应用钢尺检查边长,用经纬仪检查角度,精度合格后才能用于细部轴线和施工线的测设。

2. 铅直仪法

铅直仪法也属于内控法,是利用能提供铅直向上视线的专用测量仪器进行竖向投测的一种测量方法,常用的仪器有激光铅垂仪和激光经纬仪等。南方测绘 ML401S 激光铅垂仪如图 9-17 所示。

用激光铅垂仪进行高层建筑的轴线投测,具有精度高、速度快的优点,在高层建筑施工中使用较为广泛。图 9-18 为激光铅垂仪进行轴线投测的示意图,采用激光铅垂仪进行高层建筑轴线竖向投测时,应从首层向施工层投测。在首层轴线控制点上安置激光铅垂仪,利用激光器底端发射的激光束进行对中,通过调节基座整平螺旋,使管水准器气泡严格对中整平。在上层施工楼面预留孔处,放置接收靶。接通激光电源,激光器发射激光,通过楼板上预留的孔洞,将轴线点投测到施工层楼板的红色透明接收靶上。再通过发射望远镜调焦,激光束会聚成红色耀目光斑,投射到接收靶上。移动接收靶,使靶心与红色光斑重合,将接收靶固定,并在预留孔四周作出标记,此时,靶心位置即为轴线控制点在该楼面上的投测点。

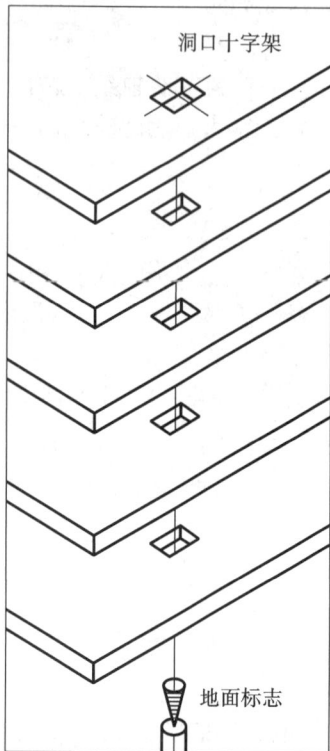

图 9-16 吊线坠法投测轴线

图 9-17 南方 ML401S 激光铅垂仪

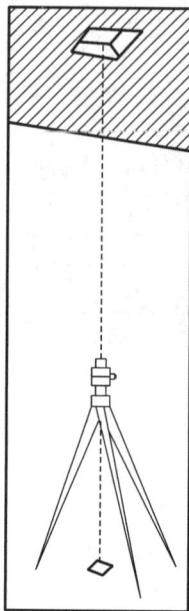

图 9-18 激光铅垂仪进行
轴线投测示意

任务 9.5 工业建筑施工测量

9.5.1 概述

工业建筑以厂房为主体,一般工业厂房多采用预制构件在现场装配的方法施工。厂房的预制构件有柱子(也有现场浇筑的)、吊车梁、吊车车轨和屋架等。因此,工业建筑施测的主要目的是保证这些预制构件安装到位,其主要工作包括厂房矩形控制网放样、厂房柱列轴线放样、基础施工放样、厂房预制构件安装放样等。

9.5.2 厂房矩形控制网放样

厂房一般都应建立厂房矩形控制网,作为厂房施工测设的依据。厂房与一般民用建筑相比,规模大、内部设施复杂、柱子多、轴线多、施工精度要求高。下面介绍根据建筑方格网,采用直角坐标法测设厂房矩形控制网的方法。

厂房控制网的四个角点,称为厂房控制点,点位设在基坑开挖范围以外一定距离处。其坐标是根据厂房四个角点的已知坐标推算出来的。如图 9-19 所示,H、I、J、K 四点是厂房的角点,S、P、Q、R 为布置在基础开挖边线以外的厂房矩形控制网的四个角点,称为厂房控制桩。从设计图中已知 H、J 两点的坐标,设厂房矩形控制网的边线到厂房轴线的距离为 4 m,厂房控制桩 S、P、Q、R 的坐标,可按厂房角点的设计坐标,加减 4 m 算得。测设方法如下。

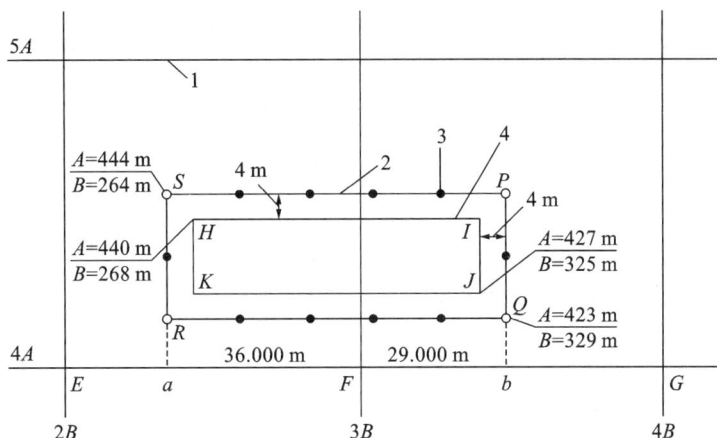

图 9-19 厂房矩形控制网的测设

1—建筑方格网;2—厂房矩形控制网;3—距离指标桩;4—厂房轴线

1. 计算测设数据

若厂房角点 J 的坐标为 $A = 427$ m、$B = 325$ m,则相应的厂房控制点 Q 点的坐标为 $A = 427$ m $- 4$ m $= 423$ m,$B = 325$ m $+ 4$ m $= 329$ m,其余各点的坐标采用相同方法推算而得,所需测设数据,计算结果已标注在图 9-19 中。

2. 厂房控制点的测设

厂房控制点是以厂区控制网为依据进行测设的,从 F 点起沿 FE 方向量取 36 m,定出 a 点;沿 FG 方向量取 29 m,定出 b 点。在 a 与 b 点安置经纬仪,分别瞄准 E 与 F 点,顺时针方向测设 $90°$,得出视线方向,沿视线方向量取 10 m,分别定出 R、Q 点。再向前量取 21 m,定出 S、P 点。打下木桩,在桩顶上做出标志点。然后用经纬仪检查 $\angle S$、$\angle P$ 是否为 $90°$,其与 $90°$ 之差应在 $\pm 10''$ 内。用钢尺检查 PS 和 QR 边长,其与设计边长的相对误差应小于 1/10000。若误差在容许范围内,钉一根小铁钉固定,以示 P、Q、R、S 的点位。

9.5.3 厂房柱列轴线与基础施工放样

1. 厂房柱列轴线测设

如图 9-20 所示,Ⓐ、ⓍA、…、Ⓒ 和 ①、②、…、⑮ 为柱列轴线,也称为定位轴线,其中四周的 Ⓐ、Ⓒ、①、⑮ 为柱列边线。柱列轴线测设方法是根据厂房控制桩和距离指标桩,按照柱子间距和跨距,用钢尺沿厂房控制网各边量出各轴线控制桩的位置,打入木桩,桩顶用小钉标出点位,作为杆基测设和构件安装的依据。

2. 柱基轴线测设

在两条互相垂直的柱列轴线控制桩上安置两台经纬仪,沿轴线方向交会出各柱基的位置,即柱列轴线的交点,此项工作称为柱基定位。如图 9-20 所示,在柱基的四周轴线上,打入四个定位小木桩 a、b、c、d,其桩位应在基础开挖边线以外,比基础深度大 1.5 倍的地方,作为修坑和立模的依据。按照基础详图所注尺寸和基坑放坡宽度,用特制角尺,放出基坑开挖边界线,并撒白灰线标明以便开挖。

3. 柱基施工测量

基坑挖到一定深度时,要在坑壁上离基坑底设计标高 0.5 m 处测设水平桩,作为修整坑底的标高依据。其测设方法与民用建筑相同。坑底修整后,还要在坑底测设垫层高程。深

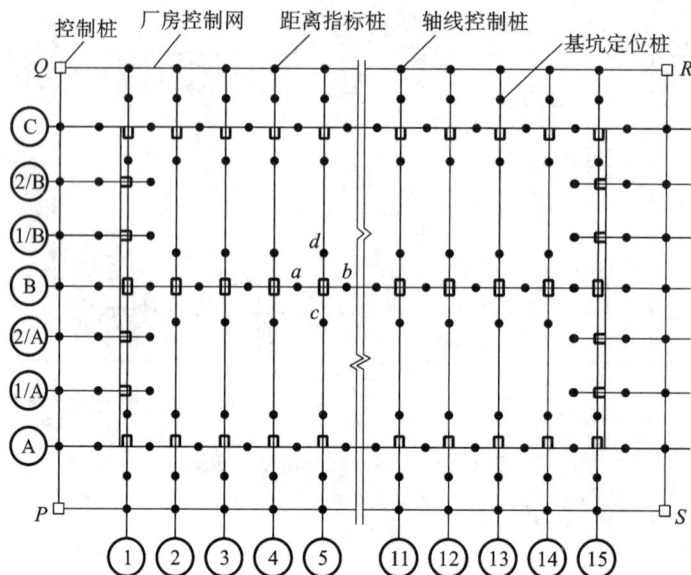

图 9-20　厂房柱列轴线测设和基础施工放样

基坑应采用高程上下传递法将高程传递到坑底临时水准点上,然后根据临时水准点测设基坑高程和垫层高程。

垫层打好后,根据基坑定位桩,用拉线吊垂球的方法将定位轴线投测到垫层上,再弹出柱基的中心线和边线,作为支立模板和布置基础钢筋的依据。柱基不同部位的标高,则用水准仪测设到模板上。立模时,将模板底线对准垫层上的定位线,并用垂球检查模板是否垂直。将柱基顶面设计标高测设在模板内壁,作为浇灌混凝土的高度依据。

9.5.4　厂房预制构件安装放样

在厂房构件安装中,首先应进行牛腿柱的安装,柱子安装质量的好坏对以后安装的其他构件(如吊车梁、吊车轨道、屋架等)会产生直接影响。柱子、桁架和梁的安装测量容许误差见表 9-1。

表 9-1　柱子、桁架和梁的安装测量允许偏差

测量内容		允许偏差/mm
钢柱垫板标高		+2
钢柱±0.000 标高检查		+2
混凝土柱(预制)±0.000 标高检查		±3
柱垂直度检查	钢柱牛腿	5
	柱高 10 m 以内	10
	柱高 10 m 以上	$H/1000,\leqslant 20$
桁架和实腹梁、桁架和钢架的支承节点间相邻高差的偏差		±5
梁间距		±3
梁面垫板标高		±2

注:H 为柱高。

1.柱子安装测量

柱身中心线应与相应的柱列轴线一致,单层厂房预制构件的安装工作中,柱子安装是关键,柱子安装应满足表 9-1 的要求。保证柱子位置准确,也就保证了其他构件基本就位。

1)柱子安装前的准备工作

(1)在柱基顶面投测柱列轴线。

柱基拆模后,根据柱列轴线控制桩,用经纬仪将柱列轴线投测到每个杯形基础的顶面上,弹出墨线,用红漆画出"▶"标志,作为安装柱子时确定轴线的依据。当柱列轴线为边线时,应平移设计尺寸,在杯形基础顶面上加弹出柱身中心线,作为柱子安装定位的依据。根据±0.000 标高,用水准仪在杯口内壁测设一条标高线,并画出"▼"标志,如图 9-21 所示,作为杯底找平的依据。用水准仪在杯口内壁测设一条标高线,标高线与杯底设计标高的差应为一个整分米数,以便从这条线向下量取,作为杯底找平的依据。即当杯口顶面标高为 −0.500 m 时,测设杯口内壁标高线为 −0.600 m。

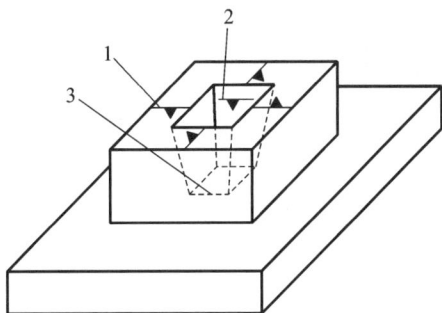

图 9-21　杯形基础

1—柱身中心线;2—−0.600 m 标高线;3—杯底

(2)弹出柱身中心线和标高线。

柱子安装前,应将每根柱子按轴线位置进行编号。如图 9-22 所示,在每根柱子的三个侧面用墨线弹出柱身中心线,并在每条线的上端和下端近杯口处画出"▶"标志,供安装时校正使用。根据牛腿面的设计标高,从牛腿面向下用钢尺量出 −0.600 m 的标高线,并画出"▼"标志,供牛腿面高程检查及杯底找平用。

(3)杯底找平。

要使柱子吊装后其牛腿面正好为设计高程,必须进行杯底找平。由于模板制作误差和变形的影响,柱子的实际长度不等于设计长度,先量出柱子的 −0.600 m 标高线至柱底面的长度,再在相应的柱基杯口内量出 −0.600 m 标高线至杯底的高度,并进行比较,以确定杯底找平厚度,用水泥砂浆根据找平厚度,在杯底进行找平,使牛腿面符合设计高程。

2)柱子的安装测量

柱子安装测量的目的是保证柱子平面和高程符

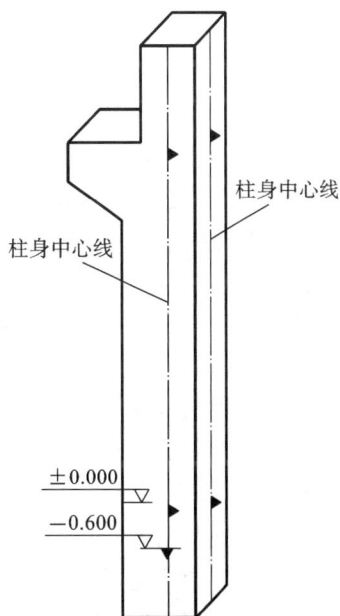

图 9-22　弹出柱身中心线和标高线

合设计要求,使柱身铅直。

(1)柱子吊入杯口后,应使柱身中心线与基顶中心线对齐,其偏差应小于 5 mm,如图 9-23(a)所示,并用钢楔临时固定,然后进行柱身竖直校正。

(2)柱子立稳后,立即用水准仪检测柱身上的±0.000 标高线,柱子校直时,照准部水准管气泡应严格居中,望远镜应随时瞄准柱脚中心线,以防差错,其容许误差为±3 mm。

(3)如图 9-23(a)所示,用两台经纬仪,分别安置在拟校柱子的柱基纵、横轴线上,离柱子的距离不小于柱高的 1.5 倍,用望远镜瞄准柱底的中心线标志,固定照准部后,再缓慢抬高望远镜观察柱子偏离十字丝竖丝的方向,若中心线与视准轴重合,则柱身已经竖直,若不重合,敲击柱脚的钢楔,使得柱身中心线的上部与十字丝竖丝重合。指挥用钢丝绳拉直柱子,直至从两台经纬仪中观测到的柱身中心线都与十字丝竖丝重合为止。

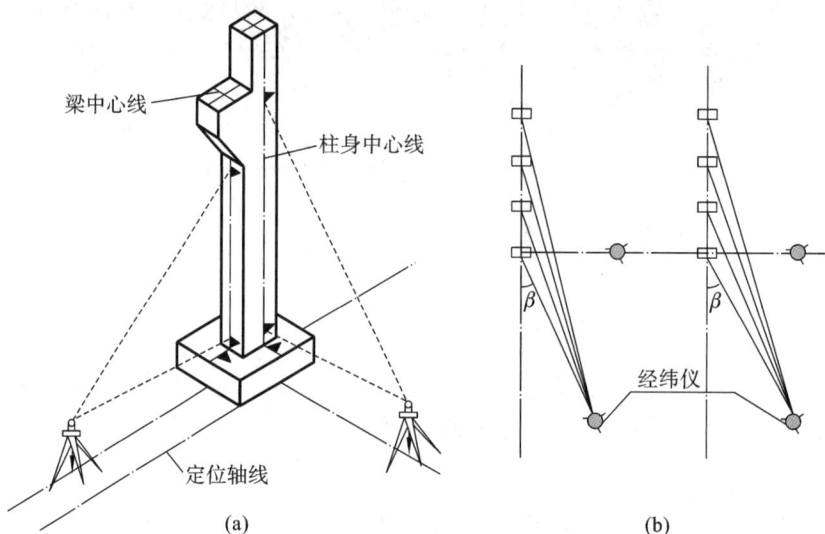

图 9-23　柱子垂直度校正

(4)在杯口与柱子的缝隙中浇入混凝土,以固定柱子。

(5)在实际安装时,一般是一次把许多柱子都竖起来,竖起后同时进行垂直校正。这时,可把两台经纬仪分别安置在纵横轴线的一侧,一次可校正几根柱子,如图 9-23(b)所示,仪器视准轴与柱列轴线的水平角 β 小于 15°,以保证柱子的垂直度。

3)柱子安装测量的注意事项

柱子校直前应对经纬仪进行检验校正,操作时,应使照准部水准管气泡严格居中。校正时,除注意柱子垂直外,还应随时检查柱身中心线是否对准杯口柱列轴线标志,以防柱子安装就位后产生水平位移。在校正截面不同的柱子时,经纬仪必须安置在柱列轴线上,以免产生差错。柱子校直应在阴天或清晨进行,以避免日照引起柱子变形,柱子向阴面弯曲,柱顶产生水平位移。

2.吊车梁安装测量

吊车梁安装测量主要是保证吊车梁中心线位置和吊车梁的标高满足设计要求。

1)吊车梁安装前的准备工作

吊车梁安装前的准备工作有以下几项。

(1)在柱面上量出吊车梁顶面标高。

根据柱子上的±0.000 标高线,用钢尺沿柱面向上量出吊车梁顶面设计标高线,作为调整吊车梁顶面标高的依据。梁顶高程与设计高程一致,容许误差为±2 mm;梁顶中心线与设计轨道中心线一致,容许误差为±3 mm。

(2)在吊车梁上弹出梁的中心线。

在吊车梁的顶面和两个端面上,用墨线弹出梁的中心线,如图 9-24 所示。

(3)在牛腿面上弹出梁的中心线。

根据厂房中心线,在牛腿面上投测出吊车梁的中心线,作为吊车梁安装的依据。如图 9-25(a)所示,利用厂房中心线 A_1A_1,根据设计轨道间距,在地面上测设出吊车梁中心线(也是吊车轨道中心线)$A'A'$ 和 $B'B'$。在吊车梁中心线的一个端点 A'(或 B')上安置经纬仪,瞄准另一个端点 A'(或 B'),固定照准部,抬高望远镜,即可

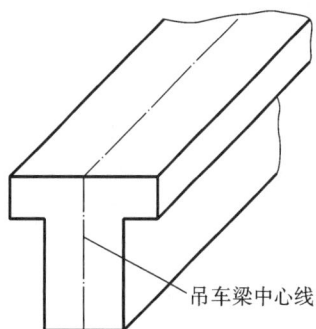

图 9-24　吊车梁弹线

将吊车梁中心线投测到每根柱子的牛腿面上,并用墨线弹出梁的中心线。

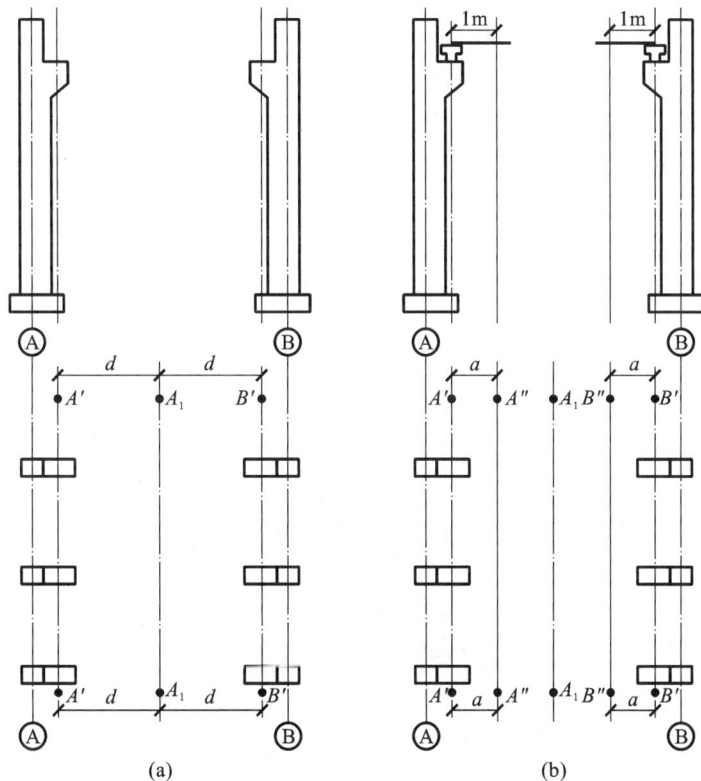

(a)　　　　　　　　　　　(b)

图 9-25　吊车梁的安装测量

2)吊车梁的安装测量

吊车梁安装前先检查牛腿面的实际高程,其与设计高程之差为加垫的依据。安装时,使吊车梁两端的梁中心线与牛腿面梁中心线重合,此为吊车梁的初步定位。采用平行线法,对吊车梁的中心线进行检测,校正方法如下。

（1）如图 9-25（b）所示，安装前先在地面上从轨道中心线 $A'A'$、$B'B'$ 向厂房内侧量出一定长度 $a=1$ m（通常 $a=0.5\sim1.0$ m），得到平行线 $A''A''$ 和 $B''B''$。

（2）在平行线一端点 A'' 和 B'' 上分别安置经纬仪，瞄准另一端点 A''、B''，固定照准部，抬高望远镜进行测量。

（3）抬高望远镜瞄准吊车梁上横放的木尺，另外一人在梁上移动横放的木尺，当视线正对准尺上 1 m 刻划线时，尺的零点应与梁面上的中心线重合。如不重合，予以纠正并重新弹出墨线，以表示校正后吊车梁中心线位置。

吊车轨道按校正后中心线就位后，先按柱面上定出的吊车梁设计标高线对吊车梁面进行调整，然后用水准仪检查轨道面和接头处两轨端点高程，每隔 3 m 测一点高程，并与设计高程比较，误差应在 3 mm 以内。用钢尺检查两轨道间跨距，其测定值与设计值之差应满足规定要求。

3. 屋架安装测量

1）屋架安装前的准备工作

屋架安装是以安装后的柱子为依据，使屋架中心线与柱子上相应中心线对齐的过程。

2）屋架的安装测量

屋架吊装前用经纬仪或其他方法在柱顶面上放出屋架定位轴线，并应弹出屋架两端的中心线，以便进行定位。屋架吊装就位时，应使屋架的中心线与柱顶面上的定位轴线对准，允许误差为 ±5 mm。屋架的垂直度可用垂球或经纬仪进行检查。用经纬仪检校时，在屋架上安装三把卡尺，一把卡尺安装在屋架上弦中点附近，另外两把分别安装在屋架的两端，如图 9-26 所示。自屋架几何中心沿卡尺向外量出一定距离，一般为 500 mm，并作出标志。然后再在地面上，距屋架中线同样距离处安置经纬仪，观测三把卡尺的标志是否在同一竖直面内，如果屋架竖向偏差较大，则用机具校正，然后将屋架固定。薄腹梁垂直度允许偏差为 5 mm；桁架垂直度允许偏差为屋架高的 1/250。

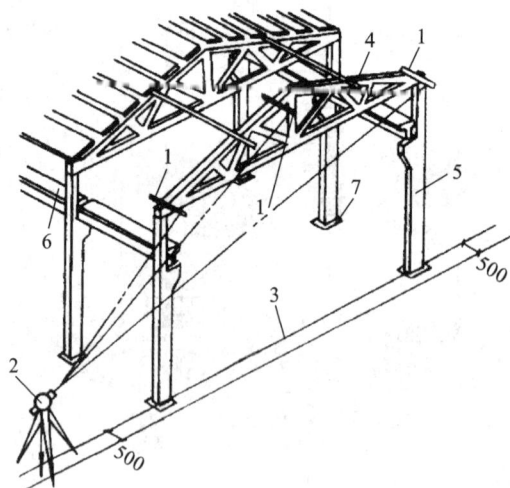

图 9-26 屋架的安装测量

1—卡尺；2—经纬仪；3—定位轴线；

4—屋架；5—柱；6—吊车梁；7—柱基

任务 9.6　烟囱、水塔施工测量

　　烟囱、水塔、电视塔等都是截圆锥体的高耸塔形构筑物,其共同特点是基础小、主体高,越往上筒身越小。烟囱与水塔的施工测量近似,筒身中心线的垂直偏差对其整体稳定性影响很大,因此,烟囱施工测量的主要工作是控制烟囱筒身中心线的垂直度和筒身外壁的设计坡度。当烟囱高度 H 大于 100 m,筒身中心线的垂直偏差不应大于 $0.0005H$,烟囱圆环的直径偏差值不得大于 30 mm。

9.6.1　烟囱的定位、放线

　　烟囱的定位主要是定出基础中心的位置。定位方法如下。

　　如图 9-27 所示,按图纸设计要求,利用施工场地已有控制点与已有建筑物的位置尺寸关系,在地面上测设出烟囱的中心位置 O。然后在 O 点安置经纬仪,测设出以 O 为交点的两条互相垂直的十字形定位轴线 AB 和 CD,并在离塔形构筑物的距离大于其高度处(通常距离为烟囱高度的 $1\sim1.5$ 倍)通过盘左、盘右分中投点法定出 A、B、C、D 四个轴线控制桩,供筒身施工时用经纬仪往上投测中心线,或用于检核筒身的垂直度。各控制桩应妥善保护,必要时在轴线方向上多设几个桩,以便检核。为便于基础施工时中心定位点的恢复,还应在靠近基础开挖边线但又稳固的地方设 a、b、c、d 四个基础定位轴线桩。用于修坡和确定基础的中心,应设置在尽量靠近烟囱而不影响桩位稳固的地方。

　　以 O 点为圆心,以烟囱底部半径 r 加上基坑放坡宽度 s 为半径,在地面上用皮尺画圆,并撒出灰线,标明基坑开挖边线范围。

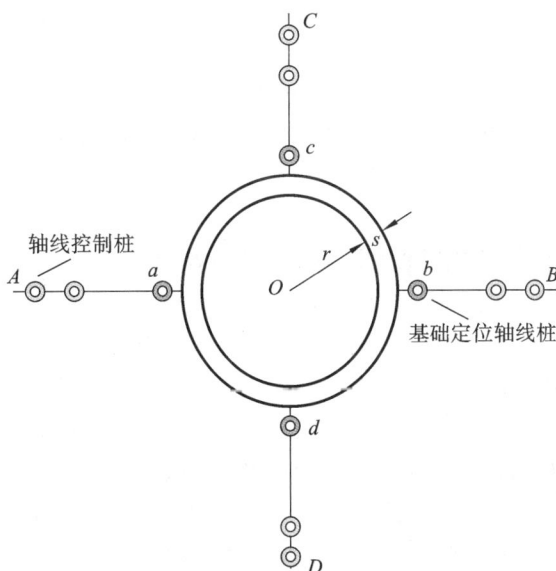

图 9-27　烟囱的定位、放线

9.6.2　烟囱的基础施工测量

　　当基坑开挖接近设计标高时,在基坑内壁测设水平桩,作为检查基坑底标高、控制挖土深度和打垫层的依据。

坑底夯实后,根据 a、b、c、d 四个基础定位轴线桩拉两根细线,用垂球把烟囱中心向下投测到坑底,钉上木桩,作为垫层的中心控制点。按基础尺寸弹出边线,作为基础模板安装的依据,再用水准仪将基础各部位的设计标高测设到模板上。

浇灌混凝土基础时,应在首层结构面埋设约 200 mm×200 mm 大小的钢板,根据基础定位轴线桩,用经纬仪将塔身的轴线控制点及其中心点的点位准确地标在钢板上,并刻上"十"字,作为施工过程中控制筒身中心位置的依据。

9.6.3 烟囱筒身施工测量

1. 引测烟囱中心线

在烟囱施工中,应随时将中心点引测到施工的作业面上。烟囱和水塔筒身向上砌筑或浇筑时,筒身中心线、直径和坡度要严格控制。

在烟囱施工中,一般每砌一步架或每升模板一次,就应将中心点投测到施工面上,以检核该施工作业面的中心与基础中心是否在同一铅垂线上,作为继续往上砌筑或支模的依据。

在施工作业面上固定一根木枋,在木枋中心处悬挂 8~12 kg 的垂球,逐渐移动木枋,直到垂球对准基础中心为止。此时,木枋的中心位置就是该作业面的中心,即筒身的中心点。

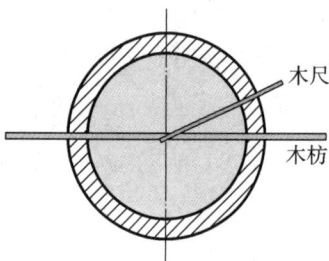

图 9-28 烟囱壁位置的检查

另外,烟囱筒身每砌筑 10 m 左右,应用经纬仪检查一次中心点。同时必须用经纬仪引测一次中心线。分别在控制桩 A、B、C、D 上安置经纬仪,瞄准相应的控制点 a、b、c、d,将轴线点投测到作业面上,并作出标记。然后,按标记拉两条细绳,其交点即为烟囱的中心位置,将此中心点与用吊垂线投测的中心点相比较,其偏差不应超过目前施工高度的 1/1000。在检查中心线的同时,应以投测的中心线为圆心,以施工作业面上烟囱的设计半径为半径,用木尺画圆,如图 9-28 所示,以检查烟囱壁的位置。

对于高大的钢筋混凝土烟囱,烟囱模板每滑升一次,就应采用激光铅垂仪进行一次烟囱的铅直定位,在烟囱底部的中心标志上,安置激光铅垂仪,在作业面中央安置接收靶。如图9-29 所示,在接收靶上显示的激光光斑中心,即为烟囱的中心位置。

2. 烟囱外筒壁收坡控制

筒身坡度及表面平整度,是用靠尺板来控制的。坡度靠尺板如图 9-30 所示,靠尺板两侧的斜边应严格按筒身设计坡度制作。使用时,把斜边贴靠在筒体外壁上,若垂球线恰好通过下端缺口,说明筒壁的收坡符合设计要求。

3. 烟囱筒体标高的控制

筒身的高度一般是先用水准仪在烟囱底部的外壁上测设出 +0.500 m(或任一整分米数)的标高线。以此标高线为准,用钢尺竖直向上量取,将标高传递到施工层来控制烟囱施工的高度。筒身四周应保持水平,应经常用水平尺检查上口水平,发现偏差应随时纠正。

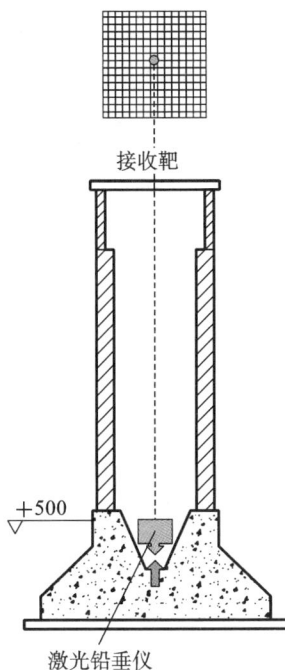

接收靶

+500

激光铅垂仪

图 9-29　激光铅垂仪定位

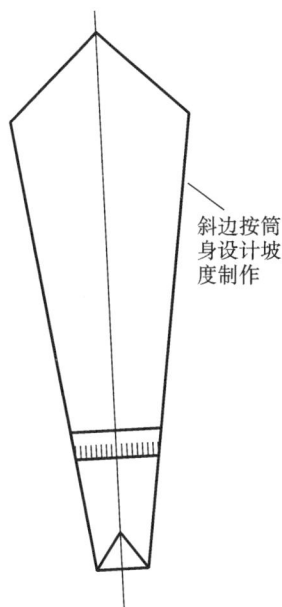

斜边按筒
身设计坡
度制作

图 9-30　坡度靠尺板

【复习思考】

1. 施工测量的任务是什么？

2. 建筑施工场地平面控制网的布设形式有哪些？

3. 建筑基线的布设形式有哪几种？

4. 民用建筑施工测量包括哪些主要工作？

5. 基槽开挖时，其深度应怎样控制？

6. 龙门板的作用是什么？应如何设置？

7. 高层建筑轴线投测的方法有哪两种？

8. 简述高程传递的方法。

9. 简述在烟囱筒身施工中应如何控制其垂直度。

10. 某建筑物的主轴线方位角为 $\alpha_{主轴线}=30°$，如图 9-31 所示，已知：房屋的四个角点为 O、A、B、C，其中 O 点也是施工坐标原点，施工坐标原点 O 的测量坐标及 A、B、C 点施工坐标如下表所示，请根据表中数据计算各点的测量坐标。

点号	施工坐标/m		测量坐标/m	
	x'	y'	x	y
施工坐标原点 O	0	0	$x_0=2707348.736$	$y_0=87235.692$
A	5.800	0		
B	5.800	10.600		
C	0	10.600		

$\alpha_{主轴线}=30°$

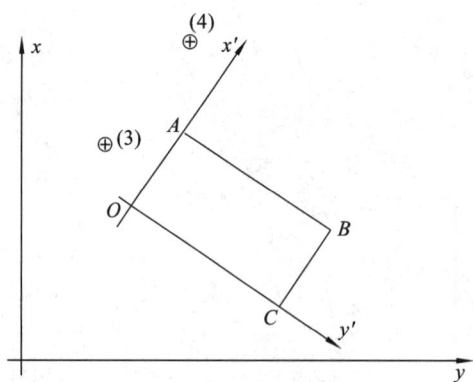

图 9-31　某建筑物施工测量图

项目10 建筑物的变形观测和竣工总平面图的编绘

【学习目标】

1.知识目标

（1）掌握建筑物的沉降观测、建筑物的倾斜观测的基本方法，理解其基本原理，了解不同建筑物沉降观测的精度要求。

（2）了解建筑物倾斜观测的精度要求。

2.技能目标

（1）掌握建筑物沉降的观测方法。

（2）掌握不同建筑物倾斜观测的观测方法。

（3）能够独立进行建筑物的沉降和倾斜观测。

（4）具备解决实际问题的能力，能够对测量工作中出现的异常情况进行分析和处理。

3.思政目标

（1）培养严谨的科学态度和求真务实的工作作风，注重数据的准确性和可靠性。

（2）提高学生的团队协作精神和沟通能力，能够在团队中发挥自己的优势并与其他成员有效协作。

（3）在测量工作中培养职业素养和职业道德，遵守行业规范和法律法规，保护知识产权和测量成果。

【项目导入】

建筑物在施工过程中、竣工后及运营期间，在自身的荷载和外力作用下将会出现沉降、倾斜等变形现象。当这种变形达到极限时，将会危及建筑物的安全，造成生命和财产损失。因此，对建筑物进行变形观测是十分必要的，本项目主要介绍建筑物的沉降观测和建筑物的倾斜观测。

任务10.1 建筑物变形观测概述

10.1.1 建筑物变形的危害及产生的原因

1.建筑物变形的危害

建筑物变形是指建筑物在施工过程中、竣工后及运营期间，在自身的荷载和外力作用下而出现下沉、上升、倾斜、位移、裂缝及扭曲的现象。建筑物产生变形会危及施工安全，影响建筑物的正常使用,甚至导致安全事故的发生,造成生命和财产损失,所以对建筑物进行变形观测具有重要意义。

2.建筑物产生变形的原因

1)自然条件及其变化引起

地基的地质水文及土壤物理性质的差别,可能导致地基的不均匀沉降,地下水位的升降会对建筑物基础产生侵蚀作用,进而影响建筑物的稳定性,导致地基的力学性能不稳定等。

2)附加荷载的作用

建筑物本身荷重、活荷载过大,结构、型式设计不合理引起;使用过程中的动荷载,如风力、振动等,会对建筑物产生附加荷载,导致建筑物变形。建筑物附近的工程施工也可能影响地基的稳定性。

3)自然灾害引起

地震、飓风、滑坡、洪水等自然灾害也可能对建筑物造成变形或破坏。

4)其他原因

设计缺陷、施工质量、建筑物在使用过程中的运营管理不当等因素都有可能引发建筑物变形。

10.1.2　变形观测的特点

高测量精度,位置精度可达 1 mm,相对精度为 1 ppm。周期性重复观测,观测时间跨度长,具体观测时间和重复周期依据观测目的、变形量大小及速度而定。具有严密的数据处理流程,数据量大,变形量微小,变形原因复杂多样。变形资料具有及时性和准确性。

10.1.3　变形观测的内容

变形观测技术体系通常涵盖以下主要观测类型:沉降观测、位移观测、挠度观测、裂缝观测及振动观测等。具体测量项目的确定需要综合考量建筑物结构特性及工程实际需求。变形观测技术的进步与测量仪器的发展息息相关。

建筑变形测量需要对建筑物的地基、基础、上部结构及周边环境受各种因素而产生的形状或位置变化进行观测,并对观测结果进行处理、表达和分析。对于大型工厂柱基、大型设备基础、振动较大的车间、高层建筑及不良地基上的建筑等,在建造和使用期间,荷载的增加和连续性生产会引起建筑的沉降,如果是不均匀沉降,建筑就会产生裂缝或者发生倾斜,危及建筑物的安全。因此在工程施工和运营使用期间,应对建筑进行变形测量,通过对变形测量数据的分析,掌握建筑的变形情况,以便及时发现问题并采取有效措施,保证工程质量和生产安全。同时,变形测量也可验证设计是否合理,为今后建筑结构和地基基础的设计积累资料。建筑变形测量分为沉降测量和位移测量两大类。沉降测量包括建筑场地沉降、基坑回弹、地基土分层沉降、建筑沉降等的观测;位移测量包括建筑主体倾斜、建筑水平位移、基坑壁侧向位移、场地滑坡及挠度等的观测,也包括日照变形、风振、裂缝及其他动态变形测量等。

任务 10.2　建筑物沉降观测

建筑物的沉降观测是用水准测量的方法,周期性地观测建筑物上的沉降观测点和水准点之间的高差变化值,以测定基础和建筑物本身的沉降值,用来解决地基沉降问题、分析相对沉降是否有差异和监测建筑物的安全。

10.2.1　水准点和观测点的设置

高程基准点是进行建筑物沉降观测的依据,因此高程基准点的埋设要求和形式与永久性水准点相同,必须保证其稳定不变和长久保存。沉降观测的高程基准点不应少于 3 个,以便互相检核,防止其本身高程发生变化,保证沉降观测成果的正确性。

沉降观测点的布设数量和位置,要能全面正确地反映建筑物的沉降情况。点位布设既要考虑均匀性,又要保证在变形缝两侧、基础深度或地质条件变化处、荷重及结构变化的分界处等最可能发生沉降的地方有观测点。应避开交通干道主路、地下管线、仓库堆栈、水源地、河岸、松软填土、滑坡地段、机器振动区,以及其他标石、标志易遭腐蚀和破坏的地方;应选设在变形影响范围以外且稳定、易于长期保存的地方。在建筑区内,其点位与邻近建筑的距离应大于建筑基础最大宽度的 2 倍,其标石埋深应大于邻近建筑基础的深度。对于民用建筑,在墙角和纵横墙交界处,周边每隔 6～12 m 处均匀布点,当房屋宽度大于 15 m 时,应在房屋内部纵轴线上和楼梯间布点。对于工业建筑,应在房角、承重墙、柱子和设备基础上布点。

观测点的埋设要求稳固,通常采用角钢、圆钢或铆钉作为观测点的标志,并分别埋设在砖墙、钢筋混凝土柱子和设备基础上。沉降观测点的设置形式如图 10-1 所示。

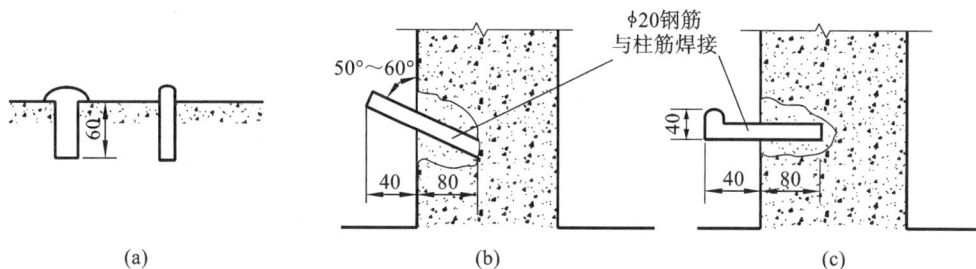

图 10-1　沉降观测点的设置形式

10.2.2　观测时间、方法和精度要求

沉降观测的时间和次数根据建筑物(构筑物)特征、变形速率、观测精度和工程地质条件等因素综合考虑,并根据沉降量的变化情况适当调整。

在建筑施工阶段,一般在施加较大荷载前后,如基础浇灌、回填土、安装柱子和屋架、砌筑砖墙、安装吊车、设备运转等都要进行沉降观测,大型、高层建筑可在基础垫层或基础底部完成后开始观测,观测次数与间隔时间应视地基与荷载增加情况而定。当基础附近地面荷重突然增加,周围大量积水及暴雨后,或周围大量挖方等均应观测。施工中如中途停工时间较长,应在停工时及复工前进行观测。工程完工后,应连续进行观测,观测的时间间隔可按沉降量的大小及速度而定,开始时可每隔 1～2 个月观测一次,以每次沉降量在 5～10 mm 为限,否则要增加观测次数。以后随着沉降速度的减慢,再逐渐延长观测周期,直至沉降稳定为止。

在建筑使用阶段,观测次数应视地基土类型和沉降速率大小而定。除有特殊要求外,可在第一年观测 3～4 次,第二年观测 2～3 次,第三年后每年观测 1 次,直至稳定为止;建筑沉降是否进入稳定阶段,应由沉降量与时间关系曲线判定。当建筑物最后 100 d 的沉降速率小于 0.01～0.04 mm/d 时可认为已进入稳定阶段,具体取值宜根据各地区地基土的压缩性能确定。

水准点的高程须以永久性水准点为依据来测定。测定时应往返观测,并经常检查有无变动。使用的水准仪、水准尺在项目开始前和结束后应进行检验。沉降观测点的精度要求与工程性质及沉降速度等情况有关,对于观测水准路线较短的,闭合差一般不应超过 2 mm;二等水准测量高差闭合差容许值为 $\pm 0.6\sqrt{n}$ mm(n 为测站数);三等水准测量高差闭合差容许值为 $\pm 1.4\sqrt{n}$ mm。每期沉降观测均应按照相同的观测路线、采用相同的仪器工具,并尽量由同一个观测员观测,以保证观测结果的精度和各期观测成果的可比性。超出限差的成果,均应先分析原因再进行重测。

10.2.3 沉降观测的成果整理

1. 整理原始记录

每次观测结束后,应及时整理观测记录。先检查记录的数据和计算是否正确,精度是否合格,然后调整闭合差,推算出沉降观测点的高程。接着计算各观测点本次沉降量和累计沉降量,并将计算结果、观测日期和荷载情况一并记入沉降观测记录手簿中(见表 10-1)。

表 10-1 沉降观测记录手簿

日期	荷重/t	观测点					
		1			2		
		高程/m	沉降量/mm	累计沉降量/mm	高程/m	沉降量/mm	累计沉降量/mm
2021.1.10		84.249			84.263		
2021.2.10		84.246	3	3	84.262	1	1
2021.3.10	400	84.241	5	8	84.257	5	6
2021.4.10		84.237	4	12	84.255	2	8
2021.5.10	800	84.233	4	16	84.252	3	11
2021.6.10	1200	84.230	3	19	84.246	6	17
2021.7.10		84.227	3	22	84.245	1	18
2021.8.10		84.224	3	25	84.242	3	21
2021.9.10		84.222	2	27	84.240	2	23
2021.10.10		84.220	2	29	84.237	3	26
2021.11.10		84.218	2	31	84.234	3	29
2021.12.10		84.217	1	32	84.233	1	30
2022.1.10		84.216	1	33	84.232	1	31
2022.2.10		84.215	1	34	84.231	1	32
2022.4.10							
2022.6.10		84.214	1	35	84.230	1	33

续表

日期	荷重/t	观测点					
		1			2		
		高程/m	沉降量/mm	累计沉降量/mm	高程/m	沉降量/mm	累计沉降量/mm
2022.8.10							
2022.10.10		84.214	0	35	84.230	0	33

2.计算沉降量

计算内容和方法如下。

1)计算各沉降观测点的本次沉降量

沉降观测点本次沉降量＝本次观测所得的高程－上次观测所得的高程

2)计算累计沉降量

累计沉降量＝本次沉降量＋上次累计沉降量

将计算出的沉降观测点本次沉降量、累计沉降量和观测日期、荷载情况等记入沉降观测记录手簿中。

3.绘制沉降曲线

沉降曲线分为两部分,即时间与沉降量关系曲线和时间与荷载关系曲线。沉降曲线如图 10-2 所示。

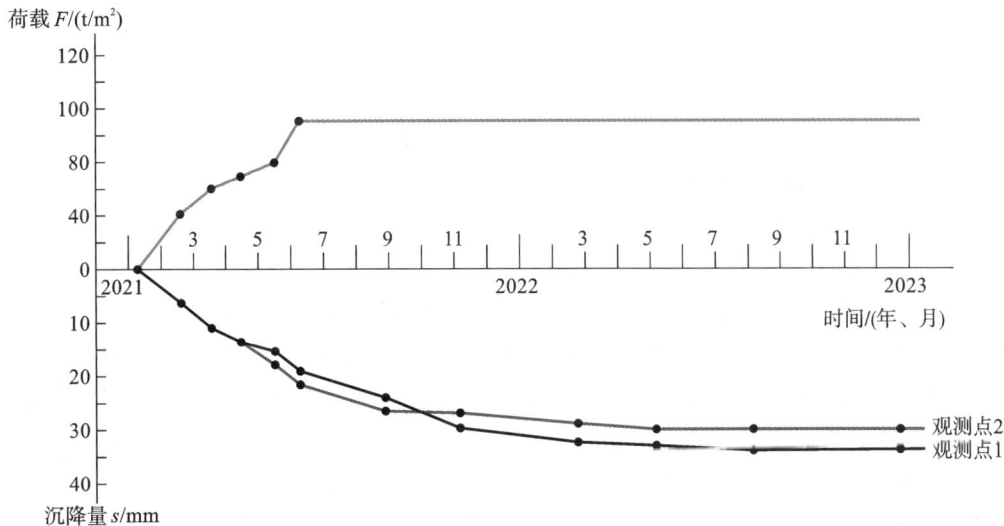

图 10-2　沉降曲线

任务 10.3　建筑物倾斜观测

在施工和使用过程中由于某些因素的影响,建筑物的基础可能产生不均匀沉降,建筑物的主体结构产生倾斜,当倾斜严重时就会影响建筑物的安全使用,因而要进行倾斜观测。

10.3.1 一般投点法

1. 一般建筑物的倾斜观测

对需要进行倾斜观测的一般建筑物,要对其几个侧面进行观测。如图 10-3 所示,观测时,测站点的点位应选在与倾斜方向成正交的方向线上,距照准目标 1.5～2.0 倍目标高度的固定位置。瞄准墙顶一点 M,向下投影得一点 M_1,并作标志。再用经纬仪瞄准同一点 M,向下投影得 M_2 点。若建筑物沿侧面方向发生倾斜,M 点已移位,则 M_1 点与 M_2 点不重合,于是量得水平偏移量 a。同时,在另一侧面也可测得偏移量 b,以 H 代表建筑物的高度,则建筑物的倾斜度计算见式(10-1)。

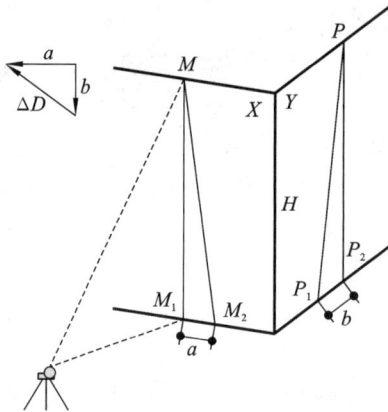

图 10-3 一般建筑物的倾斜观测

$$i = \tan\alpha = \frac{\Delta D}{H} = \frac{\sqrt{a^2 + b^2}}{H} \tag{10-1}$$

2. 圆形建筑物的倾斜观测

当测定圆形建筑物,如烟囱、水塔等的倾斜度时,首先要求得顶部中心 O 点对底部中心 O' 点的偏心距,如图 10-4 中的 OO'。其做法如下。

在烟囱底部边沿平放一根标尺,在标尺的垂直平分线方向上安置经纬仪,使经纬仪距烟囱的距离不小于烟囱高度的 1.5 倍。用望远镜瞄准顶部边缘两点 A、A' 及底部边缘两点 B、B',并分别投点到标尺上,设读数为 y_1、y_1' 和 y_2、y_2',则烟囱顶部中心 O 点对底部中心 O' 点在 y 方向的偏心距计算见式(10-2)。

$$\Delta y = (y_1 + y_1')/2 - (y_2 + y_2')/2 \tag{10-2}$$

再采用同样的方法安置经纬仪及标尺于烟囱的另一垂直方向,测得底部边缘和顶部边缘在标尺上的投点读数为 x_1、x_1' 和 x_2、x_2',则在 x 方向上的偏心距计算见式(10-3)。

$$\Delta x = (x_1 + x_1')/2 - (x_2 + x_2')/2 \tag{10-3}$$

烟囱的总偏心距为:

$$\Delta D = \sqrt{(\Delta x^2 + \Delta y^2)} \tag{10-4}$$

烟囱的倾斜方向为:

$$\alpha_{oo'} = \arctan^{-1}(\Delta y/\Delta x) \tag{10-5}$$

式中:$\alpha_{oo'}$ 为以 x 轴作为标准方向线表示的方向角。

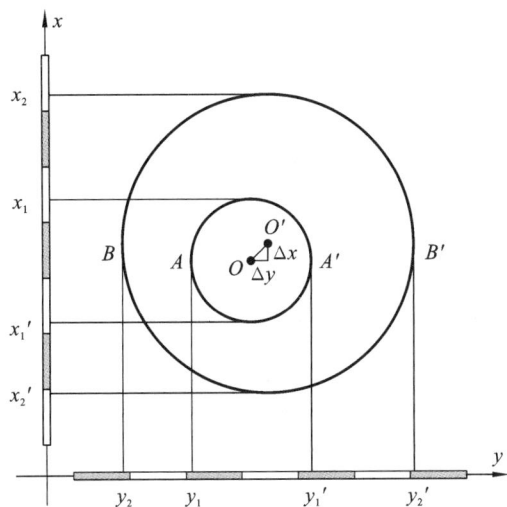

图 10-4　圆形建筑物的倾斜观测

以上观测,要求仪器的水平轴应严格水平。因此,观测前仪器应进行检验与校正,使观测误差在允许误差范围内,观测时应用正倒镜观测两次取其平均数。

10.3.2　激光铅垂仪法

在顶部适当位置安置接收靶,在其垂线下的地面或地板上安置激光铅垂仪或激光经纬仪,按一定周期观测,在接收靶上直接读取或量出顶部的水平位移量和位移方向。作业中仪器应严格置平、对中,应旋转 180°观测两次取其中数。对超高层建筑,当仪器设在楼体内部时,应考虑大气湍流影响。

当建筑物立面上观测点数量较多或倾斜变形比较明显时,也可采用近景摄影测量的方法进行建筑物的倾斜观测。

建筑物倾斜观测的周期,可视倾斜速度的大小,每隔 1～3 个月观测一次。如遇基础附近大量堆载或卸载,场地降雨长期大量积水而导致倾斜速度加快时,应增加观测次数。施工期间的观测周期应与沉降观测周期取得一致,倾斜观测应避开强日照和风荷载较大的时间段。

任务 10.4　建筑物裂缝与位移观测

10.4.1　裂缝观测

裂缝观测主要是测定建筑上的裂缝分布位置和裂缝的走向、长度、宽度、深度及其变化情况。当建筑物有裂缝产生时,应进行裂缝变化的观测,并画出裂缝的分布图,根据观测裂缝的发展情况,在裂缝两侧设置观测标志;对于较大的裂缝,至少应布设两组观测标志,其中一组应在裂缝的最宽处,另一组应在裂缝的末端。每组应使用两个对应的标志,分别设在裂缝的两侧。裂缝可直接量取或间接测定。

如图 10-5 所示,观测标志可用两块白铁板制成,一块为 150 mm×150 mm,固定在裂缝的一侧,并使其一边和裂缝的边缘对齐;另一块为 50 mm×200 mm,固定在裂缝的另一侧,并使其一部分紧贴在 150 mm×150 mm 的白铁板上,两块白铁板的边缘应彼此平行。标志固定好后,在两块白铁板露在外面的表面涂上红色油漆,裂缝应统一进行编号并写上日期。标志设置好后如果裂缝继续发展,白铁板将被逐渐拉开,露出正方形白铁板上没有涂油漆的部分,它的宽度就是裂缝加大的宽度,可以用尺子直接量出。建筑物产生裂缝往往与不均匀沉降有关,因此,在裂缝观测的同时,要加强建筑物的沉降观测,以便综合分析,采取有效措施。

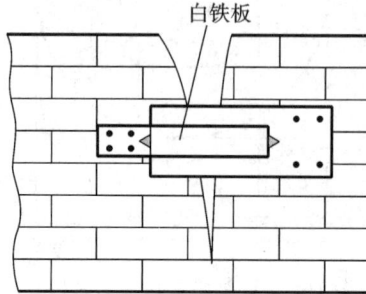

图 10-5 建筑物的裂缝观测

10.4.2 位移观测

位移观测主要是根据平面控制点来测定建筑物在平面上随时间移动的大小及方向,可以通过在不同时间测量水平角、水平距离或者平面坐标,得到点的水平位置变化量和变化速度。首先,在建筑物纵横方向上设置观测点及控制点。位移基准点与高程基准点一样,应布设在安全和稳定的地方,并且不应少于 3 个,埋设稳定标志,形成固定基准线,便于安置仪器设备,方便观测人员作业,以保证测量精度。如图 10-6 所示,A、B、C 为控制点,M 为建筑物上的观测点。

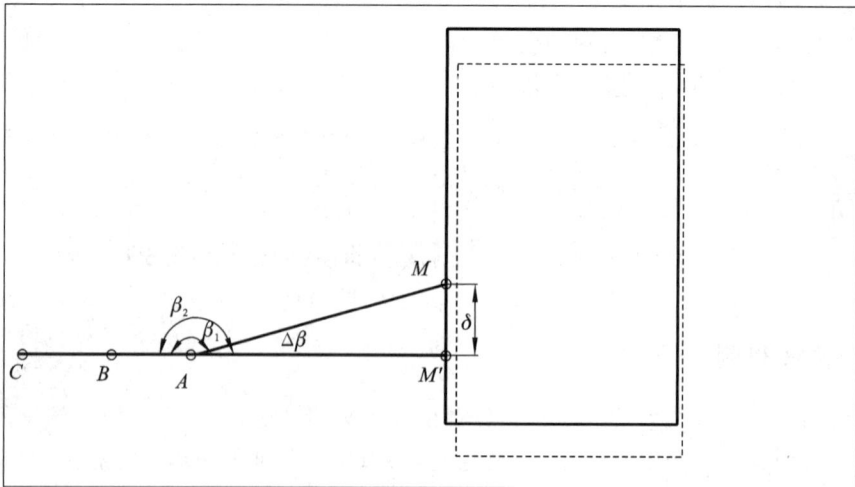

图 10-6 位移观测

水平位移观测可采用正倒镜投点的方法求出位移值,亦可用测水平角的方法。设在 A 点第一次所测角度为 β_1,第二次测得角度为 β_2,两次观测角度的差见式(10-6)。

$$\Delta\beta = \beta_2 - \beta_1 \tag{10-6}$$

则建筑物的水平位移值见式(10-7)。

$$\delta = D \times \frac{\Delta\beta}{\rho} \tag{10-7}$$

观测精度视需要而定,通常观测误差的容许值为±3 mm。

在测定大型工程建筑物的水平位移时,也可利用变形影响范围以外的控制点,用前方交会或后方交会法进行测定。

任务 10.5　竣工总平面图的编绘

竣工总平面图是设计总平面图在施工后实际情况的全面反映。由于施工过程中可能会因在设计时没有考虑到的问题而发生设计变更,所以设计总平面图不能完全代替竣工总平面图。编绘竣工总平面图的目的:首先,把变更设计的情况通过测量全面反映到竣工总平面图上;其次,将竣工总平面图应用于对各种设施的管理、维修、扩建、事故处理等工作,特别是对地下管道等隐蔽工程的检查和维修;最后,为企业的扩建提供了原有各项建筑物、构筑物、地上和地下各种管线及交通线路的坐标、高程资料。通常采用边竣工边编绘的方法来编绘竣工总平面图。竣工总平面图的编绘,包括室外实测和室内资料编绘两方面的内容。

10.5.1　室外实测

在每一个单项工程完成后,必须由施工单位进行竣工测量,提供工程的竣工测量成果,作为编绘竣工总平面图的依据。实测部分的竣工图宜采用全野外数字测图法,如全站仪极坐标法和 RTK 测量法等,其高程可采用水准测量法。测量内容主要包括工业厂房及一般建筑物、构筑物、铁路与公路、地下管网、架空管网等。

工业厂房及一般建筑物:包括房角坐标、各种管线进出口的位置和高程,并附房屋编号、结构层数、面积和竣工时间等资料。

构筑物:包括沉淀池、烟囱、煤气罐等及其附属建筑物的外形和四角坐标,圆形构筑物的中心坐标,基础面标高,烟囱高度和沉淀池深度等。

铁路与公路:包括起终点、转折点、交叉点的坐标,曲线元素,桥涵、路面、人行道等构筑物的位置和高程。

地下管网:窨井、转折点的坐标,井盖、井底、沟槽和管顶等的高程,并附注管道及窨井的编号、名称、管径、管材、间距、坡度和流向。

架空管网:包括转折点、节点、交叉点的坐标,支架间距,基础面高程等。

竣工测量完成后,应提交完整的资料,包括工程的名称、施工依据和施工成果,作为编绘竣工总平面图的依据。

10.5.2　室内资料编绘

竣工总平面图上应包括建筑方格网点、水准点、建(构)筑物辅助设施、生活福利设施、架空及地下管线、铁路等建筑物或构筑物的坐标和高程,以及相关区域内空地等的地形。有关建筑物、构筑物的符号应与设计图例相同,有关地形图的图例应使用国家地形图图式符号。

竣工图最好是随着工程的陆续竣工相继进行编绘,特别是地下管线,应在回填和覆盖前进行竣工测量和竣工图的编绘,然后将分类竣工图汇总,编绘竣工总图。为了使竣工图能与原设计图相协调,其范围和比例尺应与施工设计图相同。此外,其坐标系统、高程基准和图例符号等也应与施工设计图相同。考虑到设计施工图多数采用数字图形的形式,也为了方便用户对竣工图的使用和补充,竣工图宜采用数字竣工图。竣工图完成后,应经原设计及施工单位技术负责人审核、会签。

【复习思考】

    1.建筑物沉降观测的目的是什么?

    2.简述建筑物倾斜观测的方法。

    3.简述建筑物裂缝观测的方法。

    4.竣工总平面图的主要内容有哪些?

项目 11　道路中线测量

【学习目标】

1. 知识目标

(1) 掌握道路工程测量的基本概念、任务分类(如铁路、公路、管线等)及测量流程。

(2) 理解道路中线测量的核心技术的原理与方法。熟悉曲线要素的计算方法,熟悉交点、转点的测设原理。

2. 技能目标

(1) 掌握道路中线测量的基本工作流程,能熟练使用测量仪器进行道路的中线测量工作。

(2) 了解国家和行业相关技术规范,能熟练进行道路曲线要素的计算,能熟练使用仪器进行交点和转点的测设。

3. 思政目标

(1) 树立严谨求实的职业态度,遵守测量规范,确保数据真实性与准确性。

(2) 培养工程安全意识,掌握道路工程设计、施工及验收阶段的测量技术标准。

(3) 提升责任意识,重视测量工作对工程质量和施工安全的影响。

(4) 增强团队协作能力,在交点、转点的测设等过程中各队员之间能有效沟通。

【项目导入】

道路是经济发展的基础,道路中线测量是道路工程建设中不可或缺的重要环节,它不仅为道路的设计、施工和运营提供了准确的几何参数,确保道路中心线在水平和垂直方向上均符合设计要求,还对保障交通安全、提升道路性能、促进经济发展和保护生态环境具有重要的社会价值。合理的线形设计能够使道路与周边环境相协调,提升城市的整体形象,增强居民的幸福感和归属感。

任务 11.1　道路工程测量概述

道路工程测量是为铁路、公路、管道等线性工程提供空间数据支持的核心技术,贯穿工程设计、施工及运营全生命周期。其核心任务包括控制网建立、中线测设、纵横断面测绘、土石方量计算及施工放样等。传统测量技术(如水准仪、全站仪)与新兴测量技术(GNSS-RTK、无人机航测、三维激光扫描)相结合,能实现高效数据采集与处理,并借助 AutoCAD、GIS 等软件完成成果分析与可视化。测量过程中需要严格遵循技术规范,把控精度误差,同时兼顾复杂地形与工程环境的适应性。作为工程建设的"眼睛",道路测量直接关系工程质量与安全,要求从业者兼具扎实理论、规范操作能力及团队协作素养,为工程规划、成本控制与科学决策提供可靠依据。

11.1.1 道路工程测量的任务和内容

道路工程测量的核心任务是通过精准测量与数据分析,确保工程按设计要求实施,优化资源调配,保障工程质量与安全。以下是其主要任务与内容。

1. 建立工程控制基准

通过布设平面控制网(如导线网、GNSS网)和高程控制网(水准网),为全线测量提供统一坐标与高程基准,确保各阶段数据衔接。

2. 地形信息获取与规划设计

利用全站仪、无人机航测或三维激光扫描技术,采集道路走廊带地形、地物及地质数据,生成数字地形模型(DTM),为道路选线与设计提供依据。利用已有地形图,结合现场勘察,在中小比例尺图上确定规划路线走向,编制比较方案等。

3. 道路中线测设与优化

根据设计图纸,在地面标定道路中线(直线、曲线段),通过交点定位、曲线要素计算(如圆曲线、缓和曲线)及桩号标注,实现道路空间位置的精确放样。

4. 纵横断面测绘与土方量计算

沿中线测量横向地形起伏(横断面)和纵向高程变化(纵断面),结合设计高程计算填挖方量,优化土石方调配方案。

5. 施工过程动态控制

在施工阶段进行路基、桥隧、涵洞等结构物的放样与检测,实时复核施工精度,调整偏差,确保工程按图施工。

6. 运营维护监测

通过定期变形监测(如沉降、位移),评估道路结构稳定性,为养护维修提供数据支持。

11.1.2 道路工程测量的基本流程

道路工程测量的基本流程如下。

1. 前期规划与地形测绘

基于工程需求,通过无人机航测、卫星遥感或传统全站仪测量,获取道路走廊带的高精度地形、地物及地质数据,生成数字地形模型(DTM)和正射影像图,为道路选线、坡度设计及工程量估算提供基础数据支持。

2. 控制测量

建立统一的测量基准网,包括平面控制与高程控制。

平面控制:采用GNSS静态测量或导线测量布设首级控制网,加密次级控制点,确保全线坐标系统一致。

高程控制:通过水准测量或GNSS高程拟合建立高程基准,满足不同施工段的精度需求。

3. 中线测设

依据设计图纸,将道路中心线标定至实地,包括如下内容。

交点与转点定位:确定道路走向的交点(JD)及延长线上的转点(ZD)。

曲线测设:计算圆曲线、缓和曲线参数(如半径、切线长),利用偏角法或坐标法放样曲线主点(ZY、QZ、YZ)及细部点,确保线形平滑过渡。

里程桩布设:沿中线按固定间距(如 20 m)设置里程桩(如 K1＋500),标注桩号及关键点位(如桥隧起止点)。

4. 纵横断面测量

纵断面测量:沿中线采集地面高程点,绘制纵断面图,用于坡度设计、竖曲线计算及土方平衡分析。

横断面测量:垂直于中线方向测量地形起伏,生成横断面图,结合设计断面计算填挖面积及土石方量,优化施工方案。

5. 施工放样与动态监测

结构物放样:利用全站仪、RTK 等技术标定路基边线、桥墩中心、隧道轴线等施工关键点,指导机械精准作业。

施工过程检测:实时复核已建结构的位置、高程及几何尺寸,发现偏差及时纠正,确保施工质量。

6. 竣工测量与运维监测

竣工验收:测量全线竣工位置、断面及工程量,生成竣工图,作为工程验收依据。

变形监测:运营期定期监测道路沉降、位移等变形数据,评估结构安全,指导维护决策。

7. 数据整合与成果输出

借助 AutoCAD、CASS、BIM 等软件,将测量数据转化为设计图、工程量报表及三维模型,实现多专业协同与数字化交付。

任务 11.2　中线测量

11.2.1　中线测量内容

道路中线是指道路路幅的中心线,道路中线的平面线型分直线和平曲线,平曲线的基本形式有圆曲线、缓和曲线。无论是公路还是城市道路,平面线型均会受到地形、地物、水文、地质及其他因素的限制。在直线转向处用曲线连接起来的平面线型称为平曲线,如图 11-1 所示。缓和曲线是指在直线和圆曲线之间加入曲率半径由无穷大逐渐变化到圆曲线半径的曲线。

图 11-1　平曲线类型的道路中线

中线测量是道路工程的核心环节,旨在将设计道路的中心线精确标定至实地,指导施工。中线测量需兼顾设计精度与地形适应性,为后续断面测绘、土方计算及施工放样提供基准,是保障工程几何形态与施工质量的关键步骤。

11.2.2 交点与转点定位

1. 交点(JD)测设

道路的转折点称为交点,它是布设道路、详细测设直线和曲线的控制点。对于低等级的道路,常采用一次定测的方法直接在现场测设出交点的位置。对于高等级的道路或地形复杂的地段,一般先在初测的带状地形图上进行纸上定线,然后实地标定交点位置。

定线测量中,当相邻两交点互不通视或距离较长时,需要在其连线上测定一个或几个转点,以便在交点测量转折角和直线量距时作为照准和定线的目标。下面介绍工作中几种常用的测量方法。

1)坐标放样法

利用从道路设计文件中提取的交点设计坐标、里程桩号,以及相邻交点间的距离、转角等参数,用全站仪、RTK 等通过坐标放样法将交点直接放样在地面上。

2)放点穿线法

放点穿线法是利用图上就近的导线点与纸上定线的直线段之间的角度和距离关系,用图解法求出测设数据,通过实地的导线点把中线的直线段测设到地面上,然后将相邻直线延长相交,定出地面交点桩的位置,适用于地形不太复杂的地段。其工作程序如下。

(1)量距。

在地形图上量出导线与路线的关系。如图 11-2 所示,在导线上选择 D_7、D_8、D_9 等点或导线点,再量取垂直距离 D_7—1、D_8—2、D_9—4 等或角度 β 等,同时把距离按照地形图的比例换算成实际距离。量距时应量取垂直于导线的距离,便于确定 1、2、4、6 点,或量取斜距与角度(如 5 点);也可以选择导线与路线的交点(如 3 点)。为了提高放线精度,一般一条直线上最少应选择三个临时点。这些点选择时应注意选在离导线较近、通视良好、便于测设量距的地方。最后绘制放点示意图。

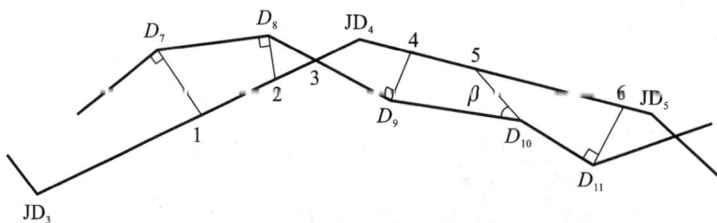

图 11-2　导线与路线关系

(2)放点。

放点常用的方法有极坐标法和支距法。放点时首先应在现场找到导线点或导线点上 D_7、D_8、D_9 等点。如量取垂距,在导线各点上用方向架定出垂线方向,在此方向上量取相应距离并得路线上的临时点;如量取斜距,先在导线各点上用全站仪测出斜距方向,在此方向上量取相应的距离得临时点;如为导线与路线的交点,从导线点向另一导线点方向量取相应距离,可得临时点位置。

(3)穿线。

放出的临时各点理论上应在一条直线上,由于图解数据和测设工作均存在误差,实际上各点并不严格在一条直线上,如图 11-3 所示(1、2、3、4、5 为临时点)。在这种情况下可根据现场实际情况,采用目估法穿线或经纬仪视准法穿线,并通过比较和选择,定出一条尽可能多穿过或靠近临时点的直线。最后在该直线上或其方向上打下两个以上的方向桩,取消临时点桩。AB 即为所求路线的直线段。

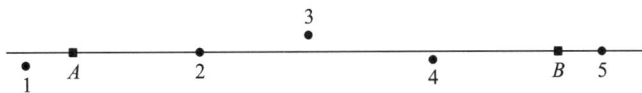

图 11-3　放点穿线法——穿线

(4)交点。

当两条相交的直线在地面上确定后,可进行交点测设。如直线 AB,将经纬仪置于 B 点瞄准 A 点,在视线上接近交点的位置打下两桩(骑马桩)。采用正倒镜分中法在该两桩上定出 a、b 两点,如图 11-4 所示,并钉以小钉,挂上细线。仪器搬至 C 点,采用同样的方法定出 c、d 点,挂上细线,两细线的相交处打下木桩,并钉以小钉,得到交点。

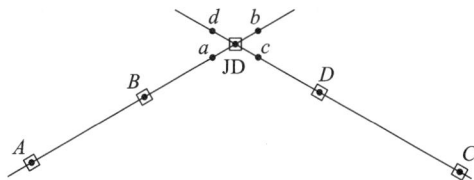

图 11-4　放点穿线法——求交点

3)拨角放线法

(1)在地形图上量出纸上定线的交点坐标,反算相邻交点间的直线长度、坐标方位角及路线转角。

(2)将仪器置于路线中线起点或已确定的交点上,拨出转角,测设直线长度,依次定出各交点位置。

拨角放线法的外业工作迅速,但拨角放线的次数愈多,误差累积也愈大,故每隔一定距离应将测设的中线与测图导线联测,以检查拨角放线的质量。坐标放样法外业工作更快,由于利用测图导线放点,故无误差累积现象。

2. 转点(ZD)测设

转点测设是中线测量的关键环节,主要用于传递方向和保障通视。当相邻交点(JD)因地形障碍(如山体、建筑物遮挡)无法直接通视时,需要通过转点分段标定直线方向,确保中线连续性与测量精度。转点的合理布设直接影响中线放样的效率与准确性,需要结合地形条件选择适宜的测设方法。

1)准备工作

(1)获取设计数据:从道路设计文件中明确相邻交点(JD)的坐标、间距及直线段设计方位角。

(2)现场踏勘:实地勘察地形,确定通视障碍区域,规划转点布设位置及数量。

(3)仪器校准:检查全站仪、棱镜等设备,确保测角精度(如不大于 $2''$)、测距精度(如 ±2 mm $+2$ ppm)符合规范。

2)初步定位转点

(1)两交点间设转点。

如图 11-5 所示,JD_5 和 JD_6 为相邻而互不通视的两个交点,ZD 为初定转点。欲检查 ZD

是否在两交点的连线上,可将经纬仪安置在 ZD 上,用正倒镜分中法定出 JD_6',然后测量出 a、b 距离,计算 e 值,$e = \dfrac{a}{a+b}f$;将 ZD' 按 e 值移至 ZD。在 ZD 上安置经纬仪,按上述方法逐渐趋近,直至符合要求为止。

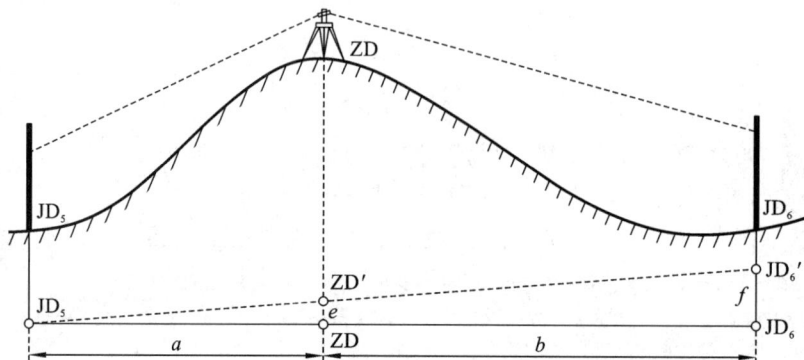

图 11-5 两交点间转点的测设

(2)延长线上设转点。

如图 11-6 所示,JD_7、JD_8 互不通视,可在其延长线上初定转点 ZD'。在 ZD' 上安置经纬仪,用正倒镜照准 JD_8,固紧水平制动螺旋俯视 JD_8,两次取中得到中点 JD_8'。若 JD_8' 与 JD_8 重合或偏差值 f 在容许范围内,即可将 ZD' 作为转点,否则应重设转点。用视距法定出 a、b,则 ZD 应横向移动的距离 e 可按下式计算:$e = \dfrac{a}{a-b}f$,将 ZD' 按 e 值移至 ZD。重复上述方法,直至符合要求为止。

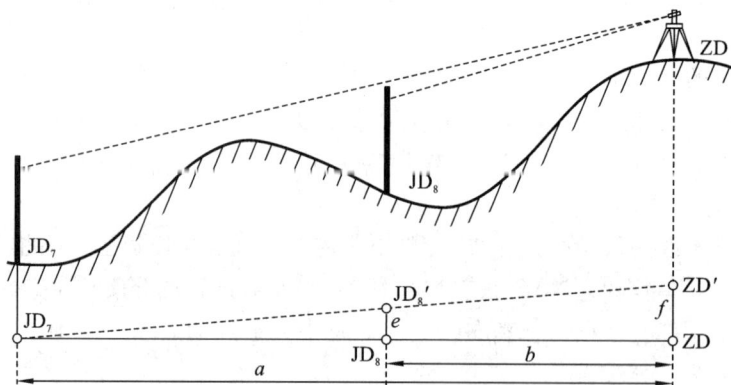

图 11-6 延长线上转点的测设

3)加密转点(长直线或复杂地形)

(1)按需布设:在长直线段(如大于 500 m)或地形起伏区域,每隔一定距离(如 200～300 m)增设转点,加大控制网密度。

(2)分段检核:逐段验证相邻转点间的直线性与距离,避免误差累积。

4)固定标志与护桩设置

(1)埋设转点桩:在确认的转点位置打入木桩或钢钉,标注"ZD+编号"(如 ZD_3)。

(2)设置护桩:在转点周围 3～5 m 安全区域布设 2～3 个护桩,形成"十字交叉"或"三角形"参考系。

护桩需要与转点通视,并记录其相对位置(如距离、方位角),便于后续恢复转点。

5)数据记录与复核

(1)记录实测数据:包括转点坐标、相邻点间距、方位角及护桩信息,形成测量手簿。

(2)内业复核:使用 CAD 或专业软件(如 CASS)验证转点连线是否与设计直线段重合。检查转点距离累积误差是否在允许范围内(如全长相对闭合差不大于 1/1000)。

11.2.3　曲线测设

1. 路线转角的测定

路线转角是指道路中线在交点(JD)处相邻两直线段的水平夹角,用于确定曲线(圆曲线、缓和曲线)的设计参数(如半径、切线长)。测定转角的目的是保证道路线形平顺,满足行车安全与舒适性要求,并为后续曲线测设提供关键几何数据。

如图 11-7 所示,转角的计算如下。

当 $\beta_左 > 180°$ 时,为右转角,有 $\alpha_y = \beta_左 - 180°$;

当 $\beta_左 < 180°$ 时,为左转角,有 $\alpha_z = 180° - \beta_左$;

当 $\beta_右 < 180°$ 时,为右转角,有 $\alpha_y = 180° - \beta_右$;

当 $\beta_右 > 180°$ 时,为左转角,有 $\alpha_z = \beta_右 - 180°$。

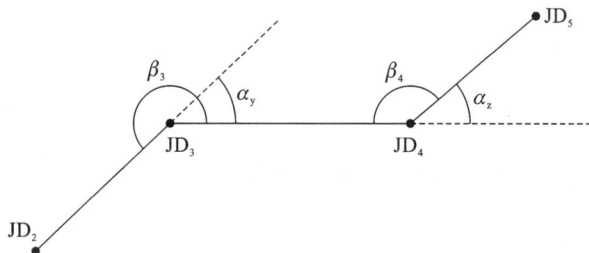

图 11-7　路线转角的测定

2. 分角线方向的测定

分角线方向是指道路转角(交点处相邻两直线段的水平夹角)的平分线方向,是曲线(圆曲线、缓和曲线)测设的基准线,用于确定曲线起点(ZY)、终点(YZ)及圆心方向。测定分角线方向的目的是精准标定曲线的几何轴线,确保线形平顺衔接,并为后续曲线元素(切线长、外矢距等)计算提供依据。由于测设曲线的需要,在右角测定后,保持水平度盘位置不变,在路线设置曲线的一侧定出分角线方向。如图 11-8 所示,角度的 2 个方向值为 a、b,则分角线方向 $c = (a+b)/2$。

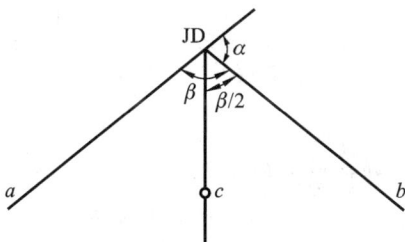

图 11-8　分角线方向的测定

3. 路线角度闭合差的检核

路线角度闭合差是指导线测量中,实测角度总和与理论角度总和的差值,用于检验角度观测的精度及数据可靠性。通过闭合差检核,可判断测量成果是否符合规范要求,并为后续平差计算提供依据,确保道路整体几何线形准确。

检核步骤和方法如下。

1)理论角度总和计算

当路线导线与高级控制点连接时,可按附合导线计算角度闭合差。若闭合差在限差之内,则可进行闭合差调整。

理论角度总和为 $\alpha_{终}-\alpha_{起}\pm n\times180°$,其中 $\alpha_{起}$、$\alpha_{终}$ 分别为起始边和终止边的已知方位角,n 为导线边数(即测站数)。

2)实测角度总和计算

对所有观测的水平角求和,记为 $\sum\beta_{测}$。

3)闭合差计算

闭合差 $f_{\beta}=\sum\beta_{测}-\sum\beta_{理}$。

4)容许闭合差判定

根据测量等级确定容许闭合差 $f_{\beta容}$。

一般公式:$f_{\beta容}=\pm40''n$(适用于图根导线)。

规范要求:一级导线 $f_{\beta容}=\pm10''n$。

判定原则:若 $|f_{\beta}|\leqslant|f_{\beta容}|$,则测量合格,否则需要重测。

5)闭合差分配(平差)

若闭合差合格,将差值反号平均分配至各观测角。

11.2.4 里程桩布设

如图 11-9 所示,里程桩是沿道路中线按固定间距或特定位置设置的标记点,用于标识该点距道路起点的水平距离,是道路测量、设计及施工的核心定位基准。

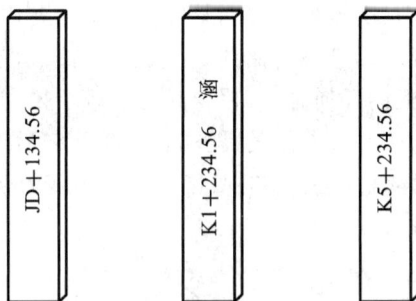

图 11-9 里程桩

1. 里程桩设置

(1)中桩:用于标定道路中线位置的标志,称为中线桩,简称中桩。

(2)整桩:按固定间距(如 20 m、50 m)设置的里程桩,适用于直线段及平缓曲线段,用于标记地形突变或关键构造物位置。

(3)加桩:在相邻整桩之间道路穿越的重要地物处(如铁路、公路、旧有管道等)及地面坡度变化处要增设加桩。加桩的类型包括地形加桩、地物加桩、曲线加桩和关系加桩。

（4）桩号的标示：每个桩的桩号表示该桩距路线起点的里程，如图 11-10 所示。如某加桩距路线起点的距离为 1234.56 m，则其桩号记为 K1＋234.56。桩号中"＋"号前面为整千米数，"＋"后面为米数。

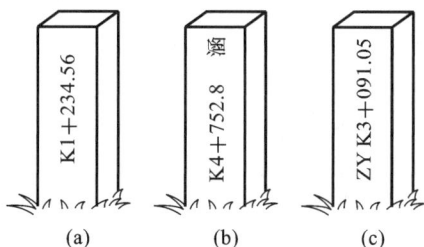

图 11-10　桩号的标示

2. 中桩设置的基本要求

中桩的设置应满足表 11-1 的桩距及精度要求。

表 11-1　中桩间距要求

直线/m		曲线/m			
平原微丘区	山岭重丘区	不设超高的曲线	$R>60$	$60 \geqslant R \geqslant 30$	$R<30$
≤50	≤25	≤25	≤20	≤10	≤5

注：R 为曲线半径。

3. 测量标志

（1）主要控制桩：是指需要保留较长时间、反复用于各设计阶段和施工期间的控制性标志，主要有 GPS 点、三角点、导线点、水准点、桥隧控制桩等。主要控制桩应为预制或就地浇筑混凝土桩；当有整体坚固岩石或建筑物时，也可设置在岩石或建筑物上。

（2）一般控制桩：主要包括交点桩、转点桩、平曲线控制桩、路线起终点桩、断链桩及其他构造物控制桩等。一般控制桩的尺寸为 5 cm×5 cm×（30～50）cm 或直径为 5 cm 的木质桩。

（3）标志桩：主要用于道路中线上整桩、加桩和控制桩的指示桩。标志桩一般为（4～5）cm×（1～1.5）cm×（25～30）cm 的木质或竹质桩。平曲线主点名称及缩写如表 11-2 所示。

表 11-2　平曲线主点名称及缩写

标志桩名称	简称	汉语拼音缩写	英义缩写	标志桩名称	简称	汉语拼音缩写	英文缩写
交点		JD	IP	公切点		GQ	CP
转点		ZD	TP	第一缓和曲线起点	直缓点	ZH	TS
圆曲线起点	直圆点	ZY	BC	第一缓和曲线终点	缓圆点	HY	SC
圆曲线中点	曲中点	QZ	MC	第二缓和曲线起点	圆缓点	YH	CS
圆曲线终点	圆直点	YZ	EC	第二缓和曲线终点	缓直点	HZ	ST

4. 里程桩的测设方法

测设里程桩时，按工程精度要求不同，可采用经纬仪法或目测法确定中线方向，然后依次沿中线方向按设计间隔量距打桩。量距时可采用光电测距仪或经检定后的钢尺，精度要求较低时也可采用视距法。对于市政工程,道路中线桩位与曲线测设的精度要求应符合表 11-3 的规定。

表 11-3　道路中线桩位与曲线测设的精度

公路等级	距离限差	桩位纵向误差/m		桩位横向误差/cm	
		平原、微丘	山岭、重丘	平原、微丘	山岭、重丘
高速公路、一级公路	1/2000	$S/2000+0.05$	$S/2000+0.10$	5	10
二级及二级以下公路	1/1000	$S/1000+0.10$	$S/1000+0.10$	10	15

注:S 为转点或交点至桩位的距离,以 m 计。

5.测量记录

(1)公路勘测的各种记录,应采用专用记录簿。

(2)测量记录应现场立即记录,字迹要清楚、整齐,不得擦改、转抄。

(3)当记录发生错误时,应用横道线整齐划去原记录的错误数字或文字,重新记录正确的数字或文字。如测站发生错误,应划去该页,另页记录,并在划去页中加注说明。

(4)统一的标准记录簿中所规定的项目,应逐项记录齐全。说明及草图要精练、准确。

(5)采用计算机记录时可按现行的《测量外业电子记录基本格式》(CH/T 2004—1999)执行,并应打印输出与手簿相同的内容及各项计算成果附于记录簿中。

(6)测量结束后,应及时整理、检查所有成果和计算是否符合各项限差及技术要求,经复核人员复核无误并签署后,方能交付使用。计算工作采用电子计算机时,对输入的数据应进行核对,计算的打印成果亦应进行校验。

(7)测量完毕后,各种记录簿应编页、编目、整理,并由测量、复核及主管人员签署。

任务 11.3　圆曲线测设

11.3.1　圆曲线测设概述

圆曲线指的是道路平面走向改变方向或竖向改变坡度时所设置的,连接两相邻直线段的圆弧形曲线。圆曲线测设是道路工程中连接两直线段的核心环节,旨在通过精准放样实现方向平顺过渡,确保行车安全与舒适性。圆曲线测设的方法有多种,如偏角法、切线支距法、弦线支距法等。圆曲线测设一般先测设曲线上起控制作用的主点,也就是曲线起点 ZY、曲线中点 QZ 和曲线终点 YZ;再依据主点依次测设曲线上每隔一定间距的加密点,按照规定桩距测设曲线上的其他各桩点,此阶段称为曲线的详细测设。

11.3.2　圆曲线测设要素计算

1.圆曲线的主点

(1)直圆点:按道路里程增加方向,由直线进入圆曲线的分界点,以 ZY 表示。

(2)曲中点:圆心和交点的连线与圆曲线的交点,以 QZ 表示。

(3)圆直点:按道路里程增加方向,由圆曲线进入直线的分界点,以 YZ 表示。

2.圆曲线的要素

(1)切线长:JD 至 ZY(或 YZ)的线段长度,以 T 表示。

(2)曲线长:ZY 至 YZ 的圆弧长度,以 L 表示。

(3)外矢距:QZ 至 JD 的线段长度,以 E_0 表示。

(4)切曲差:始、末两端切线总长与曲线长度之差,以 D 表示,$D = 2T - L$。

3. 几何要素计算

如图 11-11 所示,根据设计参数计算几何要素,见式(11-1)~式(11-4)。

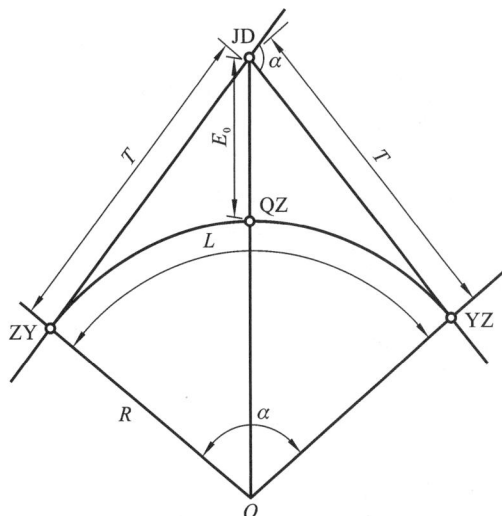

图 11-11   圆曲线测设元素

$$T = R \cdot \tan \frac{\alpha}{2} \tag{11-1}$$

$$L = R \cdot \alpha \frac{\pi}{180°} \tag{11-2}$$

$$E_0 = R\left(\sec \frac{\alpha}{2} - 1\right) \tag{11-3}$$

$$D = 2T - L \tag{11-4}$$

11.3.3   主点里程的计算

交点(JD)的里程是在中线测量中得到的,根据交点的里程和圆曲线测设元素,即可推算圆曲线上各主点的里程并加以校核,见式(11-5)。

$$\left.\begin{array}{l} \text{ZY 里程} = \text{JD 里程} - T \\ \text{YZ 里程} = \text{ZY 里程} + L \\ \text{QZ 里程} = \text{YZ 里程} - L/2 \\ \text{JD 里程} = \text{QZ 里程} + \dfrac{D}{2} \end{array}\right\} \tag{11-5}$$

【例题 11-1】 已知某圆曲线设计的半径 $R = 300$ m、实测转向角 $\alpha = 27°28'$,交点的里程为 K6+292.46,试计算该圆曲线的要素,推算各主点的里程。

解:根据公式可求得圆曲线的几何要素为:

$$T = R \cdot \tan \frac{\alpha}{2} = 73.32 \text{ m}$$

$$L = R \cdot \alpha \cdot \frac{\pi}{180°} = 143.82 \text{ m}$$

$$E_0 = R\left(\sec\frac{\alpha}{2} - 1\right) = 8.83 \text{ m}$$

$$D = 2T - L = 2.82 \text{ m}$$

由式(11-5)推算得各主点的里程为：

JD	K6+292.46
−)T	73.32
ZY	K6+219.14
+)L	143.82
YZ	K6+362.96
−)L/2	71.91
QZ	K6+291.05
+)D/2	1.41
JD	K6+292.46

11.3.4 主点测设

1. 直圆点(ZY)与圆直点(YZ)

(1)将经纬仪安置在交点(JD)上,用望远镜照准后视相邻交点或转点,沿此方向线量取切线长 T,得圆曲线起点直圆点(ZY),插上一测钎。测量直圆点(ZY)至相邻直线桩距离,如两桩号距离之差在容许范围内,即可在测钎处打下方桩,桩顶与地面齐平,钉上小钉表示点位,并在旁边另打一指示桩,写明点名(ZY)和里程。

(2)用望远镜照准前进方向的交点或转点,按上述方法,定出圆直点(YZ)的点位桩和指示桩,并进行检核。

2. 曲中点(QZ)

计算平分角,取盘左、盘右中数定出曲中点(QZ)的点位桩和指示桩。转动照准部,瞄准点位桩,该方向即为分角线方向,量取 E_0,定出曲中点(QZ)。为保证主点的测设精度,切线长度应进行往返测量,且精度不低于1/2000。

3. 校核

测量 ZY 至 YZ 的弦长,验证是否与理论值一致。

11.3.5 圆曲线详细测设

1. 曲线设桩

在设置好圆曲线的主点后,即可进行圆曲线的详细测设,通常有以下两种方法。

1)整桩号法

将曲线上靠近起点(ZY)的第一个桩号凑成整数,为10倍数的整桩号,然后按桩距10 m连续向曲线终点 YZ 设桩。这样设置的桩的桩号均为整数。

2)整桩距法

从曲线起点(ZY)和终点(YZ)开始,分别以桩距10 m连续向曲线中点 QZ 设桩。由于这样设置的桩号一般为非整数桩号,因此,在实测中应注意加设百米桩和千米桩。

2.详细测设方法

圆曲线的主点 ZY、QZ、YZ 定出后,为在地面上标定出圆曲线的形状,还必须进行曲线的加密工作,即在曲线上每间隔一定距离测设一些细部点,由此把圆曲线的形状和位置详细地定于实地。一般方法有偏角法和切线支距法等。

1)偏角法

偏角法是用曲线的起点(ZY)或终点(YZ)到曲线上任意一点 P_i 的弦线与切线 T 间的夹角弦切角(偏角)和弦长 C_i 来确定 P_i 点位置的一种方法。根据几何学的原理,偏角 Δ_i 等于相应弧长 l_i 所对应的圆心角 φ_i 的一半,见式(11-6)和式(11-7)。偏角法如图 11-12 所示。

$$\Delta_i = \frac{\varphi_i}{2} = \frac{l_i}{R} \cdot \frac{90°}{\pi} \tag{11-6}$$

$$C_i = 2R\sin\frac{\varphi_i}{2} \tag{11-7}$$

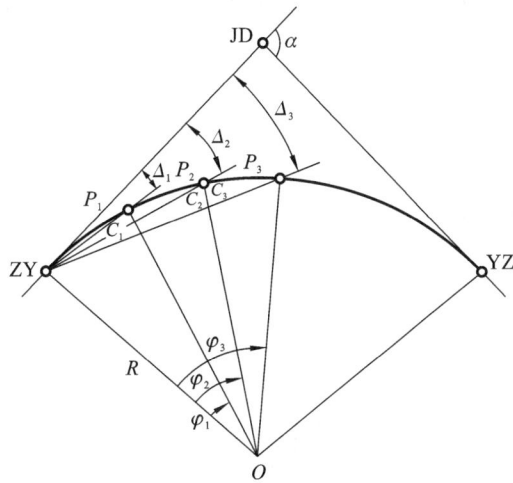

图 11-12 偏角法

在测设曲线时,可以在曲线的起点(ZY)或终点(YZ)分别向曲线的中点(QZ)测设,在不同的点位测设时就有正拨和反拨两种情况。由于经纬仪的水平度盘是顺时针刻画的,当曲线为右偏时,在 ZY 点安置仪器测设曲线,曲线偏角增加的方向与水平度盘的增加方向一致,都是顺时针增加,此时称为正拨;在 YZ 点安置仪器测设曲线时,曲线偏角增加的方向与水平度盘的增加方向相反,此时称为反拨。当曲线为左偏时,在 ZY 点测设曲线为反拨,在 YZ 点测设曲线为正拨。正拨时,如果望远镜照准切线方向且水平度盘设置为 0°,各桩的偏角读数就等于各桩的偏角值;而反拨时,各桩的偏角读数就应等于 360°减去各桩的偏角值。

用偏角法测设圆曲线的细部点,因测设距离的方法不同,分为短弦偏角法和长弦偏角法两种。前者测设相邻细部点的距离(短弦),适合用于经纬仪加钢尺测量。后者测设测站至细部点的距离(长弦),适合用于全站仪测量。

偏角法不仅可以在 ZY、YZ、QZ 点等圆曲线的主点上测设曲线,还可以在圆曲线任意一点上测设。它是一种测设精度较高、实用性较强的方法。但在用短弦偏角法测量时存在测点误差积累的缺点,所以宜从曲线两端向中点或自中点向两端测设曲线。

2)切线支距法

切线支距法即直角坐标法,是以曲线的起点 ZY(对于前半轴曲线)或终点 YZ(对于后半轴曲线)为坐标原点,以过曲线的起点 ZY 或终点 YZ 的切线为 x 轴,过原点的半径为 y 轴,按曲线上各点坐标 x、y 设置曲线上各点的位置。切线支距法适用于地势较平坦的地区。

(1)曲线点直角坐标的计算。

如图 11-13 所示,曲线点的直角坐标(x,y)计算见式(11-8)~式(11-10)。

$$x_i = R\sin\alpha_i \tag{11-8}$$

$$y_i = R - R\cos\alpha_i = R(1-\cos\alpha_i) \tag{11-9}$$

$$\alpha_i = \frac{L_i}{R}\frac{180°}{\pi} \tag{11-10}$$

式中:R 为圆曲线半径;L_i 为曲线点 l_i 至 ZY(或 YZ)的曲线长,一般定为 10 m、20 m、30 m…,即每 10 m 一桩。

根据 R 及 L_1 值,即可计算相应的 x_1,y_1。

(2)切线支距法的测设步骤。

以图 11-14 为例,设在圆曲线上每 10 m 测设一点,测设步骤如下。

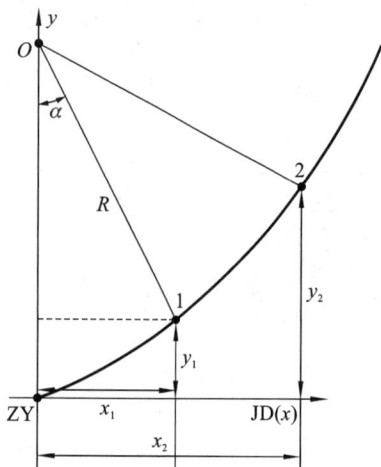

图 11-13　曲线点直角坐标的计算

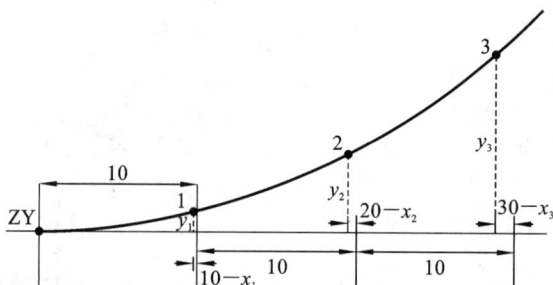

图 11-14　切线支距法测设

①先沿切线上每 10 m 量一点,将半个曲线长度测设完毕。

②于每 10 m 处回量 L_1-x_1,可得各曲线点在 x 轴上的投影,即各曲线点的 x 值。

③过各曲线点在 x 轴上的投影点作切线的垂直方向,并在垂直方向上量取 y_1,即测设出圆曲线的各点。测设完毕后,应量取相邻各桩之间的距离,并与相应的桩号之差做比较,若较差均在限差之内,则曲线测设合格;否则应查明原因,予以纠正。

任务 11.4　缓和曲线测设

当车辆行驶在曲线路面时,由于受到离心力的作用,车辆容易向曲线外侧倾倒。这种倾斜不仅影响车辆的舒适性,也影响了行车安全。为了减小离心力对车辆行驶的影响,路面必须在曲线外侧加高,称为超高。直线段上超高为零。

这就需要在直线段与圆曲线之间插入一条起过渡作用的曲线,曲率半径由直线的无穷大逐渐变化至圆曲线半径 R;或是在圆曲线半径由 R_1 变化到 R_2 的两个半径不同的圆曲线之间插入一条起过渡作用的曲线,此曲线称为缓和曲线。

缓和曲线可使行车平稳,保证行车安全,增加线形的美感。缓和曲线的形式有回旋线、三次抛物线和双纽线等,目前我国公路、铁路设计中大多以回旋线作为缓和曲线。

11.4.1 缓和曲线的基本公式

如图 11-15 所示,回旋型缓和曲线是曲率半径随着曲线的增大而成反比地均匀减小的曲线,即在回旋线上任一点的曲率半径 ρ 与曲线的长度 l 成反比,见式(11-11)。

$$\rho = c/l \tag{11-11}$$

其中,c 值可以按照以下方法确定。

在缓和曲线终点,HY 点的曲率半径等于圆曲线的半径,即 $\rho = R$,该点的曲线长度是缓和曲线的全长,即 $l = l_s$,可得:

$$c = R l_s \tag{11-12}$$

式中,c 为常数,表示缓和曲线半径的变化率,目前我国公路采用 $c = 0.035 v^3$,v 为计算行车速度(km/h)。

缓和曲线全长计算见式(11-13)。

$$l_s = 0.035 \frac{v^3}{R} \tag{11-13}$$

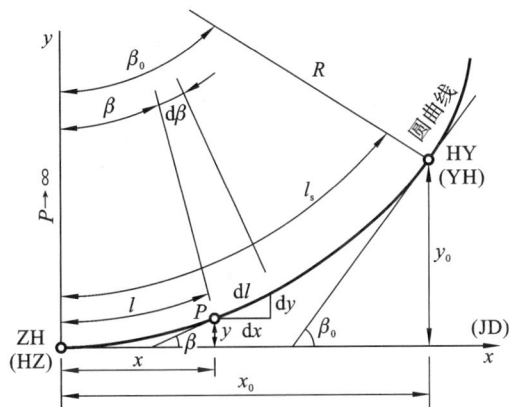

图 11-15　回旋型缓和曲线

11.4.2 切线角公式

如图 11-15 所示,设回旋线上任一点 P 的切线与起点 ZH 切线的交角为 β,该角值与 P 点至起点曲线长 l 所对的中心角相等。在 P 处取一微分弧段 dl,所对的中心角为 $d\beta$,于是有:

$$d\beta = \frac{dl}{\rho} = \frac{l \cdot dl}{c} \tag{11-14}$$

积分得:

$$\beta = \frac{l^2}{2c} = \frac{l^2}{2Rl_s} \tag{11-15}$$

当 $l = l_s$ 时,用 β_0 替代 β 来表示,即:

$$\beta_0 = \frac{l_s}{2R} \tag{11-16}$$

换算成角度为：

$$\beta_0 = \frac{l_s}{2R} \cdot \frac{180°}{\pi} \tag{11-17}$$

β_0 为缓和曲线全长 l_s 所对应的中心角，即切线角，也称为缓和曲线角。

11.4.3 缓和曲线参数方程

如图 11-15 所示，设缓和曲线起点为坐标原点，过该点的切线为 x 轴，半径为 y 轴，任取一点 P 的坐标为 (x, y)，则微分弧段 dl 在坐标轴上的投影为：

$$\begin{cases} dx = dl \cos\beta \\ dy = dl \sin\beta \end{cases} \tag{11-18}$$

将上式中的 $\cos\beta$、$\sin\beta$ 按照级数展开，将 β 代入，则：

$$\begin{cases} dx = \left[1 - \frac{1}{2}\left(\frac{l^2}{2Rl_s}\right)^2 + \frac{1}{24}\left(\frac{l^2}{2Rl_s}\right)^4 - \cdots\right] dl \\ dy = \left[\frac{l^2}{2Rl_s} - \frac{1}{6}\left(\frac{l^2}{2Rl_s}\right)^3 + \frac{1}{120}\left(\frac{l^2}{2Rl_s}\right)^5 - \cdots\right] dl \end{cases}$$

略去高次项，得：

$$\begin{cases} x = l - \frac{l^5}{40R^2 l_s^2} \\ y = \frac{l^3}{6Rl_s} - \frac{l^7}{336R^3 l_s^3} \end{cases} \tag{11-19}$$

此为缓和曲线的参数方程，当 $l = l_s$ 时，可得缓和曲线终点坐标为：

$$\begin{cases} x_0 = l_s - \frac{l_s^3}{40R^2} \\ y_0 = \frac{l_s^2}{6R} - \frac{l_s^4}{336R^3} \end{cases} \tag{11-20}$$

【复习思考】

1. 道路工程的测量工作主要内容有哪些？
2. 道路中线测量的主要工作有哪些？
3. 道路的加桩包括哪些？

项目 12 道路纵横断面测量

【学习目标】

1. 知识目标

(1)掌握道路纵断面测量和横断面测量的基本概念、任务分类及测量流程。

(2)理解竖曲线桩点高程计算的方法,熟悉纵断面绘制和横断面绘制的原理与方法。

2. 技能目标

(1)能熟练使用测量仪器进行道路纵断面测量和横断面测量。

(2)了解国家和行业相关技术规范,掌握道路工程设计、施工及验收阶段的测量技术标准,能正确计算竖曲线桩点高程,能依据测量数据熟练绘制纵断面图和横断面图。

3. 思政目标

(1)培养严谨细致的工作态度,确保计算数据的准确性和可靠性。

(2)增强团队协作能力,在纵断面、横断面测量等过程中,各队员之间能有效沟通。

(3)树立安全意识,严格遵守测量仪器的操作规范和现场施工要求。

(4)培养问题解决能力,能够正确绘制纵断面和横断面图,针对工程问题提出合理解决方案。

(5)提升责任意识,理解测量精度对工程质量的直接影响,确保测量工作的规范性。

【项目导入】

道路是经济发展的动脉,合理的纵坡设计能够有效提高车辆运输效率,降低运输成本,减少因坡度过大或过小导致的交通事故。横断面测量结果用于确定道路的宽度、车道数、路肩宽度、边坡坡度等设计参数。根据横断面测量的地形情况,可以合理确定路基的宽度,以满足交通流量和行车安全的要求。同时,边坡坡度的设计也需要参考横断面测量数据,确保边坡的稳定性和美观性。此外,道路纵横断面测量还用于设计道路的排水设施。通过分析横断面图上地面高程的变化,可以确定雨水的流向,合理布置排水沟、边沟等排水设施的位置和坡度,防止雨水冲刷路基和路面。准确的纵断面和横断面测量能够确保道路建设的质量。

任务 12.1 道路纵断面测量

道路纵断面测量的任务是测定中线上各里程桩的地面高程,绘制中线纵断面图,作为设计线路坡度、计算中桩填挖尺寸的依据。线路水准测量分两步进行:首先在线路方向上设置水准点,建立高程控制,称为基平测量;然后根据各水准点高程,分段进行中桩水准测量,称为中平测量。横断面测量主要是测定各中心桩两侧垂直于线路中线的地面高程,测量所得数据可供路基设计、计算土石方量及施工放边桩之用。

12.1.1 基平测量

1. 水准点的设置

水准点是路线高程的控制点,勘测设计和施工阶段都要使用。因此要根据不同的需要和用途,将布设的水准点分为永久水准点和临时水准点。在路线的起终点、大桥两岸、隧道两端及一些需要长期观测高程的重点工程附近均应设置永久性水准点,在一般地区也应每隔适当距离设置一个。永久性水准点应为混凝土桩,也可在牢固的永久性建筑物顶面凸出处设置;山区岩石地段的水准点桩可利用坚硬稳定的岩石,并用金属标志嵌在岩石上。混凝土水准点桩顶面的钢筋应锉成球面。临时水准点的布设密度,应根据地形的复杂程度及工程的需要而定,临时性水准点可埋设大木桩,顶面钉入大铁钉作为标志,也可设在地面突出的坚硬岩石或建筑物墙角处,并用红油漆作标志。

水准点沿路线布设宜设于道路中线两侧 50~300 m 范围之内;布设间距宜为 1~1.5 km,大桥、隧道洞口及其他大型构造物两端应按要求增设水准点。

2. 基平测量的方法

1)水准测量的等级

我国高速、一级公路为四等,二、三、四级公路为五等。

2)基平测量方案

应将起始水准点与附近国家水准点进行联测,以获取绝对高程,并对测量结果进行检测。通常应构成附合水准路线;当路线附近没有国家水准点,或引测困难时,则可以地形图或气压表读数为参考,使起始水准点的假定高程与实际高程更接近。水准点的高程测定,应根据水准测量的等级选定水准仪及水准尺类型,考虑到仪器误差的影响,通常采用一台水准仪在水准点间进行往返观测,也可用两台水准仪进行单程观测。

基平测量时,采用一台水准仪往返观测或两台水准仪单程观测所得高差,应符合水准测量的精度要求,不得超过容许值。基平测量工作主要是沿线设置水准点,并测定其高程,建立路线高程控制网,作为中平测量、施工放样及竣工验收的依据。

12.1.2 中平测量

1. 中平测量概念

中平测量又名中桩抄平,是指在基平测量后测定各个中桩高程的工作。常用方法有水准测量、全站仪三角高程测量和 RTK 测量等方法。

2. 转点设置

水准测量以两相邻水准点为一测段,从一个水准点开始,逐个测定中桩的地面高程,直至闭合于下一个水准点上。在测量过程中仅起传递高程作用的点称为转点,简写为 ZD。由于转点起着传递高程的作用,在测站上应先观测转点,后观测中间点。

3. 中间点

在每一个测站上,除传递高程、观测转点外,应尽量多观测中桩。相邻两转点间观测的中桩,称为中间点,其读数为中视读数。转点读数至毫米,水准尺应立于稳固的桩顶或坚石上。中间点读数可至厘米,视线也可适当放长,立尺应紧靠桩边的地面上。

一测段观测结束后,应计算测段高差 $\Delta h_{中}$,其与基平所测测段两端水准点高差 $\Delta h_{基}$ 之差,称为测段高差闭合差 f_h。测段高差闭合差应符合中桩高程测量精度要求,否则应重测。中桩高程测量的精度要求,其容许误差:高速公路、一级公路为 $\pm 30\sqrt{L}$ mm(L 为水准路线长度);二级及二级以下公路为 $\pm 50\sqrt{L}$ mm。中桩高程检测限差:高速公路、一级公路为 ± 5 cm;二级及二级以下公路为 ± 10 cm。中桩高程测量,对需要特殊控制的建筑物、铁路轨顶等,应按规定测出其标高,检测限差为 ± 2 cm。

4.计算

中桩地面高程及前视点高程应按所属测站的视线高程计算。每一测站的计算按下列公式进行。

$$视线高程＝后视点高程＋后视读数$$
$$中桩高程＝视线高程－中视读数$$
$$转点高程＝视线高程－前视读数$$

【**例题 12-1**】 BM_5 位于 K4＋000 桩的右侧 50 m 处。已知水准点 BM_5 高程为 101.293 m,如表 12-1 所示为路线的中桩高程测量记录计算表。

表 12-1 中桩高程测量记录计算表

立尺点	水准尺读数			视线高程/m	高程/m
	后视	中视	前视		
BM_5	2.047			103.340	101.293
K4＋000		1.92			101.42
＋020		1.52			101.82
＋040		2.01			101.33
＋060		1.36			101.98
ZD_1	1.734		1.012	104.062	102.328
＋080		1.08			102.98
＋100		2.55			101.51
＋120		2.70			101.36
BM_6	1.213		2.580	102.695	101.482

(1)视线高程＝BM_5 高程＋后视读数＝101.293 m＋2.047 m＝103.340 m。

(2)视线高程 103.340 m 减去转点 ZD_1 的前视读数 1.012 m,得 ZD_1 的高程 102.328 m。

(3)视线高程 103.340 m 分别减去各中桩中视读数,得各中桩高程。

12.1.3 纵断面的绘制

纵断面图既能表示中线方向的地面起伏状况,又可在其上进行纵坡设计,是道路设计和施工的重要资料。纵断面图的绘制一般可按下列步骤进行。

1.打格制表

按照选定的里程比例尺和高程比例尺打格制表,填写直线与曲线、里程、地面高程、土壤地质说明等资料。

2. 绘地面线

首先选定纵坐标的起始高程,使绘出的地面线位于图上适当位置。一般是以 10 m 整倍数的高程定在 5 cm 方格的粗线上,便于绘图和阅图。然后根据中桩的里程和高程,在图上按纵、横比例尺依次点出各中桩的地面高程,再用直线将相邻点一个个连接起来,就得到地面线。在高差变化较大的地区,如果纵向受到图幅限制时,可在适当地段变更图上高程起算位置,此时地面线将构成台阶形式。

3. 根据纵坡设计计算设计高程

路线的纵坡确定后,可根据设计纵坡和两点间的水平距离,由一点的高程计算另一点的设计高程。绘制"设计坡度与距离"一栏时,分别用斜线或水平线表示设计坡度的方向,线上方注记坡度数值(以百分比表示)、下方注记坡长,水平线表示平坡,不同的坡段以竖线分开。

4. 绘制地面线

在"地面高程"栏中,注上对应于各中桩桩号的地面高程,并在纵断面图上按各中桩的地面高程依次展绘其相应位置,用细直线连接各相邻点位,即得中线方向的地面线。计算各桩的填挖高度,同一桩号的设计高程与地面高程之差,即为该桩的填挖高度,填方为正,挖方为负。

5. 在图上注记有关资料

纵断面图是沿中线方向绘制的反映地面起伏和纵坡设计的线状图,用于表示各路段纵坡的大小和坡长及中线位置的填挖高度,是道路设计和施工的重要技术文件之一。纵断面图由上、下两部分组成。在图的上部,从左至右有两条贯穿全图的线,如图 12-1 所示。一条是细的折线,表示中线方向的实际地面线,该线以里程为横坐标、高程为纵坐标,是根据中平测量的中桩地面高程绘制的。为了明显反映地面的起伏变化,一般里程比例尺取 1:5000、1:2000 或 1:1000,而高程比例尺则为里程比例尺的 10 倍,取 1:500、1:200 或 1:100。图中另一条是粗线,是包含竖曲线在内的纵坡设计线,是在设计时绘制的。在"平曲线"栏中,应按里程桩号标明路线的直线部分和曲线部分。曲线部分用直角折线表示,上凸表示路线右偏,下凹表示路线左偏,并注明交点编号及其桩号,注明 R、T、L、E 等曲线元素。

12.1.4 竖曲线的测设

在线路的纵坡变更处,为了满足视距和行车平稳的要求,在竖直面内用圆曲线将两段纵坡连接起来,这种曲线叫竖曲线,如图 12-2 所示。

测设竖曲线时,根据路线纵断面图设计中的竖曲线半径 R 和相邻坡道的坡度 i_1、i_2,计算测设数据。如图 12-3 所示,竖曲线元素的计算可用平曲线的计算公式[见式(11-1)~式(11-3)]。

由于竖曲线的坡度转折角 α 很小,计算公式可进行如下简化。

因:

$$\begin{cases} \alpha = (i_1 - i_2)\rho \\ \tan\dfrac{\alpha}{2} \approx \dfrac{\alpha}{2\rho} \end{cases}$$

则:

$$\begin{cases} T = \dfrac{1}{2}R \mid i_1 - i_2 \mid \\ L = R \mid i_1 - i_2 \mid \end{cases} \tag{12-4}$$

纵断面图内文字：自然线、设计线、297.734、最低点、0.495%

项目	+960	+980	K2+000	+020	+040	+060	+080	+100	+120	+140	+160	+180	+200	+220	+240
设计坡度与距离	260 (602.398)							0.495%						4.823%	20 (400)
设计高程	298.543	298.444	298.345	298.246	298.147	298.049	297.95	297.851	297.757 (297.752)	297.74 (297.653)	297.823 (297.554)	298.005 (297.455)	298.288 (297.356)	298.671 (297.257)	299.154 (298.222)
地面高程	285.525	295.54	296.95	297.532	297.505	298.2	298.455	298.2	298.049	297.71	297.6	297.565	297.38	297.257	292.24
路中填挖高度	13.018	2.904	1.395	0.714	0.642	-0.151	-0.505	-0.349	-0.292	0.03	0.223	0.44	0.908	1.414	6.914
桩号	+960	+980	K2+000	+020	+040	+060	+080	+100	+120	+140	+160	+180	+200	+220	+240
平曲线	$L=534.985$　$α=92°$					$R=600$　$E=2.808$　$T=58.115$　$L_y=115.869$　JD_3　$α_3=11°$						$L=350.29$　$α=103°$			

1 : 200　　1 : 1000

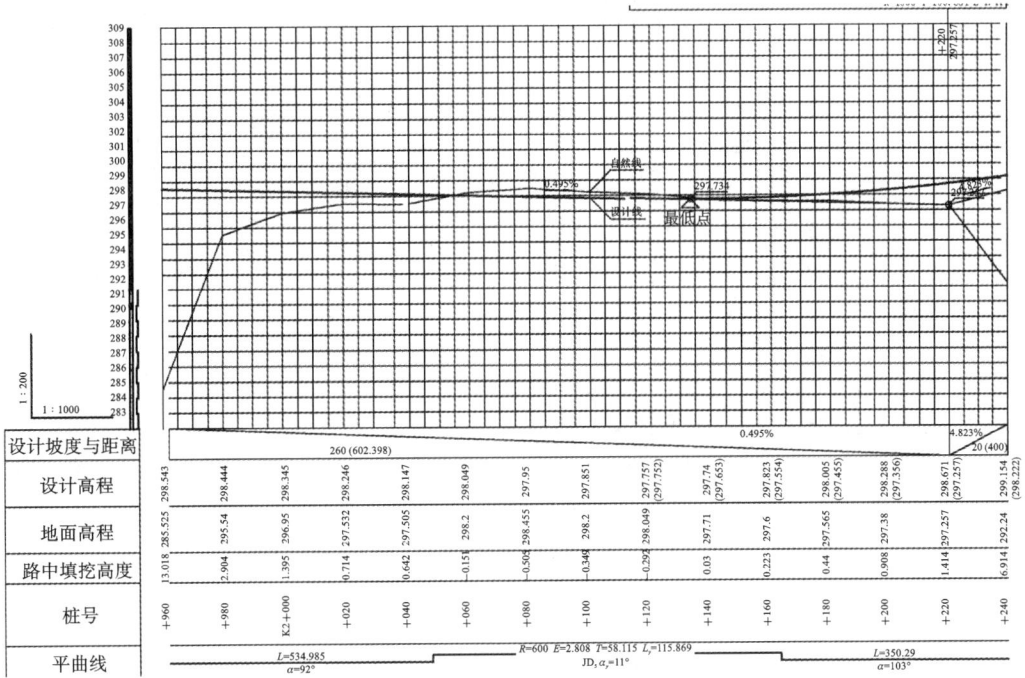

图 12-1　纵断面图的绘制

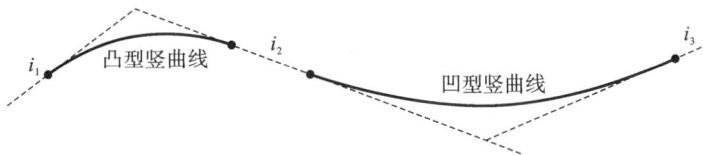

图中标注：i_1、凸型竖曲线、i_2、凹型竖曲线、i_3

图 12-2　竖曲线

图中标注：C、$α$、T、E、i_1、y、i_2、A、D、B、x、F、R、$\dfrac{α}{2}$、O

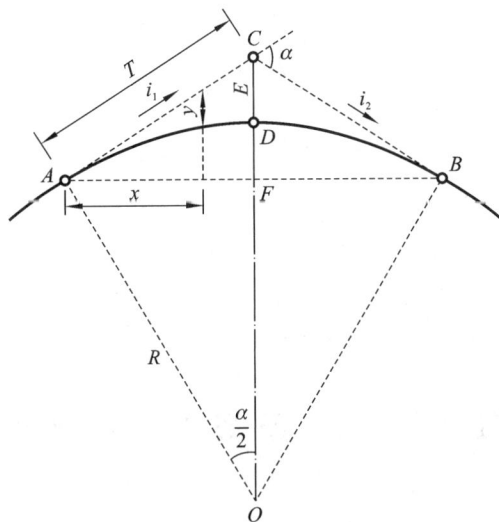

图 12-3　竖曲线的计算

对于 E 值也可按下面的近似公式计算。

因为 $DF \approx CD = E$，$\triangle AOF \backsim \triangle CAF$，则 $R : AF = AC : CF = AC : (2E)$，因此：

$$E = \frac{AC \cdot AF}{2R}$$

又因为 $AF \approx AC = T$，得：

$$E = \frac{T^2}{2R} \tag{12-5}$$

同理，可导出竖曲线中间各点按直角坐标法测设的纵距（即标高改正值），见式（12-6）。

$$y_i = \frac{x_i^2}{2R} \tag{12-6}$$

式中，y_i 值在凹型竖曲线中为正值，在凸型竖曲线中为负值。

【例题 12-2】 测设某工程凹型竖曲线，已知 $i_1 = -1.114\%$，$i_2 = +0.154\%$，变坡点的桩号为 K1＋670，高程为 48.60 m，设计半径 $R = 5000$ m。求各测设元素、起点和终点的桩号与高程、曲线上每 10 m 间隔里程桩的高程改正数与设计高程。

解： $L = 5000 \times |-1.114\% - 0.154\%|$ m $= 63.4$ m

$$T = \frac{1}{2} \times 5000 \times |-1.114\% - 0.154\%| \text{ m} = 31.7 \text{ m}$$

$$E = \frac{31.7^2}{2 \times 5000} \text{ m} = 0.1 \text{ m}$$

起点桩号 $= K1 + (670 - 31.7) = K1 + 638.3$

终点桩号 $= K1 + (638.3 + 63.4) = K1 + 701.70$

起点高程 $= (48.6 + 31.7 \times 1.114\%)$ m $= 48.95$ m

终点高程 $= (48.6 + 31.7 \times 0.154\%)$ m $= 48.65$ m

按 $R = 5000$ m 和相应的桩距，即可求得竖曲线上各桩的高程改正数 y_i，计算结果如表 12-2 所示。

表 12-2　竖曲线桩点高程计算表

桩号	距离/m	高程改正数/m	坡道高程/m	曲线高程/m	备注
K1＋638.3	0.0	0.0	48.95	48.95	竖曲线起点
＋650	11.7	0.01	48.82	48.83	$i = -1.114\%$
＋660	21.7	0.05	48.71	48.76	
＋670	31.7	0.1	48.60	48.70	变坡点
＋680	21.7	0.05	48.62	48.67	$i = +0.154\%$
＋690	11.7	0.01	48.63	48.64	
＋701.7	0.0	0.0	48.65	48.65	竖曲线终点

任务 12.2　道路横断面测量

12.2.1　横断面测量

进行横断面测量时，首先要确定横断面的方向，然后在此方向上测定地面坡度变化点和地物特征点与中桩的距离和高差,再按一定比例绘制横断面图。

1. 横断面方向的测定

1)横断面方向概念

横断面方向应与路线中线垂直,曲线路段与测点的切线垂直。一般可采用方向架、方向盘定向,精度要求高的横断面可采用经纬仪、全站仪定向。

2)直线段横断面方向的测定

直线段横断面方向一般采用方向架测定。

3)圆曲线横断面方向的测定

圆曲线横断面方向确定时采用"等角"原理,即同一圆弧上的弦切角相等。

测定时一般采用求心方向架,即在方向架上安装一个可以转动的活动片,并有一固定螺旋可将其固定。

4)缓和曲线横断面方向的测定

横断面方向的测定原理涉及"倍角"关系,即缓和曲线上任意一点与起点的弦同该点切线的夹角,等于缓和曲线起点与任意一点的弦同起点切线夹角的两倍。

2. 横断面的测量方法

可以采用花杆皮尺法、水准仪法、经纬仪法和全站仪法等。

在平坦地区可采用水准仪法测量横断面。水准仪法是利用水准仪和皮尺,按照水准测量的方法测定各变坡点与中桩点之间的高差,用皮尺测量两点的水平距离的方法。水准仪法横断面测量如图 12-4 所示。

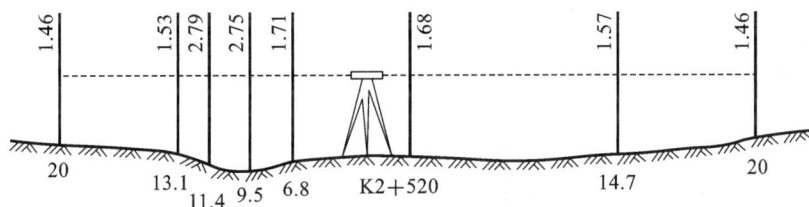

图 12-4　水准仪法横断面测量

实测时,选一合适地点安置水准仪,以中桩点为后视点,在横断面方向上的变坡点立尺进行前视读数,并用皮尺(或钢尺)量出各变坡点至中桩的水平距离。水准尺读数精确到厘米,水平距离精确到分米,记录格式如表 12-3 所列。此法适用于断面较宽的平坦地区,其测量精度较高。

表 12-3　水准仪法横断面测量记录表

桩号	待测点至中桩水平距离/m		后视读数/m	前视读数/m	待测点至中桩高差/m	备注
K2+520	左侧	0.0	1.68			
		6.8		1.71	−0.03	
		9.5		2.75	−1.07	
		11.4		2.79	−1.11	
		13.1		1.53	+0.15	
		20.0		1.46	+0.22	
	右侧	14.7		1.57	+0.11	
		20.0		1.46	+0.22	

12.2.2 横断面的绘制

1.地面线绘制

绘图比例尺一般采用1：200或1：100,绘在毫米方格纸上。绘图时,先将中桩位置标出,然后分左、右两侧,按照相应的水平距离和高差,逐一将变坡点标在图上,再用直线连接相邻各点,即得横断面地面线。

2.设计线绘制(戴帽子)

绘图时以一条纵向粗线为中线,以纵线、横线相交点为中桩位置,向左右两侧绘制。先标注中桩的桩号,再用铅笔根据水平距离和高差,将变坡点标记在图纸上,然后用直线将这些点连接起来,就得到横断面的地面线,如图12-5所示。

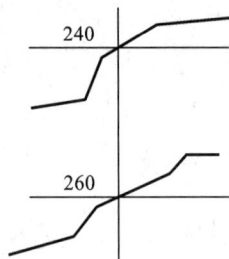

图 12-5　横断面地面线

为满足路基设计的需要,横断面测量一般要求测至路幅设计宽度外侧 10 m,但遇陡坡或深填高挖路段,则应适当放宽测绘宽度。

3.精度要求

(1)横断面测量的宽度,应根据路基宽度、填挖高度、边坡大小、地形情况及有关工程的特殊要求而定,一般要求中线两侧各测 10～50 m,以满足路基和排水设计需要。

(2)横断面测绘的密度,除各中桩应施测外,在大、中桥头,隧道洞口,挡土墙等重点工程地段,可根据需要加密,对于地面点距离和高差的测定,一般只需精确至 0.1 m。

(3)横断面检测限差。

①高速公路、一级公路。

$$距离：\pm(L/100+0.1)m$$
$$高程：\pm(h/100+L/200+0.1)m$$

②二级及以下公路。

$$距离：\pm(L/50+0.1)m$$
$$高程：\pm(h/50+L/100+0.1)m$$

其中,L 为测点至中桩的水平距离(m);h 为测点至中桩的高差(m)。

【复习思考】

1.路线纵断面测量的任务是什么?

2.横断面测量常用的方法有哪些?

3.道路施工测量的主要工作包括哪些?

4.简述中平测量的施测步骤。

5.简述纵断面图的绘制方法。

6.简述横断面图的绘制方法。

项目 13　无人机测绘技术

【学习目标】

1. 知识目标

(1)了解无人机航空摄影测量的概念,了解摄影测量技术的发展历程。

(2)能说出无人机航空摄影测量技术特点,能说出无人机航空摄影测量技术应用场景。

(3)熟悉无人机航空摄影测量数据采集与处理流程。

2. 技能目标

(1)熟悉无人机航空摄影测量系统组成及工作原理,能熟练使用设备和软件。

(2)能够独立完成无人机航空摄影测量方案设计,能够独立完成无人机航空摄影测量外业设计。

(3)能够独立完成无人机航空摄影测量内业数据预处理,能够独立完成无人机航空摄影测量行业应用。

3. 思政目标

(1)遵守国家法律法规和行业规范,培养严谨的科学态度和求真务实的工作作风,注重数据的准确性和可靠性。

(2)提高团队协作精神和沟通能力,能够在团队中发挥自己的优势并与其他成员有效协作。

(3)增强创新意识和实践能力,培养科学家精神,增强民族自豪感。

(4)在测量工作中培养职业素养和职业道德,保护知识产权和测绘成果。培养行业自豪感、责任感。

【项目导入】

一直以来,测绘对于国家与行业的发展都非常重要,传统的测绘方式采用人工步行测绘地形,需要测绘人员克服地形、天气、环境等挑战。这种测绘方式不仅强度大、时间长而且成本高、效率低,在悬崖峭壁、深谷幽壑等步行无法达到区域,还伴随着一定的安全风险。

无人机航空摄影测量技术作为测绘行业的新宠,其应用和发展得到了行业的高度认可。无人机航空摄影测量的发展,为提升国家应急测绘保障能力、完善地理信息数据采集体系、支持国家经济建设提供更强有力的支撑。无人机测绘新技术给测绘人员一个新的测绘技术平台,让测绘更加快捷、高效和轻松。

任务 13.1   无人机航空摄影测量背景

13.1.1   无人机航空摄影测量概述

无人机航空摄影测量是一种通过无人机搭载光学、多光谱或激光雷达传感器,结合摄影测量与遥感技术,快速获取地表高分辨率影像或三维空间数据,并通过数据处理生成数字模型、地图及分析结果的技术。随着我国经济建设的高速发展,市场对测绘产品需求量越来越大,对测绘服务的要求也越来越高,随着无人机硬件、传感器技术和算法的快速发展,基于无人机平台的数字航摄技术显示出了独特的优势,更加自动化、智能化的作业方式取代了以往笨重复杂、操作烦琐的测图工作。结合软件的不断优化,大大简化了内业处理过程。

无人机航空摄影测量技术以获取高分辨率数字影像为目标,以无人机为飞行平台,无须专用起降场地,起降要求低。无人机的结构简单,机械、电气系统可靠性高,重量轻。无人机航测一般采用规划航线后自动飞行模式,减少人工操作导致的安全隐患,具有作业成本低、适用范围广、生产周期短等特点。

无人机测绘系统主要由数据获取和地面数据处理两部分组成。数据获取部分的功能是通过高分辨率数码相机对目标进行影像数据获取,能够从多个方向进行拍摄,全方位地获取测量数据,具有机动灵活、高效快速、精细准确的特点。数据获取系统通常由无人机、相机、飞控系统组成。地面数据处理部分则是对获得的数据进行专业处理,包括空中三角测量、DEM、DOM、DLG 生产作业等,制作目标区域的三维信息模型,为工程建设、灾害应急与处理、国土监察、资源开发等提供可靠、直观的应用数据。

13.1.2   无人机航空摄影测量应用

目前,无人机航空摄影测量技术除了在工程建设上得到了大量使用,还在自然资源管理、国土空间规划、基础设施工程勘察、环境监测、灾害应急与救援、农林业精准保护等方面具有广阔应用前景。

1. 自然资源管理

服务于土地资源管理,定期获取高分辨率影像,监测非法占用耕地、林地变化,为国土执法提供证据。分析植被覆盖度,实现高效估算,辅助精准农业决策。

2. 国土空间规划

服务于集成基础地理、现状、规划等各类数据,提供包括数据处理、资源浏览、专题图制作、对比分析、查询统计、成果共享等功能。例如,基于倾斜摄影技术,生成厘米级精度的城市三维模型,用于城市规划、虚拟现实(VR)展示。

3. 基础设施工程勘察

针对重点建筑进行精细化建模,支持智慧城市管理(如消防、应急响应)。在电力选线、公路选线、铁路选线等项目中,利用无人机测绘获取的多种成果,根据路线基本走向和技术标准,结合地形、地质条件、施工条件和风险规避等因素,通过全面比较,确定最终路线方案。

4. 环境监测

无人机灵活机动,具有快速反应能力,非常适用于河道排污监测、海洋监测、溢油监测、水质监测、湿地监测、固体污染物监测、海岸带监测、植被生态监测等。无人机航空摄影测量能监测湖泊、河流的面积变化,分析湿地退化或扩张趋势。

5. 灾害应急与救援

无人机能够低风险、低成本地完成对山体滑坡、泥石流、堰塞湖、地震等地质灾害的现场实时勘测任务,第一时间获取受灾区域影像,评估道路损毁、房屋倒塌情况,指导救援路线规划。

6. 农林业精准保护

如对土地纹理、作物分类、植被健康/病虫害、水产养殖、森林覆盖率、森林火灾等进行数据采集与监控。基于地形数据优化沟渠布局,提高水资源利用效率;高精度测绘农田边界,支持土地流转与承包管理。

13.1.3　无人机航空摄影测量常用软件

1. ContextCapture

ContextCapture 是一款由 Bentley 公司开发的专业三维实景建模软件,广泛应用于无人机摄影、测量、测绘、工程建设、文化遗产保护等领域,能够通过影像数据生成高精度三维模型,并支持多种工程应用。支持从无人机、地面相机等多视角影像数据自动生成高精度三维模型,无须复杂人工干预。通过空三计算(空中三角测量)建立影像间的几何关系,生成带纹理的密集三维模型。多源数据融合集成相机参数(焦距、畸变系数)、POS 数据(GPS 位置及拍摄角度)、像控点坐标等辅助数据,能提升模型精度。该软件支持激光雷达点云与影像数据的混合处理,生成兼具高分辨率纹理与高精度几何结构的模型;支持生成 OBJ、LAS、OSGB、S3C 等多种格式的三维模型,满足不同行业需求;可导出数字高程模型(DEM)、数字地表模型(DSM)、正射影像图(DOM)等地理信息数据。

2. Pix4Dmapper

Pix4Dmapper 是一款由瑞士 Pix4D 公司开发的专业无人机影像处理软件,广泛应用于无人机测绘、地理信息采集及三维建模等领域。支持从无人机获取的 RGB、多光谱、热红外等影像快速生成高精度三维模型、点云数据及正射影像(DOM)。通过计算机视觉与图像匹配算法,自动完成影像配准、区域网平差及三维重建,减少人工干预。基于多视角影像生成厘米级精度的三维模型,支持亚像素级地面采样距离(GSD),满足测绘级需求。可直观验证三维重建质量,优化模型细节。支持与 GIS 软件无缝集成,输出 LAS、DXF、KML、GeoTIFF等标准格式数据,便于后续分析与应用。可生成数字地表模型(DSM)、数字地形模型(DTM)、等高线及矢量对象等多样化成果。

3. Photoscan

Photoscan 是一款基于影像自动生成高质量三维模型的实景建模软件,由俄罗斯Agisoft 公司开发,广泛应用于测绘、地理信息、文化遗产保护、工程建设等领域。其核心优势在于多视图三维重建技术,该技术无须复杂相机标定即可处理任意角度拍摄的影像。该软件支持生成高精度三维模型、正射影像及数字高程模型(DEM);支持倾斜影像、多光谱影像及多源数据的自动空三加密,可处理不同航高、分辨率的影像数据,并具备影像掩模添加、畸变去除等功能;可基于密集点云构建多边形网格模型,支持精细纹理映射,生成具有真实感的三维场景。通过导入地面控制点(GCP),可实现模型与真实坐标系的地理配准。该软件提供多样化成果输出,提供正射影像(DOM)、数字地表模型(DSM)、数字地形模型(DTM)等数据格式,支持导出为 GeoTIFF、OBJ、LAS 等通用格式,兼容主流 GIS 及 BIM

平台。

4. 大疆智图

大疆智图是一款以摄影测量技术为核心的专业三维重建软件,由大疆创新开发,主要面向测绘、电力、应急、建筑、交通、农业等垂直领域,提供从数据采集、处理到成果输出的完整解决方案。大疆智图可通过无人机航拍影像生成厘米级精度的实景三维模型,支持禅思激光雷达数据的一键式高精度处理,生成真彩点云、分类点云,并输出数字高程模型(DEM)和等高线成果;能快速生成高精度真正射影像(TDOM)和数字地表模型(DSM),支持自定义坐标系输出,满足测绘、土地测量等需求;能在飞行过程中实时生成二维正射影像,实现"边飞边出图",提升作业效率;支持航点飞行、建图航拍、倾斜摄影和带状航线规划,自动生成拍摄航点及航线,适应复杂场景需求;能基于模型或点云设置拍摄目标,实现巡检作业流程自动化,适用于电力巡线、管线巡检等场景。

5. 数字摄影测量格网 DPGrid

DPGrid 软件是由武汉大学张祖勋院士团队自主研发的新一代数字摄影测量网格处理系统,集高性能并行计算、影像匹配、网络协同作业等技术于一体,适用于航空、低空影像处理及大范围地理信息生产。该软件针对不同传感器类型设计了航空摄影测量、低空摄影测量、正射影像快速更新和机载三线阵 ADS 四大分系统,其核心优势在于首次提出基于数字摄影测量网格的大范围正射影像自动更新技术,于 2010 年获国家测绘科技进步奖一等奖,2017 年再获国家科学技术进步二等奖。采用改进的影像匹配算法,实现自动空三加密、DEM 与 DOM 生成,自动化程度显著提升。

任务 13.2　无人机航空摄影测量法律法规

13.2.1　我国民航法律法规

1. 我国民航法律

《中华人民共和国民用航空法》是由全国人民代表大会常务委员会会议审议通过、国家主席签署主席令颁布的,是制定民航行政法规、民航规章和规范性文件的依据。2018 年 12 月 29 日第十三届全国人民代表大会常务委员会第七次会议通过了对《中华人民共和国民用航空法》(以下简称《民用航空法》)的第五次修正。

《民用航空法》是为了维护国家的领空主权和民用航空权利、保障民用航空活动安全和有序进行、保护民用航空活动当事人各方的合法权益、促进民用航空事业的发展而制定的法律。

2. 我国民航行政法规

民航行政法规由国务院总理签署国务院令或授权中国民用航空局颁布,它的效力次于法律、高于民航规章和地方性法规。中国民航行政法规主要有《中华人民共和国民用航空器适航管理条例》《中华人民共和国民用航空器权利登记条例》《中华人民共和国民用航空器国籍登记条例》《中华人民共和国飞行基本规则》《中华人民共和国民用航空安全保卫条例》《外国民用航空器飞行管理规则》《国务院关于保障民用航空安全的通告》《通用航空飞行管制条例》等。

13.2.2　无人机航测相关法律法规

无人机需要在符合国家法律法规的前提下才能开展航测作业活动。航飞需要符合空域管理的规定,符合免申请空域条件的轻型无人机在适航空域飞行无须申请,其他无人机类型或区域务必在飞行前查询当地法规,在合法安全的情况下执行飞行任务。

无人机航测空域主要涉及禁飞区和限飞区,禁飞区即禁止无人机飞行的区域,无人机不得在该区域内起飞,也不得由其他区域飞入禁飞区。禁飞区包含但不限于:机场、政府机构上空、军事单位上空、具有战略地位设施上空、重点监管场所(如监狱或看守所等)上空、人流密集区域、危险物品工厂及仓库等。禁飞区不限于以上区域,飞行前请务必查阅相关法律、法规及信息或咨询当地地行管制部门,确保飞行区域不属于禁飞区。

限飞区则对无人机的飞行高度、速度有一定的限制,在该区域内飞行的无人机必须遵守相应的限制规定。

无人机飞行风险主要可概括为以下 4 类。

(1)非法飞行。即未经审批而进行的飞行,俗称"黑飞",近年来发生的多起无人机致使航班返航备降事件均是由非法飞行造成的。

(2)"感知与避让"能力不足。无人机的感知与避让能力主要来自目视及感知与避让系统。感知与避让系统是指无人机安装的一种确保无人机与其他航空器保持一定安全间隔的设备,类似于载人航空器的防相撞系统。在融合空域中运行的无人机必须装备此系统。

(3)数据链干扰与系统可靠性。数据链路对电磁波非常敏感,当受到电磁干扰时很容易失去控制。系统风险主要集中于软件问题、控制系统故障等所带来的安全隐患。

(4)人为因素。无人机的运行中,无人机驾驶员操作不当或是飞行过程中疏于管理等,都容易发生风险事件。

为规范操作,加强无人机空域行业监管,我国制定了一系列针对无人机管理的措施。

1. 实名登记管理规定

根据《民用无人驾驶航空器实名制登记管理规定》,2017 年 6 月 1 日起民用无人机实行实名登记注册;进行实名登记的无人机为 250 g 以上(包括 250 g)的民用无人机,登记信息包括拥有者的姓名(单位名称和法人姓名)、有效证件、移动电话、电子邮箱、产品型号、产品序号和使用目的等。自 2017 年 8 月 31 日后,民用无人机拥有者,如果未按照该管理规定实施实名登记和粘贴登记标志的,其行为将被视为违反法规的非法行为,其无人机的使用将受影响,监管主管部门将按照相关规定进行处罚。

对于无人机制造商,需要在"无人机实名登记系统"中填报其产品的名称、型号、最大起飞重量、空机重量、产品类型及无人机购买者姓名和移动电话等信息。在产品外包装明显位置和产品说明书中,提醒拥有者在"无人机实名登记系统"中进行实名登记,警示不实名登记擅自飞行的危害。

在"无人机实名登记系统"中完成信息填报后,系统自动给出包含登记号和二维码的登记标志图片,并发送到登记时留的邮箱。民用无人机拥有者在收到系统给出的包含登记号和二维码的登记标志图片后,将其打印为至少 2 cm×2 cm 的不干胶粘贴牌,粘于无人机不易损伤的地方,且始终清晰可辨,以便于查看。

2. 许可对象

民航局正在制定使用无人机开展通用航空经营活动的准入管理规定,针对发展特点和需求,拟将农林喷洒、空中拍照、航空摄影和执照培训四类主要经营项目列为许可对象,同时配套开发无人机准入和经营活动监管平台。

3. 违规处罚

为了规范无人驾驶航空器飞行及相关活动,维护国家安全、公共安全、飞行安全,《通用航空飞行管制条例》规定,从事通用航空飞行活动的单位、个人违反本条例规定的,由有关部门按照职责分工责令改正,给予警告;情节严重的,处 2 万元以上 10 万元以下罚款,并可给予责令停飞 1 个月至 3 个月,暂扣直至吊销经营许可证、飞行执照的处罚;造成重大事故或者严重后果的,依照刑法关于重大飞行事故罪或者其他罪的规定,依法追究刑事责任,包括未经批准擅自飞行的,未按批准的飞行计划飞行的,不及时报告或者漏报飞行动态的,未经批准飞入空中限制区、空中危险区的。

13.2.3 测绘成果保密相关规定

《中华人民共和国测绘法》及相关法律、法规规定,保密测绘成果是指有密级的基础测绘成果和专业测绘成果,包括各种保密测量数据、图件、航片等。保密测绘成果应按照国家相关保密法规进行严格管理。无人机航测从业人员应树立保密意识,筑牢保密防线。

对保密测绘成果的领取、保存、复制、转让、销毁、公开均需要严格按照国家规定操作,并接受主管部门的监督检查工作。涉密测量人员需要认真学习《中华人民共和国保守国家秘密法》,每个人都要知道保密工作的重要性和泄密的严重性。对属于保密测绘成果的数据和图形资料,采取必要的保密措施,并由专人保管。

任务 13.3 无人机航空摄影测量基础

13.3.1 航空摄影分类

过航摄机镜头后节点垂直于像片的光线称为主光轴。主光轴与像片的交点称为像主点。在航空摄影过程中,飞机不可能始终保持平稳的飞行状态,致使航摄机的主光轴偏离铅垂方向,主光轴与铅垂线之间的夹角称为像片倾斜角 α,如图 13-1 所示。

像片倾斜角 α 不大于 3° 的航空摄影称为竖直航空摄影或近似垂直航空摄影,所摄取的像片为近似水平像片。

像片倾斜角 α 大于 3° 的航空摄影称为倾斜航空摄影,倾斜摄影技术获取的三维数据可真实反映地物的外观、位置、高度等属性。

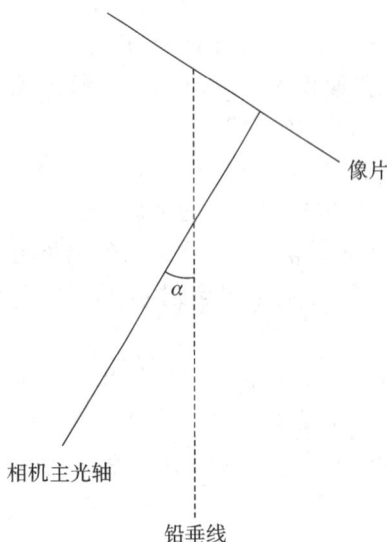

图 13-1 航摄机的像片倾斜原理

13.3.2 航空摄影测量基本要素

因航空摄影测量成图的主要依据是航空摄影获取的航摄像片,航摄像片的质量关系到后期作业成果的精度,因此对航空像片质量及航空摄影的飞行质量均有严格要求。

1. 像片分辨率与倾斜角

数字影像分辨率,通常指地面分辨率,以一个像素所代表地面的大小来表示,即地面采样间隔(GSD),单位为米/像素。像片分辨率代表能从影像上识别地面物体的最小尺寸。数字航空摄影中,GSD 表示像片分辨率,是决定影像对地物识别能力和成图精度的重要指标。

按照《低空数字航摄与数据处理规范》(GB/T 39612—2020)的规定,像片倾斜角一般不超过 12°,最大不超过 15°。

2. 摄影比例尺与航高

像片上的线段 l 与地面上相应的水平距 L 之比为摄影比例尺 $1:m$,见式(13-1)。

$$\frac{1}{m} = \frac{l}{L} = \frac{f}{H} \tag{13-1}$$

式中,H 为相对于测区平均水平面的高度,称为相对航高;f 为物镜中心至像面的垂距,称为航摄机主距。

由于主距固定,影响摄影比例尺的主要因素是航高,绝对航高是指相对于高程基准面的航高。

摄影比例尺的选定取决于测图比例尺,大体与测图比例尺相同。在做航摄计划时,选定了航摄机(即主距一定)和航摄比例尺以后,相对航高可根据式(13-1)计算。无人机应按预定航高飞行,其差异一般不得大于 5%,同一航线内各摄影站的航高差异不得大于 50 m,如表 13-1 所示。

表 13-1　摄影比例尺与测图比例尺的关系

比例尺类型	摄影比例尺	测图比例尺	数字影像分辨率/cm
大比例尺	1:2000～1:3500	1:500	4～7
	1:3500～1:7000	1:1000	7～14
	1:7000～1:14000	1:2000	14～28
中比例尺	1:10000～1:20000	1:5000	20～40
	1:20000～1:32000	1:10000	40～80
小比例尺	1:25000～1:60000	1:25000	50～120
	1:50000	1:50000	70～160

3. 航摄重叠度

为了使相邻像片的地物能互相衔接以及满足立体观察的需要,像片间需要有一定的重叠。同一条航线内相邻像片之间的重叠称为航向重叠,如图 13-2(a)所示。相邻航线之间的重叠称为旁向重叠,如图 13-2(b)所示。重叠大小用像片的重叠部分与像片对应方向边长比值的百分数来表示,即重叠度。

这种既有航向重叠又有旁向重叠的方式不仅确保了一条航线上的完全覆盖,而且从相邻两个摄站可获取具有重叠的影像来构成立体像对。

依据《低空数字航空摄影规范》(CH/T 3005—2021),航向重叠度一般应为 60%～80%,最小不应小于 53%;旁向重叠度一般应为 15%～60%,最小不应小于 8%。新型倾斜航测对旁向重叠度要求更高,一般不应低于 60%。重叠度小于最小限定值时,称为航摄漏洞,必须补拍;重叠度过大时,将影响作业效率,增加作业成本。

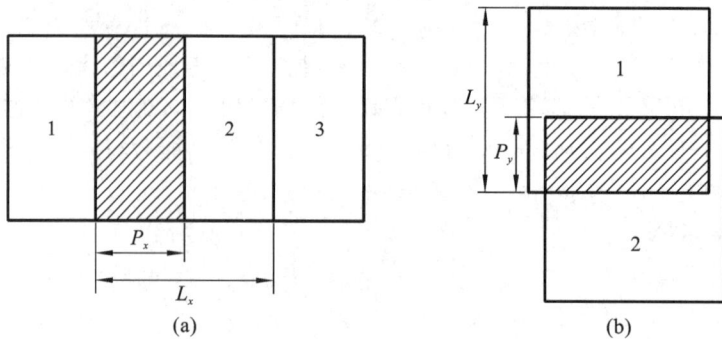

图 13-2 航摄重叠度

4. 航线弯曲度

把一条航线的航摄像片根据地物影像叠拼起来,连接首尾像片主点成一条直线,同时量出其距离 L,若航线中各张像片的像主点不落在该直线上,航线则呈曲线状,称之为航线弯曲。其中偏离航线最大的主点距离 δ(称最大弯曲矢量)与航线距离 L 之百分比称为航线弯曲度,如图 13-3 所示。航线弯曲度通常不得超过 3%。

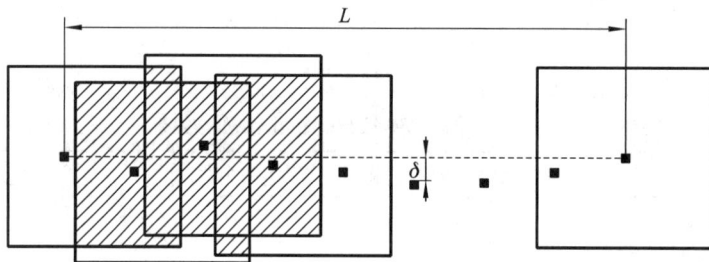

图 13-3 航线弯曲度

5. 像片旋偏角

航线中相邻像片主点的连线与同方向像片边框方向的夹角称为像片旋偏角,如图 13-4 所示。像片旋偏角 β 一般不得大于 15°,最大不超过 25°。按照《低空数字航摄与数据处理规范》(GB/T 39612—2020)的要求,像片倾斜角和像片旋偏角不应同时达到最大值。

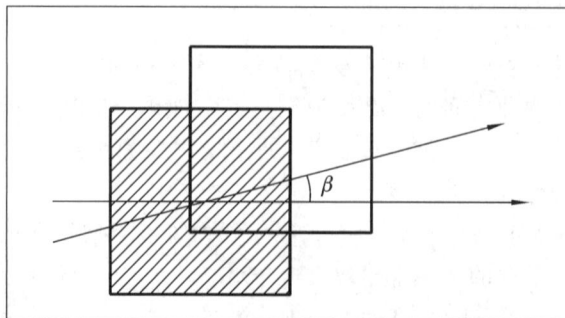

图 13-4 像片旋偏角

任务 13.4　无人机航空摄影测量生产流程

13.4.1　无人机航空摄影测量的基本工作流程

随着近年来无人机航空摄影技术的进步,越来越多的测绘工作应用无人机获取影像数据。无人机体积小巧、机动灵活、生产效率高、综合成本低,在小区域和飞行困难地区的高分辨率影像快速获取方面具有明显优势。无人机航空摄影测量的基本工作流程如图 13-5 所示。

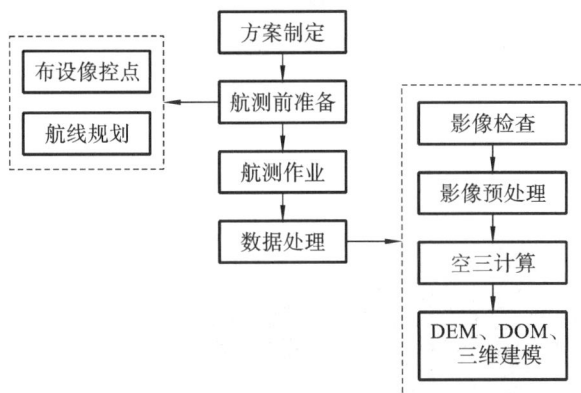

图 13-5　无人机航空摄影测量的基本工作流程

13.4.2　前期准备与方案设计

首先,应充分了解项目的具体需求,完成技术交底。做好测区的现场踏勘,对测区所处地理位置、地形地貌等进行评估,了解当地的人文地理环境、气候特征、交通情况、地质地貌特点等并收集已有成果,为项目实施提供完整资料。

根据成果要求(如成果比例尺、地面分辨率大小等)和已有无人机航测设备等,完成无人机航测方案的设计,对技术方案、航测外业工作、航测内业工作、成果制作、质量保障措施、项目计划安排、成果提交等做具体要求。航摄设计应对摄影机选型、摄影比例尺和航高、起降位置、任务执行日期和时间等内容做详细合理的计划安排。同时,为保证飞行安全,在执行航摄任务前,考虑周围是否有机场、军事区域等,必须按照相关规定向航空管理部门申请测区空域飞行许可,申请通过后,必须严格按照飞行计划执行航摄任务。

13.4.3　无人机航测外业实施

1. 像控点布设

航空摄影测量的目的是对目标区域进行测量,获取目标区域的地理信息,通常情况下需要地面控制点对拍摄的影像进行位置和姿态标定。地面控制点有两个重要的用途;其一是作为定向点使用,用于求解像片成像时的位置和姿态;其二是作为检查点使用,用于检查生产成果的精度。

地面控制点是表达地理空间位置的信息数据,包括空间位置坐标、点位局部影像、点位特征描述及说明(点之记)、辅助信息,在航空摄影测量中控制点也被称为像控点。

像控点是摄影测量控制加密和测图的基础,野外像控点目标选择的好坏和指示点位的准确程度,直接影响成果的精度。像控点不仅能纠正飞行器因定位受限或电磁干扰而产生的位置偏移、坐标精度过低等问题,还可纠正飞行器因气压计产生的高层差值过大等其他不利情况。

在布设时,像控点距像片边缘的距离不得小于 1 cm,因为边缘部分影像质量较差,且像控点受畸变差和大气折光差等所引起的位移较大;再则倾斜误差和投影误差使边缘部分影像变形增大,增加了判读和刺点的困难。像控点一般应在航向三片重叠和旁向重叠中线附近,布点困难时可布在航向重叠范围内。点位无法布设在旁向重叠中线附近时,若离开方位线大于 3 cm,应分别布点。像控点一般选用像片上明显的地物点。大比例尺测图一般利用目标清晰、精度高的直角地物目标或点状地物目标作为像控点(见图 13-6),也可以在航摄前在地面上人工布设像控点(见图 13-7)。

图 13-6　特征点作为像控点

图 13-7　人工布设像控点

像控点测量通常采用 RTK 测量的方法,不仅可以满足像控点的精度要求,还可以大量节省测量时间。在选点时,应根据现场情况确认像控点位置是否满足控制点刺点和观测要求。如不满足,可在附近重新选点。像控点测量时,需要拍摄像片控制点的现场照片,以能清晰地反映像片控制点与周边地物相对方位关系为宜。像控点采集应采用三脚架或对中杆支架严格对中整平,选取的角点位置拐角清晰。应认真检查像控点采集的质量、各项限差是否超限等,同时做好点之记。刺点片、像控点、点之记成果宜制作成电子表格。

2. 航线规划

航线规划是一项十分重要的前置工作,航线规划的目的是让无人机按照既定的路线进行飞行并完成设定的数据采集任务。在软件中进行航线规划时,应根据地面分辨率大小、相机 CCD 大小、焦距等确定飞行航高;根据地形复杂程度,如高差大小来确定航向重叠度、旁向重叠度的大小;根据飞机续航时间划分飞行架次。

航线规划通常分为两步:第一步是飞行前预规划,即根据既定作业任务,结合测区环境限制与飞行约束条件,从整体上制定最优参考路径,包括出发地点、途经地点、目的地点的位置关系信息,飞行高度和速度与需要达到的时间段。第二步是飞行过程中的重新规划,即根据飞行过程中遇到的突发状况,如地形、气象变化、未知限飞因素等,局部动态地调整飞行路径或改变动作任务。无人机飞行航线规划要重点考虑以下 4 个因素。

1)飞行环境限制

无人机在执行任务时,会受到复杂地理环境的限制,如禁飞区、障碍物、险恶地形等。因此在飞行过程中,应尽量避开这些区域,可将这些区域在地图上标记为禁飞区域,以提升无人机工作效率。此外,飞行区域内的气象因素也将影响任务执行效率,应充分考虑大风、雨雪等复杂气象的影响与应对机制。

2)无人机的物理限制

无人机的物理限制对飞行航迹有以下影响。

(1)最小转弯半径:由于无人机飞行转弯形成的弧度将受到自身飞行性能限制,它限制无人机只能在特定的转弯半径内转弯。

(2)最大俯仰角:限制了航迹在垂直半径范围内转弯。

(3)最小航迹段长度:无人机飞行航迹由若干个航点与相邻航点之间的航迹段组成,在航迹段飞行途中沿直线飞行,而达到某些航点时有可能根据任务的要求而改变飞行姿态。最小航迹段长度是指限制无人机在开始改变飞行姿态前必须直飞的最短距离。

(4)最低安全飞行高度:限制通过任务区域的最低飞行高度,防止无人机的飞行高度过低,与山体、高层建筑等发生撞击而导致坠毁。

3)飞行任务要求

无人机具体执行的飞行任务主要包括到达时间和目标进入方向等,需要满足固定的目标进入方向,确保无人机从特定角度接近目标,限制航迹长度不大于预先设定的最长距离。

4)实时性要求

当预先具备完整精确的环境信息时,可一次性规划自起点到终点的最优航迹,而实际作业情况是很难保证获得的环境信息不发生变化的。同时,由于任务的不确定性,无人机常常需要临时改变飞行任务,在环境变化区域不大的情况下,可通过局部更新的方法进行航迹的在线重规划,而当环境变化区域较大时,无人机任务规划则必须具备在线重规划功能。

3. 航线规划案例

下面在综合考虑以上要求的基础上,以 Altizure 软件为例,详细讲解航线规划的具体步骤。

(1)打开软件之后的主界面,如图 13-8 所示。

(2)新建任务,点击图中步骤 1 的图标,再点击"＋"号,如图 13-9 所示。

(3)设置航线飞行的范围,选择白点进行拖拉,扩大或者缩小范围,也可以通过加号来变化范围,如图 13-10 所示。范围框即航飞覆盖区域,通过调整绿色范围框来确定航飞覆盖区域。

(4)设置航飞高度(见图 13-11)、相机、航向重叠率和旁向重叠率(见图 13-12)等信息。

航飞高度:根据公式,航飞高度＝主距/像素大小×影像地面分辨率。软件中设置飞机相对起飞点的航飞高度,对应航飞高度和相应相机参数,实时显示地面分辨率,如大疆"御"无人机,设置航飞高度 150 m 的情况下,计算出的地面分辨率为 6.48 cm。

旁向重叠:旁向重叠部分的长度与像片长度之比,称为旁向重叠率(度),以百分数表示。

图 13-8　软件主界面

图 13-9　新建任务

图 13-10　设置航线飞行范围

无人机航测一般设置为 60%～85%,默认 70%即可。

航向重叠:沿航向重叠部分与像片长度之比,称为航向重叠率(度),以百分数表示。无人机航测中,航向重叠率一般设置为 70%～85%,默认 80%即可。

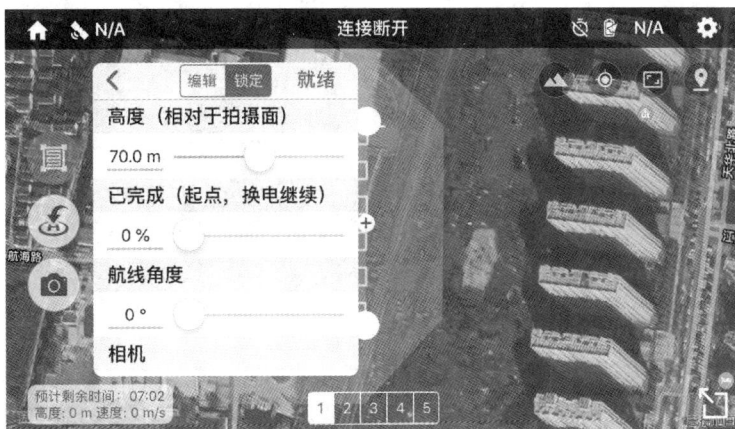

图 13-11 设置航飞高度

图 13-12 设置航向重叠率和旁向重叠率

(5)设置完成之后就可以进行"保存",保存好之后这项任务就会被"锁定",如图 13-13 所示。如果还需要修改内容,就选择"编辑",设置内容,修改完成,选择就绪,软件会对任务、飞行器进行安全检查,把任务上传给飞行器,确认安全之后才能进行飞行,如图 13-14 所示。

(6)完成任务后选择返航,如图 13-15 所示。

13.4.4 内业处理与质量检查

1.内业处理基本流程

航飞数据获取后,采用内业数据处理软件如 ContextCapture 进行数据处理。主要流程为:导入航飞的原始影像数据、POS 数据,进行影像预处理,修正影像畸变和相机检校,自动进行连接点提取和自由网平差,进行影像相对定向;加入外业像控点,进行区域网平差、纠正,进行绝对定向;生成数字正射影像(DOM)、实景三维模型等。内业处理流程如图 13-16 所示。

图 13-13　保存任务

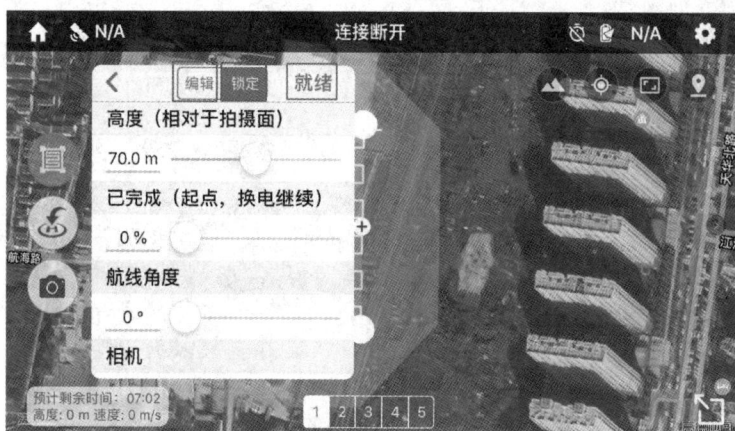

图 13-14　任务准备就绪

图 13-15　任务完成后返航

2. 内业数据处理步骤

(1)数据准备。准备好工程数据，包括影像数据、POS 数据、像控数据、KML 文件等。

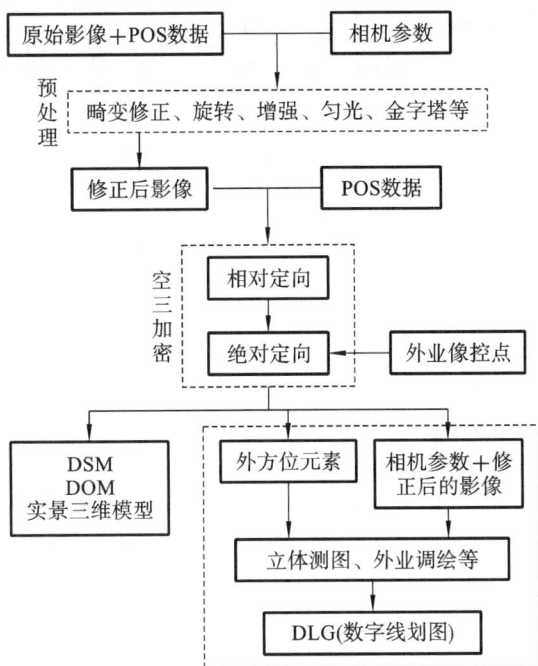

图 13-16　内业处理流程

（2）打开 ContextCapture，新建一个工程。点击"添加影像"，在下一级目录中选择添加整个目录，将影像导入软件中，如图 13-17 所示。

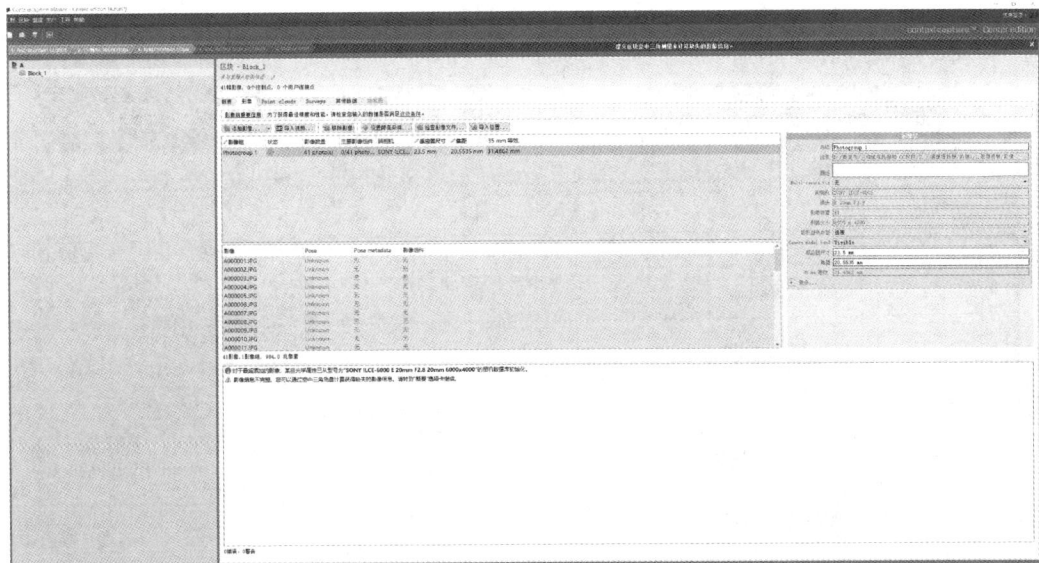

图 13-17　添加影像

（3）导入 POS 数据，并定义导入数据的空间参考系统、字段属性等，如图 13-18 所示。

（4）POS 数据导入完成并设置好参数后，点击空中三角测量计算，提交开始预处理，如图 13-19 所示。

（5）点击 Surveys 选项，在 Survey Points 下选择 Custom text format（wizard），导入像控点文件，如图 13-20 所示。

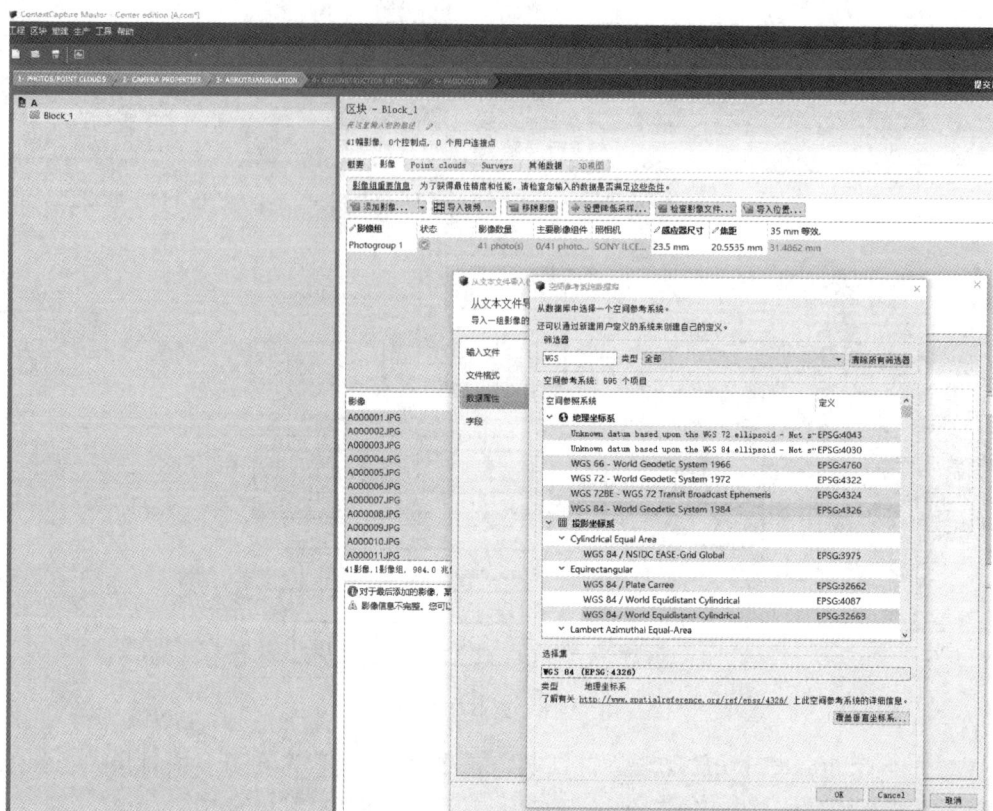

图 13-18 导入 POS 数据

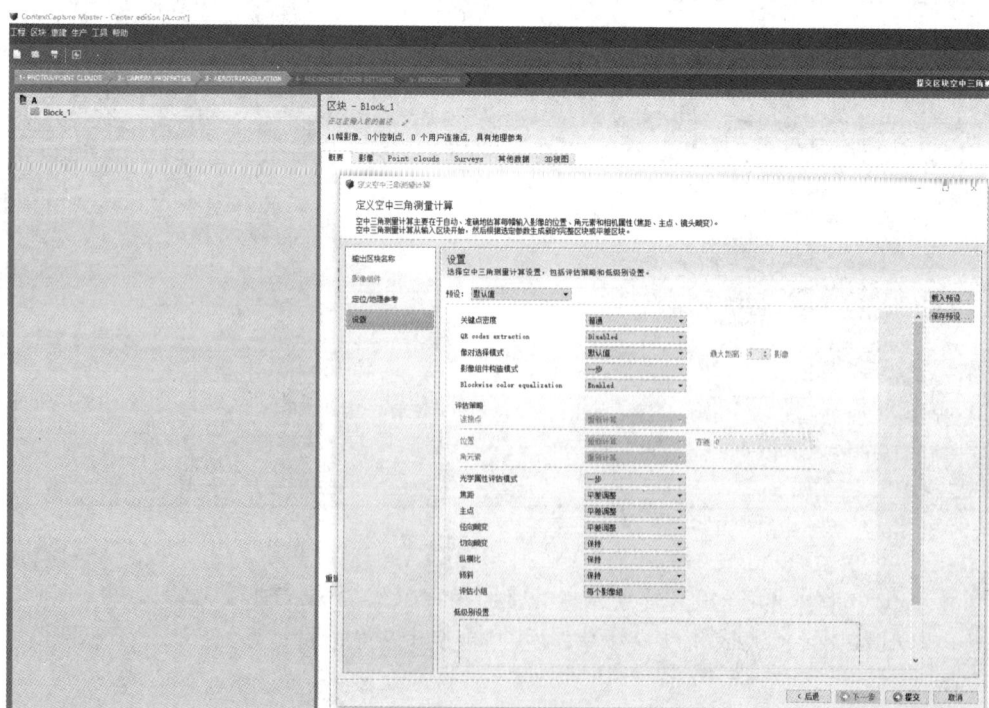

图 13-19 预处理

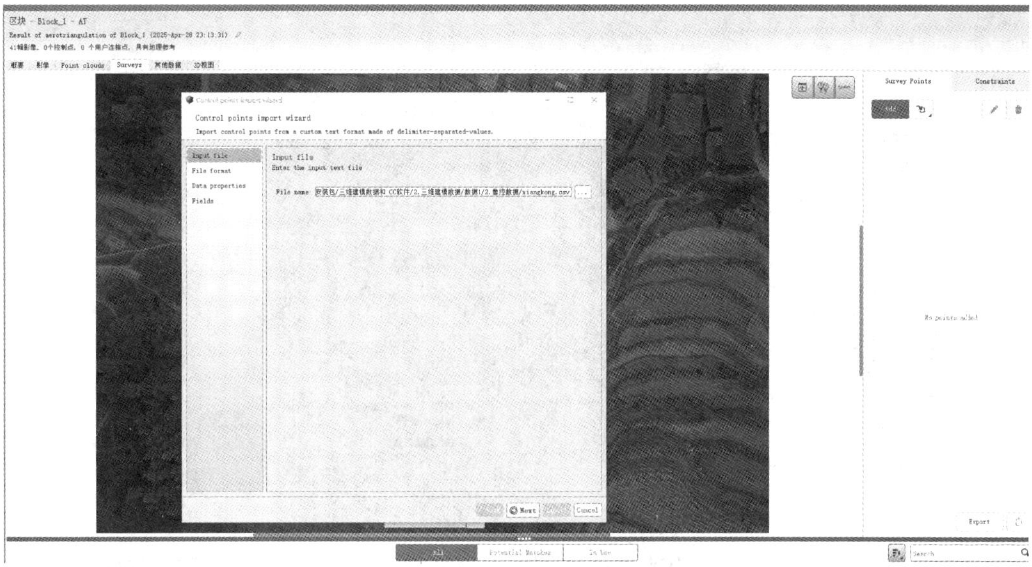

图 13-20　导入像控点文件

（6）定义像控点文件的坐标系统，如图 13-21 所示。

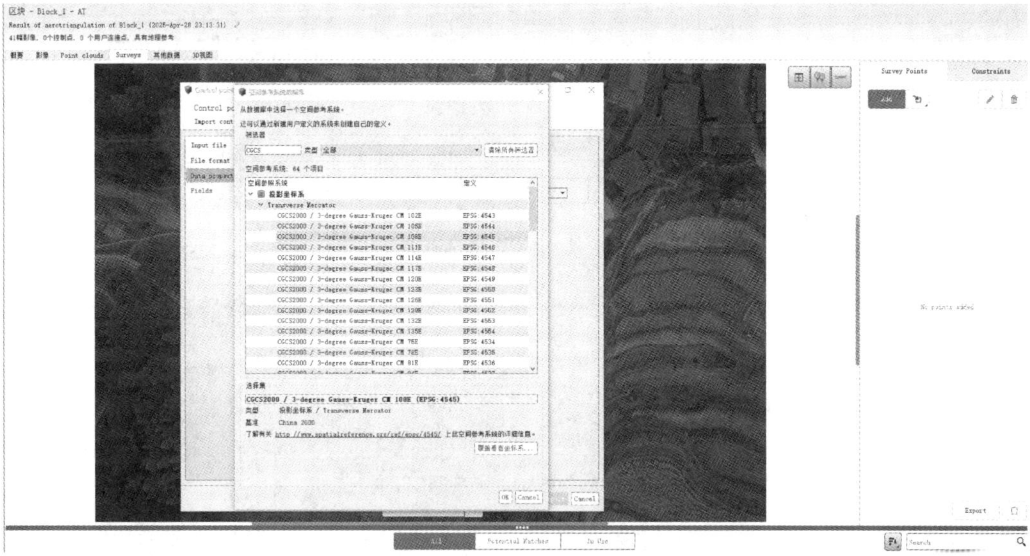

图 13-21　定义像控点文件的坐标系统

（7）开始刺点工作，每个点至少要刺 3 张影像照片。因为边缘部分影像质量较差，且像点受畸变差和大气折光差等引起的位移较大，刺点时尽量选择像控点在影像中间区域的像片，如图 13-22 所示。

（8）在"定义空中三角测量计算"对话框中选择重新计算，点击"提交"进行空三处理，如图 13-23 所示。

（9）数据自检。检查数据整理的情况和数据质量能否满足要求，在查看报告无误后，即可进行三维重建，如图 13-24 所示。

（10）三维重建。设置好参数后即可提交生产项目的目标，选择"三维网格"选项生成三

图 13-22　刺点

图 13-23　空三处理重新计算

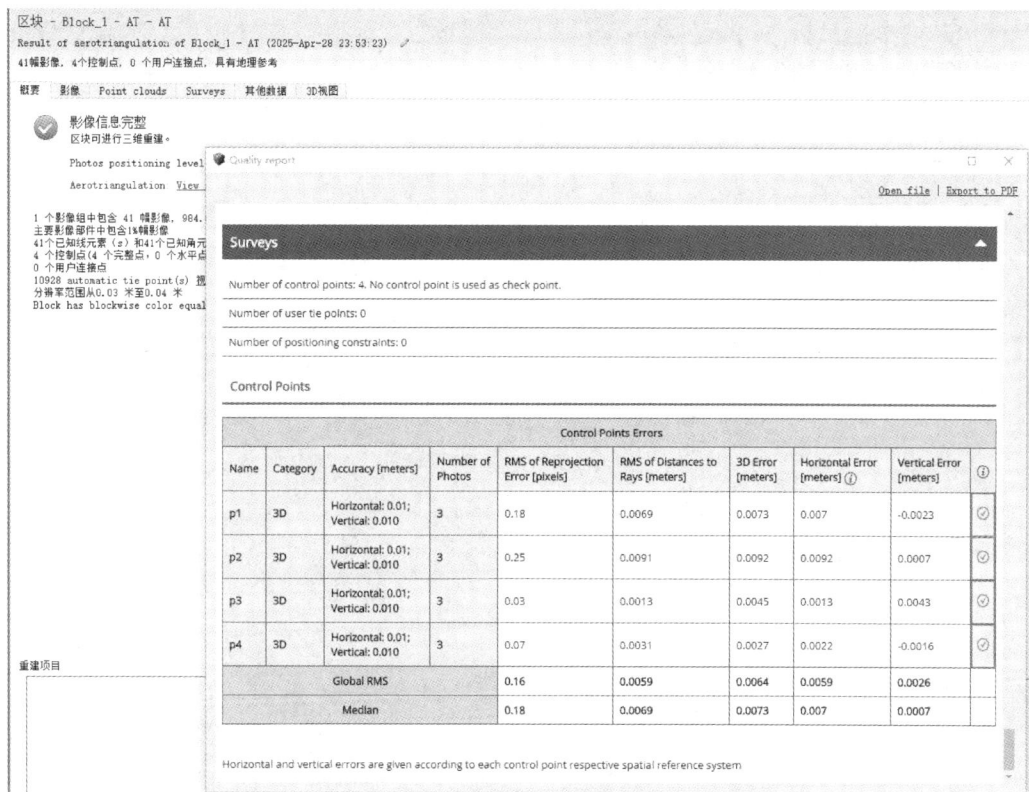

图 13-24　数据自检

维模型,输出格式选择 OSBG 格式,模板坐标系选择输出 CGCS2000 坐标,导入 KML 文件指定范围,点击提交,如图 13-25 所示。

3. 数据质量检查

工程质量检查实行"两级检查,一级验收"的测绘产品检查验收制度。

"两级检查"分别是过程检查和最终检查,业主方在两级检查的基础上对项目成果进行抽查、评审和审批。"一级验收"为业主组织或委托测绘质量监督机构进行的检查验收。过程内业检查 100%,外业巡视检查 100%,数学精度检查不低于 10%。最终内业检查 100%,外业巡视检查 20%,数学精度检查不低于 5%。无人机航测所获取的遥感数据,还要从以下几个方面进行检查。

1)数学基础检查

数学基础检查,即是否采用技术要求规定的平面坐标系统和高程系统。

2)航摄数据质量检查

(1)影像地面分辨率检查。

根据飞行的高度以及航摄仪的参数,计算重点区域与全区域的影像分辨率是否满足全区域要求的分辨率。

(2)影像色调质量检查。

通过目视的方法,检查影像是否清晰、层次是否丰富、反差是否适中、彩色色调是否柔和鲜艳、色调是否均匀、相同地物的色彩基调是否一致。

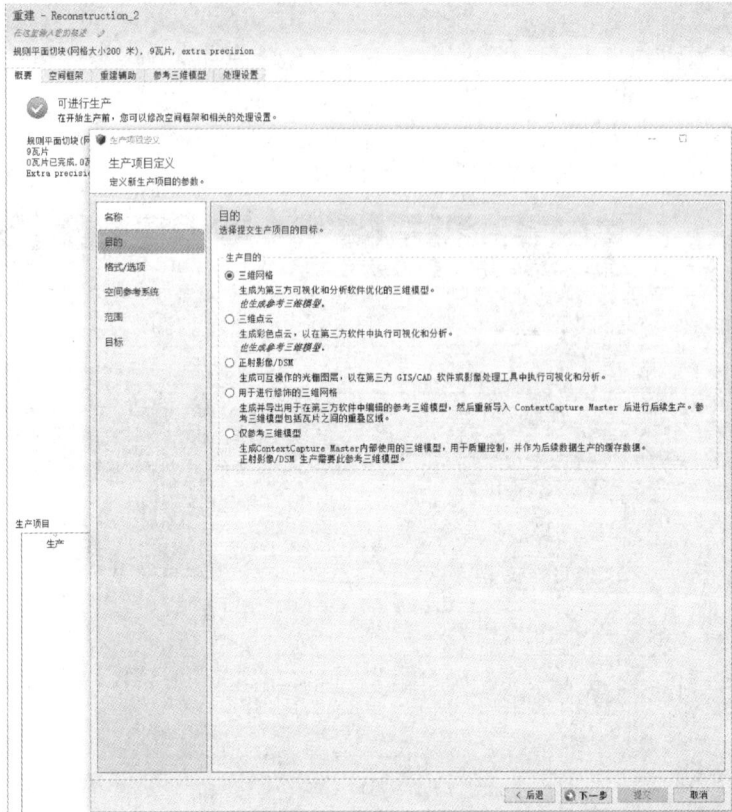

图 13-25 三维重建

（3）影像重叠度检查。

检查影像的航向重叠度和旁向重叠度是否满足要求。根据相关测量规范要求，航向重叠度一般为 $60\%\sim75\%$，不得小于 56%；旁向重叠度一般为 $30\%\sim60\%$，不得小于 13%。航向重叠度和旁向重叠度要根据具体项目情况确定。检查航向和旁向是否超过摄影边界线一个相对航高的距离。

3）像控点检查

（1）像控点布设、刺点、整饰是否符合要求。

（2）像控点测量的次数、测量误差、精度是否符合规定。

（3）资料整理是否齐全。

4）实景三维模型检查

（1）真三维模型检查主要包括数学精度、图面质量及附件质量检查等。

（2）数学精度检查主要采用外业测点的方式检查真三维模型的绝对精度，也可以在高精度地形图上以采点的方式进行检查。

（3）图面质量检查主要检查模型是否完整、结构是否与实际一致、纹理质量是否良好。

4. 成果提交

按照技术要求对最终产品进行数据加工、转换后入库存盘，提交用户进行检查验收，再根据用户在验收中提出的问题及处理意见对数据进行修改，完毕后再提交最终的合格产品。

【复习思考】

一、选择题

1.无人机航空摄影测量外业不包括以下（　　）。

A.像片控制测量　　　　　　　B.空三加密　　　　　　　C.像片调绘

2.无人机航空摄影测量技术以获取（　　）为应用目标。

A.高光谱数字影像　　　　　　B.高分辨率数字影像　　　C.多分辨率数字影像

3.下列不属于无人机航空摄影测量内业数据处理的是（　　）。

A.数据预处理　　　　　　　　B.像片控制测量　　　　　C.空三加密

4.数字地表模型、数字栅格地图、数字高程模型和数字线划图对应的英文简称分别是（　　）。

A.DSM、DRG、DEM、DOM　　　B.DOM、DRG、DEM、DLG

C.DSM、DRG、DEM、DLG

5.（　　）是由中国工程院院士张祖勋提出并指导研制的，具有完全自主知识产权、国际首创的新一代航空航天数字摄影测量处理平台。

A.数字摄影测量格网 DPGrid

B.大疆智图

C.Pix4Dmapper

二、简答题

1.简述无人机航空摄影测量的生产流程。

2.无人机航空摄影测量成果有哪些？各自有什么特点？

3.简述无人机航空摄影测量技术的优势。

项目 14　三维激光扫描技术

【学习目标】

1.知识目标

(1)了解三维激光扫描技术的概念,了解三维激光扫描技术的发展历程。

(2)能说出三维激光扫描技术特点,能说出三维激光扫描技术应用场景。

(3)熟悉三维激光扫描数据采集与处理流程。

2.技能目标

(1)熟悉三维激光扫描系统组成及工作原理,能熟练使用仪器和软件。

(2)能够独立完成地面三维激光扫描方案设计,能够独立完成地面三维激光扫描外业设计。

(3)能够独立完成地面三维激光扫描内业数据预处理,能够独立完成地面三维激光扫描数据行业应用。

3.思政目标

(1)培养严谨的科学态度和求真务实的工作作风,注重数据的准确性和可靠性。

(2)培养团队协作精神和沟通能力,能够在团队中发挥自己的优势并与其他成员有效协作。

(3)增强创新意识和实践能力,培养科学家精神。

(4)在测量工作中培养职业素养和职业道德,遵守行业规范和法律法规,保护知识产权和测量成果。

(5)培养行业自豪感、责任感。

【项目导入】

三维激光扫描技术又称为实景复制技术,作为 20 世纪 90 年代中期开始出现的一项技术,是测绘领域继 GPS 技术之后的又一次技术革命。其通过高速激光扫描测量的方法,能大面积、高分辨率地快速获取物体表面各个点的 (x,y,z) 坐标、反射率、(R,G,B) 颜色等信息。由这些大量、密集的点信息可快速复建出 1:1 的真彩色三维点云模型,为后续的内业处理、数据分析等工作提供准确依据。三维激光扫描技术具有快速性、效益高、非接触性、穿透性、动态、主动性、高密度、高精度、数字化、自动化、实时性强等特点,很好地解决了目前空间信息技术发展实时性与准确性的瓶颈。

任务 14.1 三维激光扫描技术概述

14.1.1 三维激光扫描技术的概念

三维激光扫描技术,亦称实景复制技术,诞生于 20 世纪 90 年代中期,是一项具有划时代意义的技术。传统测绘方法依赖人工作业的方式,对目标物体的某一点进行精确测量,以获取单点的三维坐标数据。相比之下,三维激光扫描技术则基于激光测距原理,采用高速激光扫描测量,能够迅速捕捉被测对象表面各点的三维坐标信息,获得一个用于表示实体的点集,称为点云。点云是由离散、不规则分布于三维空间中的点构成的集合。

三维激光扫描仪通过采集物体的连续高密度点云数据,能够迅速且直接地构建出结构复杂、形态不规则场景的三维可视化模型。结合各领域的专业应用软件,可对采集到的点云数据进行深度处理与应用,为三维实景模型的快速构建提供了创新性的技术解决方案。

14.1.2 三维激光扫描技术的特点

1. 主动式非接触测量

不受扫描环境的影响,主动发射激光,采用非接触目标的方法,不需要对扫描目标物体进行任何表面处理,直接采集物体表面的三维数据,所采集的数据完全真实可靠。

2. 轻便快捷,数据采样率高

扫描设备有体积小、重量轻、防水、防潮等优点,对使用条件要求不高,适合野外使用。能快速获得大面积物体的空间三维信息,脉冲式激光扫描方法采样点数可达到每秒数千点,而相位式的激光扫描方法可高达每秒数十万点。

3. 高分辨率、高精度

快速地获取高分辨率、高精度的海量点位数据,精度达厘米级,每平方米点数几十至上千个。

4. 数据成果直观

在进行空间三维坐标测量的同时,能获取目标表面的激光强度信号和真彩色信息,可直接生成三维模型。

5. 扫描自动化

目前水平扫描视场角可达 360°,垂直扫描视场角可达 320°,扫描更灵活,更适合复杂的环境,自动化扫描效率高,操作简单,减轻测量人员的外业工作量。

6. 穿透性强

激光的穿透性强,获取的采样点能描述目标表面不同层面的几何信息。可以通过改变激光束的波长,使激光穿透一些比较特殊的物质。高频率的激光脉冲可以穿透植被冠层到达林下,蓝绿激光还可以穿透一定深度的水体,获取水下地形信息。

14.1.3 三维激光扫描技术的分类

三维激光扫描技术分类方法较多,包括按有效扫描距离、搭载平台、扫描仪成像方式、测距原理等进行分类。

1. 按有效扫描距离分类

激光有效扫描距离是三维激光扫描仪应用范围的重要指标，特别是针对大型地物或场景的观测，必须考虑扫描仪的实际测量距离和有效扫描距离。扫描仪与目标物距离越远，扫描目标的精度就相对越差，而扫描距离太近，则会影响扫描效率和点云数量。因此，要保证扫描数据的精度，就必须在相应类型扫描仪所规定的标准范围内使用。

按三维激光扫描仪的有效扫描距离分类，大致可分为如下三种类型。

1）短距离三维激光扫描仪（<10 m）

这类扫描仪的最长扫描距离小于 10 m，一般采用相位式测距或结构光技术，通常用于工业检测、医疗建模（牙齿、骨骼）、小型艺术品数字化等，扫描速度快且精度较高，可以在短时间内精确地给出物体的长度、面积、体积等信息。手持式三维激光扫描仪就属于这类扫描仪。

2）中距离三维激光扫描仪（10～400 m）

这类扫描仪兼顾精度与范围，常用脉冲式或相位式激光，主要用于室内空间和大型模具的测量，如建筑 BIM 建模、土木工程监测等。

3）长距离三维激光扫描仪（>400 m）

这类扫描仪采用脉冲式激光，抗环境干扰能力强，扫描速率高，扫描距离较长，主要用于地形测绘（森林、山区）、电力巡线、矿山体积计算、大型基础设施监测（桥梁、大坝）、城市规划等的测量。

2. 按搭载平台分类

按三维激光扫描仪的搭载平台分类，可分为以下几类。

1）星载三维激光扫描仪

星载三维激光扫描仪也称星载激光雷达，是以卫星为搭载平台的激光扫描系统，运行轨道高且观测范围广，能全天对地观测，可以提供高精度的全球探测数据，在地球探测活动中起着越来越重要的作用。例如，星载三维激光扫描仪可应用于冰川消融监测、森林生物量估算、土壤侵蚀与地表形变监测、灾害应急响应与风险评估、海洋表面高程测量、行星地质勘探等。

2）机载三维激光扫描仪

机载三维激光扫描仪以飞机作为搭载平台，目前机载平台主要有大型固定翼飞机、直升机，以及无人机等。机载三维激光扫描仪集成了激光扫描仪、GNSS 全球导航卫星系统和 INS 惯性导航系统及高分辨率数码相机等设备，用于获取激光点云数据和原始航空影像，通过对激光点云数据和航空影像的处理，可以生成精确的 DEM、DSM 及 DOM，快速获取大面积三维地形信息。

如图 14-1 所示的南方测绘 SA130 是一款自主研发的长测程、高精度、轻量化机载三维激光扫描仪系统，具备 1800 m 超长测程、5 mm 重复测距精度和 200 万点/秒的最大点频，支持无限次回波技术，能够穿透植被间隙获取真实地形。它集成高精度惯导模块和 4500 万像素高清相机，可实现影像点云同步采集并一键赋色。整机仅重 2.2 kg，支持飞机与载荷一体化控制，外业操作简单高效，是优秀的国产高端装备，打破了国外的技术垄断。

3）车载三维激光扫描仪

车载三维激光扫描仪属于移动型三维激光扫描系统，如图 14-2 所示，传感器集成在一个可稳固连接在普通车顶行李架或定制部件的过渡板上，支架可以分别调整激光传感器、数

图 14-1　SA130 机载三维激光扫描仪

图 14-2　Trimble MX2 车载三维激光扫描仪

码相机、IMU 与 GPS 天线的姿态或位置。作业过程中搭载的多种传感器可以同时获取道路表面及道路两侧临街地物的三维信息和影像。

4）地面架站式三维激光扫描仪

地面架站式三维激光扫描仪是由一个激光扫描仪、一个内置或外置的数码相机及软件控制系统组成。它利用激光脉冲对目标物体进行扫描，可以大面积、大密度、快速度、高精度地获取地物的形态及坐标。目前已经广泛应用于测绘、文物保护、地质、矿业等领域。如图 14-3 所示，SPL-1500 作为南方测绘自主研发的第二代地面架站式三维激光扫描仪，能以更高效的三维激光扫描系统，保证高精度测量。该系统测量范围为 1.5～1500 m，测量速度可达 200 万点/秒，4.85 kg 超轻主机，适合中、长距离各类场景的综合使用。

5）手持式三维激光扫描仪

手持式三维激光扫描仪是一种用手持方式扫描物体表面获取三维数据的便携式三维激光扫描仪，可以精确地测量物体的长度、面积、体积，一般配备有柔性的机械臂。如图 14-4

所示,RobotSLAM 是由南方测绘自主研发的手持式三维激光扫描仪,其采用行业领先的高精度激光雷达传感器,集成超高性能的 MEMS 惯性测量单元,结合优异的 SLAM 算法加持,通过高质量的点云数据重建还原三维空间场景。该仪器可实现手持、背包、车载、无人船载、无人机载、AI 机器狗等多种作业模式切换,广泛应用于智慧城市、林业巡检、矿洞测量、古建保护、堆体计量、岸线测量等领域。

图 14-3　南方测绘 SPL-1500 地面架站式三维激光扫描仪

图 14-4　南方测绘 RobotSLAM

6)背包式三维激光扫描仪

背包式三维激光扫描仪是一款以背包为承载平台的高精度激光同步定位与地图构建(SLAM)测量仪器。它结合激光雷达和 SLAM 技术,无须 GPS 即可实时获取周围环境的高精度三维点云数据。如图 14-5 所示,PACK1202 科力达背包式三维激光扫描仪由两个多线激光雷达三维扫描,可获得完整的 360°全景影像,无视野盲点,智能识别专用视觉靶标,能实现测绘级精度和自动的数据集校准。背包式三维激光扫描仪能机动灵活扫描,配套强大的三维点云后处理软件,实现大场景建模、量测、成图、空间分析等功能,可广泛应用于展会存档、建筑监管、交通枢纽等领域。

综上,地面三维激光扫描系统包括车载、地面架站式、手持式及背包式等三维激光扫描仪,本书主要介绍的是地面架站式三维激光扫描仪。

14.1.4　三维激光扫描技术与其他测量技术对比

相对于传统的单点测量,三维激光扫描技术做到了从单点测量升级到面测量的革命性技术突破。与其他测量技术相比,三维激光扫描技术可以精确地对地物、地形、地貌进行扫描,下面主要介绍其与传统测绘技术和摄影测量技术的对比分析。

1. 与传统测绘技术对比分析

传统地形测量工作一般采用全站仪、RTK 等测量仪器开展实地数据采集作业,需要对测量目标进行逐点测量。然而,传统地形测量方法由于每次仅能获取单个点的坐标信息,在大范围地形测量场景下,需要耗费大量时间完成众多测量点的数据采集工作,劳动强度大。测量人员需要人工搬运测量仪器至不同实地位置,在复杂地形条件下,这一过程尤为艰辛,

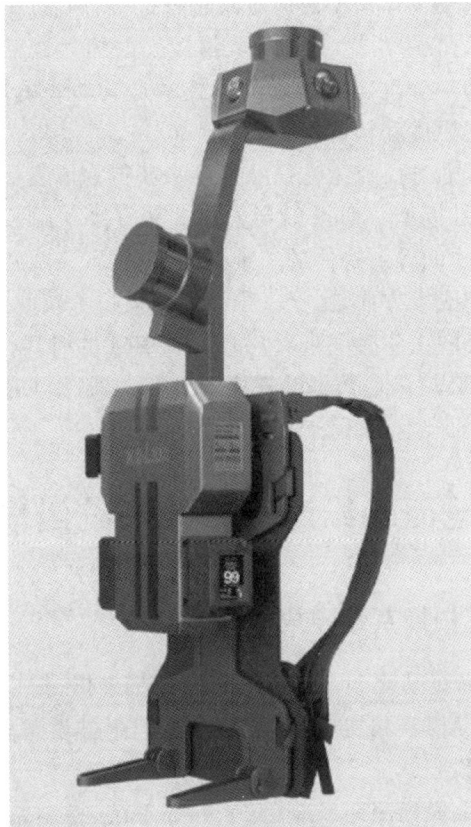

图 14-5　PACK1202 科力达背包式三维激光扫描仪

测量效率低下,同时还存在测量盲区。对于部分人工难以到达的区域,如悬崖峭壁、深谷幽壑等,传统测量方法难以实施有效的数据采集,不仅对人的体力是极大的考验,还伴随着一定的安全风险。

三维激光扫描技术可以弥补传统测绘技术的缺陷,可以远距离无接触式测量。在危险地段或人员无法到达的地方,能够快速、高效地获取大面积区域的地形数据,有效避免了人工实地测量的风险和困难,获得的成果也更为直观。

2. 与摄影测量技术对比分析

摄影测量技术是一门比较成熟的技术,其核心原理是借助非接触式传感器对目标对象实施摄影作业。在获取影像信息后,需要通过严谨的影像记录、精密的几何测量及科学的影像解译等标准化技术流程,从影像数据中系统提取具有价值的信息,从而绘制各种比例尺的地形图或获取地理信息数据。

三维激光扫描技术与摄影测量技术有许多的相似之处,如两者都主要用于获取地面物体的信息,在设备硬件组成上,POS 都是二者的重要组成部分,均可以多平台搭载(包括无人机、汽车等),数据产品相同,均可生成 DEM、DSM、DOM 等数字产品。三维激光扫描技术与摄影测量技术的不同之处主要体现在以下几个方面。

(1)三维激光扫描技术是直接获取物体表面的点云数据,而摄影测量技术则是对物体进行摄影获取照片,两者的数据格式不同。

(2)架站式三维激光扫描技术是在每测站获取目标物的点云,再通过坐标匹配方式拼接成整体,而摄影测量技术采用立体模型定向方式进行拼接,两者的数据拼接方法不同。

(3)三维激光扫描技术是主动式测量,获取物体表面的大量三维点云数据,可以全天候作业,具有很高的还原度和精确度。而摄影测量技术是被动式测量,获取的是二维影像,受天气影响大,具有有限的还原度和精确度。

(4)三维激光扫描技术通过反射激光信号强度来获得物体表面的真实纹理信息,可以直接通过点云获得物体的三维模型。而摄影测量技术是直接利用照片获得真实的色彩信息,需要复杂的影像处理过程才能得到物体的三维模型。

(5)在生产周期与生产成本方面,由于三维激光扫描技术获取的主要数据是地表目标点的三维坐标,从后处理阶段的工作时间来看,如制作 DEM 的时间,三维激光扫描技术比摄影测量制作 DEM 的时间要短;就内业数据处理成本而言,如制作 DEM、城市三维模型等,三维激光扫描技术比摄影测量的成本更低。

任务 14.2 地面三维激光扫描系统组成及工作原理

14.2.1 地面三维激光扫描系统组成

地面三维激光扫描系统的主要设备包括三维激光扫描仪、扫描仪工作平台、软件控制平台、数据处理平台、标靶、三脚架、相机,以及电源和其他附件设备。目前有些地面三维激光扫描系统还装载有 GNSS 设备。

三维激光扫描仪主要由激光测距系统、激光扫描系统、控制系统、电源供电系统等部分组成。

1. 激光测距系统、激光扫描系统

激光测距系统、激光扫描系统是三维激光扫描仪最核心的部分。

1)激光测距系统

激光测距系统工作原理分为脉冲式测距原理和相位式测距原理,目前市场上的三维激光扫描仪主要采用脉冲式测距原理。

2)激光扫描系统

主要部件通过扫描镜使激光光束在预设范围内沿水平方向和垂直方向发生偏转。根据采用的扫描镜不同,可分为平面镜偏转、多边形镜偏转和棱镜偏转;根据扫描镜的运动方式,可以分为震荡偏转和旋转偏转。激光扫描系统可以由两个震荡镜和一个旋转镜(多边形或平面)或一个震荡镜和伺服系统构成,以得到光束在水平方向和垂直方向的偏转。同时配备高精度的角度位置传感器,记录扫描镜的位置并转换成数字表示方式,从而得到角度测量值。

2. 扫描仪工作平台及数据处理平台

地面三维激光扫描系统主要由计算机及相应的软件控制整个扫描过程,并记录点云数据。

每个品牌厂商生产的仪器均配有自己的数据处理软件,软件有着强大的点云数据处理功能,能实现点云数据去噪、配准、合并,数据点三维空间量测,可视化,三维建模,纹理分析处理和数据转换等功能。SouthLidar Pro 操作界面如图 14-6 所示。

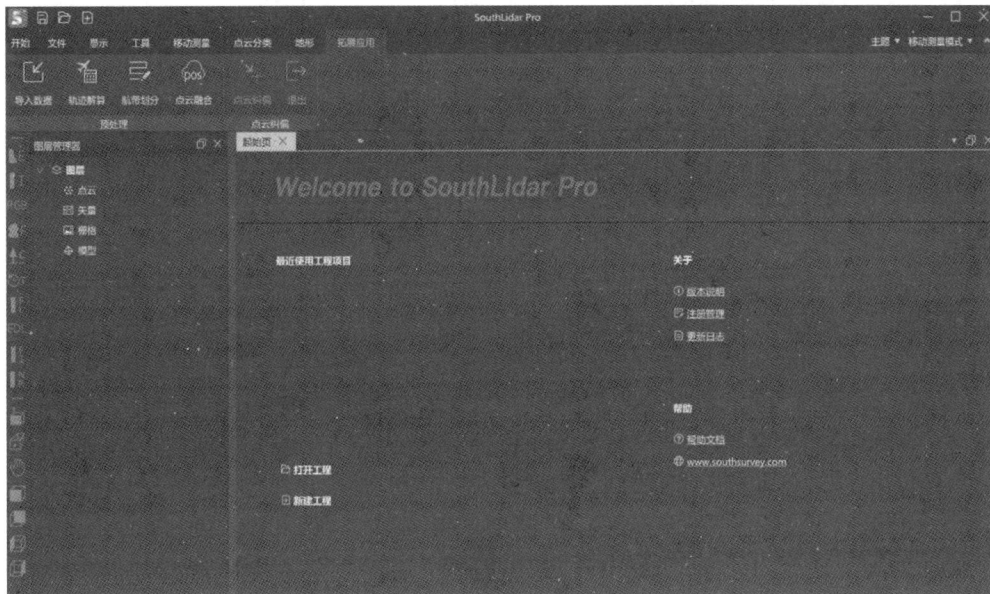

图 14-6　SouthLidar Pro 操作界面

3. 标靶

标靶是用一定材质制作的具有几何形状的标志,该类标志在点云中能够很好地被识别和量测,从而可以用于点云数据质量检查及点云的配准等工作。常见的标靶有平面标靶(见图 14-7)、球面标靶(见图 14-8)、圆柱标靶等。工作中常用平面标靶和球面标靶作为扫描目标。

图 14-7　平面标靶

图 14-8　球面标靶

(1)平面标靶一般用高对比特性的材料制成,平面标靶可 360°旋转,标靶盘直径 19.5 mm,靶心位置一般需要较高密度点云数据才能确定,具有较好的朝向。

(2)球面标靶一般用高反射特性的材料制成,球面标靶通常尺寸为 145 mm 或 200 mm,由于球形具有各向同性的特性,从任意方向都可以得到球心坐标,所以在靶面点较少的情况下,仍然可以获得较好的拟合结果。

(3)圆柱标靶和球面标靶相似,只需要侧面信息就可以获得圆柱中轴线,以中轴线作为几何配准不变量。

4. 三脚架

三脚架主要包括外壳、底座和适配器,用于固定三维激光扫描仪并可调整高度和倾斜度。通常为碳纤维材质,可折叠,轻便易携带。

14.2.2 地面三维激光扫描系统工作原理

地面三维激光扫描系统具备单线扫描、拍照式扫描、全景扫描等不同工作方式,各种扫描方式主要是通过控制设备旋转及旋转的角度来实现的。地面三维激光扫描系统采用的坐标系统横向为 X 轴,Y 轴在横向扫描面内与 X 轴垂直,Z 轴与横向扫描面垂直,如图 14-9 所示。

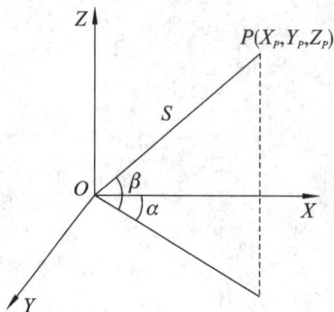

图 14-9 地面三维激光扫描系统测量基本原理

三维激光扫描仪通过仪器内部伺服马达系统精密控制多面反射棱镜快速转动,使脉冲激光束沿 X、Y 两个方向进行线阵列或面阵列的扫描,发射器发出一束激光脉冲信号,经过物体反射后传回接收器,通过计算时间差,推算出目标点 P 与扫描仪之间的距离 S。精密时钟控制编码器在扫描的同时记录横向扫描角 α、纵向扫描角 β,再计算得到点 P 的三维坐标 (X_P, Y_P, Z_P),见式(14-1)。

$$\begin{cases} X_P = S\cos\beta\cos\alpha \\ Y_P = S\cos\beta\sin\alpha \\ Z_P = S\sin\beta \end{cases} \tag{14-1}$$

地面三维激光扫描系统通过内置或外置数码相机来获取得到扫描点的 RGB 颜色信息。反射强度、颜色信息用于点云数据后续处理,在实体位置信息的基础上提供彩色纹理信息等。

任务 14.3 地面三维激光扫描数据采集与处理

14.3.1 地面三维激光扫描作业流程

地面三维激光扫描作业的总体工作流程包括技术准备与技术设计、外业数据采集、内业数据预处理、成果制作、质量控制与成果归档等几个部分。

1.技术准备与技术设计

在数据采集之前首先要收集测区相关资料,如地形图、数字正射影像图、设计图、控制点信息等资料。为保证扫描路线及测站点规划的合理性,作业前需要现场踏勘,实地了解作业区域的自然地理、人文及交通状况,了解作业区的地形地貌、地面植被类型及稠密度等环境条件。

技术设计应根据项目要求,结合已有资料、实地踏勘情况及相关的技术规范来编制。主要内容应包括项目概述、测区自然地理概况、已有资料情况、引用文件及作业依据、主要技术指标和规格、仪器和软件配置、作业人员配置、安全保障措施、作业流程。

2. 外业数据采集阶段

外业数据采集流程包括控制测量、扫描站布测、标靶布测、设站扫描、纹理图像采集、外业数据检查、数据导出备份。

（1）控制测量主要用于坐标转换,将扫描仪点云数据的坐标系转换成统一的大地坐标系,此外还可用于点云数据配准,起到联系和控制误差传递的作用。

（2）扫描站布测需要考虑站点位置设置的合理性与科学性,在保证扫描精度和完整性的同时尽量减少内业的拼接工作量,兼顾效率和精度,用尽可能少的测站数完成外业工作。

（3）标靶是用于定位和定向的标志,既可以用于点云配准,也可以用作坐标控制点。当采用基于标靶的点云数据采集方法时,需要进行标靶布测,考虑标靶布设的合理性(需均匀布置且高低错落)。

（4）地面三维激光扫描数据采集包括点云数据和影像数据。地面三维激光扫描系统在获取三维点坐标的同时,也可根据反射激光的强弱获取扫描目标体的灰度值,通过扫描仪配置的数码相机,得到真彩色点云数据。

（5）扫描作业结束后,应将原始扫描数据导入电脑并进行数据备份,检查点云数据覆盖范围完整性、标靶数据完整性和可用性等。

3. 内业数据预处理阶段

地面三维激光扫描系统在获取高精度的点云数据时,除扫描仪自身构造、性能的影响外,还会受到多种外界因素影响,如植被、移动的车辆人员等会造成点云数据产生噪点,需要在后期数据处理中剔除。同时多测站点云数据的配准坐标转换、纹理映射等也是后期点云数据处理的重要工作内容。内业数据预处理流程包括点云数据配准、坐标系转换、降噪与抽稀、图像数据处理、彩色点云制作等。

14.3.2　地面三维激光扫描外业数据采集

1. 数据采集方法概述

地面三维激光扫描系统的外业数据采集方法主要有三种:基于标靶的数据采集方法、基于地物特征点的数据采集方法、基于全站仪模式的数据采集方法。

（1）基于标靶的数据采集方法。

标靶可用于点云的拼接和坐标转换。当需要多个测站扫描才能获取目标对象完整的点云数据,或者需要将扫描数据转换到特定的坐标系中时,为了保证点云拼接和坐标转换精度,就需要布设一定数量的标靶点。基于标靶的数据采集方法的测站和标靶位置可以根据扫描对象的结构特征,选择开阔区域任意设置。根据《地面三维激光扫描作业技术规程》(CH/Z 3017—2015)要求,每一扫描站的标靶个数应不少于 4 个,且要保证相邻两扫描站的公共标靶个数不少于 3 个,标靶应在扫描范围内均匀布置且高低错落,目的是后期通过公共标靶实现各测站点云数据配准。

（2）基于地物特征点的数据采集方法。

基于地物特征点的数据采集方法是通过相邻测站获取的点云数据重叠区域内共有地物特征点来进行点云配准的。地物特征点可以是特征点、面及其他扫描仪可以识别的特殊标志。在外业数据采集时,扫描仪可以根据情况架设在任意位置进行扫描,无须定向也无须布设标靶,根据《地面三维激光扫描作业技术规程》(CH/Z 3017—2015)要求,相邻扫描站间有效点云的重叠度不低于 30%,困难区域不低于 15%。该方法外业测量简单方便,布设方式灵活,适用于大范围的扫描工程,以及特征明显的工程,在作业效率上具有绝对优势。

(3)基于全站仪模式的数据采集方法。

基于全站仪模式的数据采集方法在已知点设置好测站和后视点,并在第三个控制点检核无误后,即可进行点云数据采集。基于全站仪模式的数据采集方法不需要相邻扫描区的重叠度,获取的点云数据无须进行配准和坐标转换,可以直接得到相应的测量坐标系,操作简单,适用于大面积或带状工程的数据采集工作。

2. 扫描站点选取与布设

在数据采集过程中,需考虑站点位置设置的合理性与科学性。合理的扫描站点选取不但可以提高效率、节省时间、减少扫描盲区,而且可以提高扫描数据的质量,改善点云数据配准的精度。

当测量范围或目标较大时,通常需要进行多测站扫描,在内业中就需要对多个测站的点云数据进行拼接。因此相邻两站之间所扫描的被测物体数据须部分重合,以确保数据可进行拼接。对于基于点云重叠数据进行配准的扫描设备,要求相邻扫描站有效点云的重叠度不低于 30%,困难区域不低于 15%;对于基于标靶进行点云配准的扫描设备,应至少存在 3个同名标靶点。因此,扫描站点选取时,应考虑相邻测站的重叠度,设置合理的站点以保证点云数据的可拼接性,保证点云配准精度,避免产生较大的配准误差。

选择扫描站点时,应尽量选在视野开阔、地面稳定的安全区域,尽可能减少因振动而产生的扫描误差。扫描站点应均匀分布在被测物体周围,即相邻两站之间的间距应尽可能保持一致或接近。若整体扫描站点之间的间距相差较大,会直接增加扫描数据的复杂性,在进行多站点数据拼接匹配过程中就容易产生较大的拼接误差,不能确保成果精度。

根据激光特性,发射出去的激光在扫描目标体表面反射形成回波信号,从而完成测距过程。激光在扫描目标体表面入射角较大的情况下,其回波信号较弱或难以返回,这种条件下测得的数据精度较差。因此,在扫描站点选取时,应使激光扫描设备的激光束方向尽量垂直于被测物体,尽量避免扫描设备发射的激光在目标体表面产生过大的入射角度,这样扫描距离最近、精度最高。

3. 标靶布设

当在外业数据采集场景中难以找到合适的特征点时,可以采用标靶辅助采集。标靶是数据整理过程中进行点云配准的重要标志,主要考虑标靶与扫描站点的位置关系、标靶摆放位置、标靶数量、通视条件等。标靶布设应遵循下列原则。

(1)为实现不同测站点云数据的配准,每一扫描站的标靶数量应不少于 4 个,相邻两扫描站的公共标靶数量应不少于 3 个,因此购置仪器时一般至少要配置 4 个标靶。如果有条件,可以配置更多,因为野外操作很容易失去标靶信息(风导致标靶抖动、翻倒、车辆行驶的阻挡等),使用多个标靶的优点是能克服外界不可预测因素的影响,可以根据具体情况选择性使用标靶信息,同时也会提高工作效率。

(2)放置标靶时,应注意标靶能够被良好识别,不要被物体遮挡,且安放位置要确保扫描数据期间的稳定性。

(3)标靶应在扫描范围内均匀布置且高低错落,为提高配准精度,尽量不要将标靶放在一条直线上,且标靶之间应有高度差。

4. 架设扫描仪

使用三脚架将扫描仪架设在选定的扫描站点后,仪器安置的主要工作包括接电源、插入存储卡、整平(确保仪器在倾斜补偿范围内)。扫描仪扫描作业过程中应避免仪器振动,同时激光头不得近距离直接对准棱镜等强反射物体。每站扫描作业结束,待检查确认获取的点云数据完整无误后,再进行迁站。根据《地面三维激光扫描作业技术规程》(CH/Z 3017—2015)的要求,作业前应将仪器放置在观测环境中 30 分钟以上。扫描过程中出现断电、死机、仪器位置变动等异常情况时,应初始化扫描仪,重新扫描。

5. 扫描实施

下面以南方测绘 SPL-1500 地面架站式三维激光扫描仪为例,简述基于标靶实施过程的主要操作步骤。

1)摆放标靶,架设仪器

根据《地面三维激光扫描作业技术规程》(CH/Z 3017—2015)的要求,每一扫描站的标靶个数不少于 4 个,相邻两扫描站的公共标靶数量应不少于 3 个。标靶要在扫描范围内均匀布置且高低错落,标靶一定要放在比较稳定的地方,保证与扫描仪通视,同时要考虑与下一站的通视。将三脚架安置在预先设定好的架站点位,确保三脚架稳定且架头水平后,将扫描仪安置其上,轻轻地拧紧连接螺旋。南方测绘 SPL-1500 仪器无须对中,只需要借助仪器上的水平气泡将设备整平。扫描仪架设完毕后,将电池和存储数据的 U 盘插入仪器内部。

2)新建工程,设置参数

确认仪器安置完毕后,点击仪器操作面板上端的电源开关按钮开机,扫描仪开机后,首先需要新建一个工程,接下来进行自动补偿设置、扫描参数设置、扫描范围选择、工程编辑等操作。扫描的时间一般跟设置的扫描距离、精度等有关,设置的扫描精度越高,则扫描时间越长。

3)检查作业环境

参数设置完成后,扫描开始前还需要再检查一下周围环境。仪器长时间暴露于太阳强光照射环境中时,应为仪器遮阳。作业时,应避免人眼直视激光发射头。

4)站点扫描

当检查完环境且确认仪器参数设置正确后,点击操作主界面中的"开始"按钮执行扫描。仪器先进行一段时间的初始化,然后开始自动扫描。扫描完成后,仪器还会再旋转 360°进行拍摄以获取彩色影像,后期进行点云赋色。仪器在扫描过程中会显示扫描进程及完成扫描所需的剩余时间,如果有问题可以暂停或取消扫描。当扫描结束后,及时检查扫描数据质量,如不合格,则需要重新扫描。

当前站点扫描完成后移至下一站点,重复上述步骤,直至所有待测目标扫描完成。当全部扫描工作完成后,数据会直接存储在 U 盘中,检查数据质量没有问题后,关闭仪器,放入仪器箱中,结束作业。

基于地物特征点的实施过程跟基于标靶的实施过程类似,如果测区成果需要绝对坐标系,基于地物特征点的实施过程需要在整个测区实际扫描完成并用传统测量方法测得 3 个以上的已知点(既可以是标靶,也可以是易于识别的特殊标志),以便于后期将成果转换到绝对坐标系下。当全部扫描工作完成后,检查数据质量,将数据导入 U 盘。整理相关仪器部件,放入仪器箱,结束作业。采用地物特征法时应注意相邻测站有效点云重叠率不低于30%,以保证数据处理的拼接精度。

14.3.3 地面三维激光扫描数据处理

1. 数据预处理流程概述

数据预处理流程包括点云数据配准、坐标系转换、降噪与抽稀、图像数据处理、彩色点云制作。

点云数据处理软件是三维激光扫描系统的重要组成部分。目前点云数据处理软件可以分为两种：一种是扫描仪自带的软件；另一种是专业数据处理软件。前者一般是扫描仪随机自带的软件，既可以用来获取数据，也可以对数据进行处理，如南方测绘的 SouthLidar Pro、华测导航的 CoProcess 点云数据处理软件等；后者主要为第三方厂商提供，如 Geomagic、LiDAR Suite、LiDAR 360 等软件，它们具备点云影像可视化、三维影像点云编辑、点云配准、影像数据点三维空间量测、空间三维建模、纹理分析和数据格式转换等功能。

2. 点云配准

由于目标物的复杂性，通常需要从不同方位扫描多个测站才能把目标物扫描完整，每一测站扫描数据都有自己的坐标系统。把不同扫描测站获取的三维激光扫描点云数据变换到同一坐标系的过程，称为点云配准，又称为点云拼接。

点云配准是点云数据处理过程中非常重要的环节，配准后的数据精度直接影响后续的应用质量，其原理为七参数坐标转换原理，即三个平移参数、三个旋转参数和一个尺度参数。常见的配准算法主要有四元数配准算法、六参数配准算法、七参数配准算法、迭代最近点算法（ICP）及其改进算法。

点云数据配准时应符合下列要求：①当使用标靶、特征地物进行点云的数据配准时，应采用不少于 3 个同名点建立转换矩阵进行点云配准，配准后同名点内的符合精度应高于空间点间距中误差的 1/2；②当使用控制点进行点云的数据配准时，应利用控制点直接获取点云的工程坐标进行配准。下面以 SouthLidar Pro 软件为例介绍点云配准的流程。

（1）在软件主界面的"架站测量"菜单下选择"导入 SLS"，如图 14-10 所示。

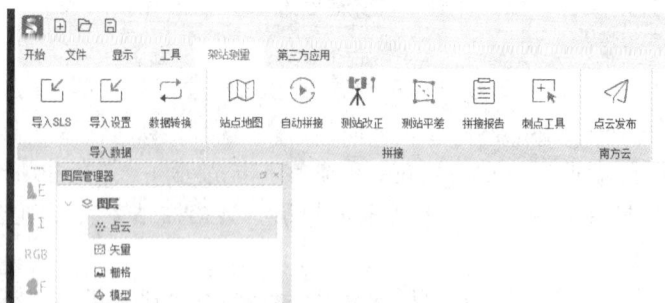

图 14-10 导入 SLS

（2）将地面站仪器的三维激光扫描数据（后缀为 .sls 的文件夹）导入预处理管理器面板，如图 14-11 所示。

（3）使用鼠标单击"确认"按钮，导入数据，如图 14-12 所示。

（4）选择目标扫描数据文件夹进行导入（也支持多选文件夹直接拖入进行加载），如图 14-13 所示。

（5）在数据转换中可对单个测站进行参数设置，如图 14-14 所示。

名称	修改日期	类型	大小
📁 00328-001.sls	2024/4/1 14:02	文件夹	
📁 00328-002.sls	2024/4/1 14:02	文件夹	
📁 00328-003.sls	2024/4/1 14:02	文件夹	
📁 00328-004.sls	2024/4/1 14:02	文件夹	
📁 00328-005.sls	2024/4/1 14:02	文件夹	
📁 00328-006.sls	2024/4/1 14:02	文件夹	
📁 00328-007.sls	2024/4/1 14:02	文件夹	

图 14-11 导入架站式三维激光扫描仪数据

图 14-12 数据导入(一)

图 14-13 数据导入(二)

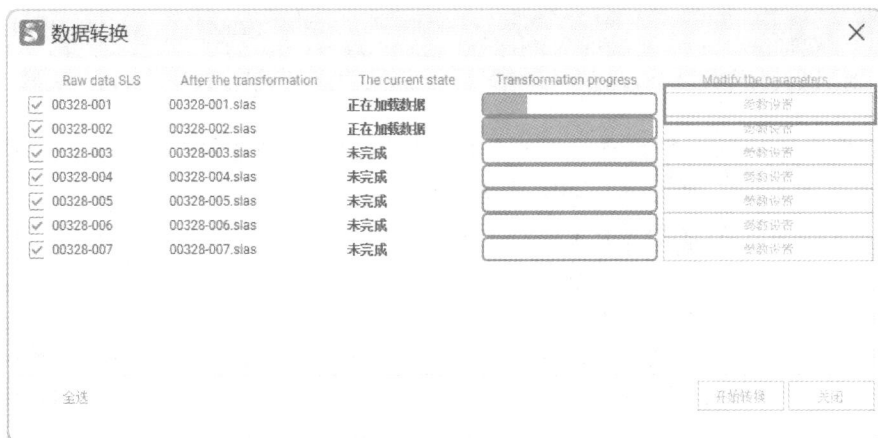

图 14-14 数据转换

(6)在导入设置中可对测站的导入进行设置,包括导入选项和过滤设置。导入设置可应用到单站,也可应用到全部,如图 14-15 所示。

(7)导入成功后,会在"预处理管理器"面板的工作空间地面站下生成对应数据的子节点,如图 14-16 所示。

图 14-15 导入设置

图 14-16 生成对应数据子节点

(8)点击"开始转换"按钮,如图 14-17 所示,即可开始转换数据。到此就完成了原始数据的导入,如图 14-18 所示。

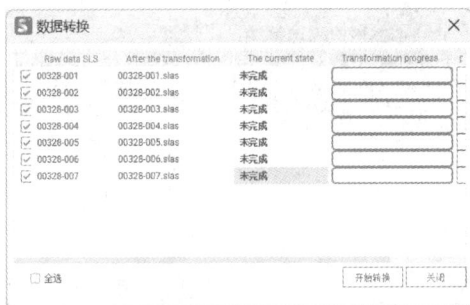

图 14-17 数据开始转换

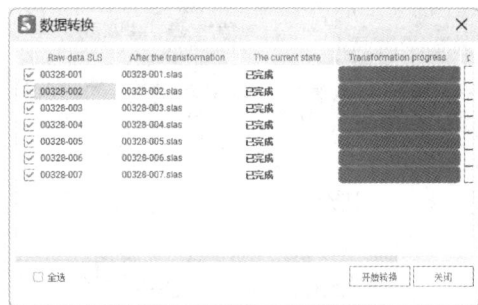

图 14-18 数据转换完成

(9)数据转换完成后,即可进行点云的拼接,下面以靶球拼接模型为例进行说明。点击"架站测量"工具栏的"站点地图",如图 14-19 所示。

(10)选择任意两个测站(按住 Ctrl 键),点击右下角"点对连接",完成点对连接的启动,如图 14-20 所示。

(11)设置基准站,选择 3D 视图,如图 14-21 所示。

(12)选择点云,设置参考点云和移动点云,如图 14-22 所示。在配准时,参考点云静止不动,需要将移动点云拖动到参考点云上进行配准。

(13)开始刺点工作。刺点方式有两种,由于此次演示数据中只包含靶球,故此次演示的刺点方式选择标靶球,如图 14-23 所示。标靶点操作流程和标靶球流程相同,如使用标靶点作为刺点方式,则可以标靶球刺点操作流程为参考。

(14)选择刺点工具。在"架站测量"工具栏点击"刺点工具",激活刺点工具箱,如图 14-24 所示。

(15)激活刺点工具。选择刺点类型,如图 14-25 所示。

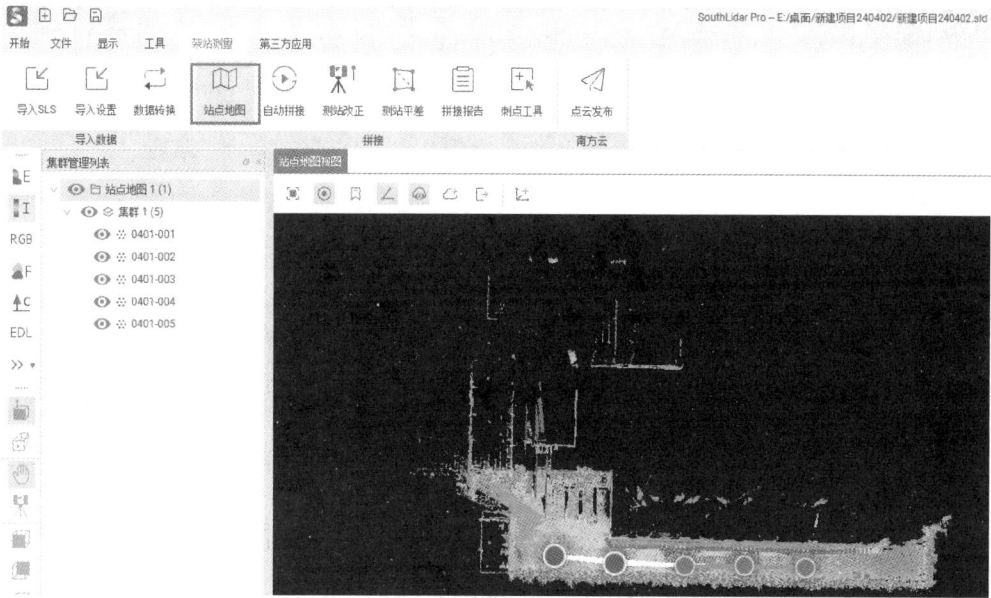

图 14-19　站点地图

图 14-20　启动点对连接

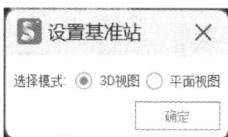

图 14-21　设置基准站

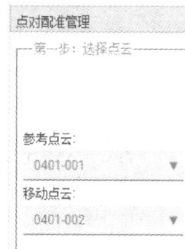

图 14-22　选择点云

图 14-23　选择刺点方式（标准靶球半径为 72.5 mm）

图 14-24　选择刺点工具

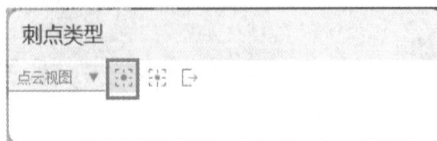

图 14-25　刺点类型选择

（16）基站窗口创建标靶球。在基站窗口找到标靶球，建议采用强度显示，双击靶球，就可生成标靶球，如图 14-26 所示。标靶球名称可自定义，建议保持默认，点击"保存"按钮，如图 14-27 所示。此时，基站标靶球就提取好了。

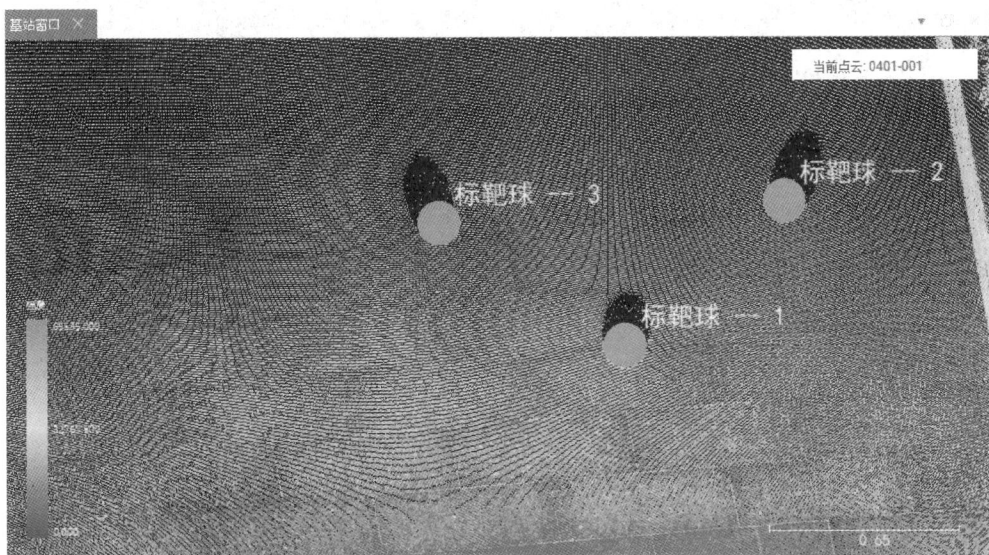

图 14-26　基站窗口创建标靶球

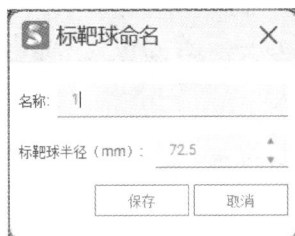

图 14-27　标靶球命名及保存

（17）移动站窗口创建标靶球。跟基站窗口创建标靶球方法一样，先在移动站窗口找到标靶球，双击靶球就可生成标靶球。标靶球名称同样可自定义，建议保持默认，点击保存。此时，移动站标靶球就提取好了。注意基站和移动站选取的标靶球一定要是同一组标靶球，如图 14-28 所示。

（18）应用标靶球。注意偏差值大小，如果太大，则证明基站和移动站标靶球选择不准确或选择错误，需要重新选择然后去拟合，如图 14-29 所示。

（19）预览。可在预览窗口中查看拼接效果，效果满意则进行下一步，不满意则返回上一步，如图 14-30 所示。

（20）检查各种信息无误后，点击"应用"按钮，如图 14-31 所示。

（21）更新扫描。后续再次重复此操作就可以完成站与站之间的拼接，如图 14-32 所示。

（22）标靶连接。点击标靶连接，弹出提示，点击"是"按钮，如图 14-33 所示。

（23）测站平差。完成所有靶球的拼接后，即可点击"测站平差"，如图 14-34 所示。

（24）查看拼接报告。点击拼接报告，提示导出成功是否打开，选择打开查看报告，如图 14-35 所示。

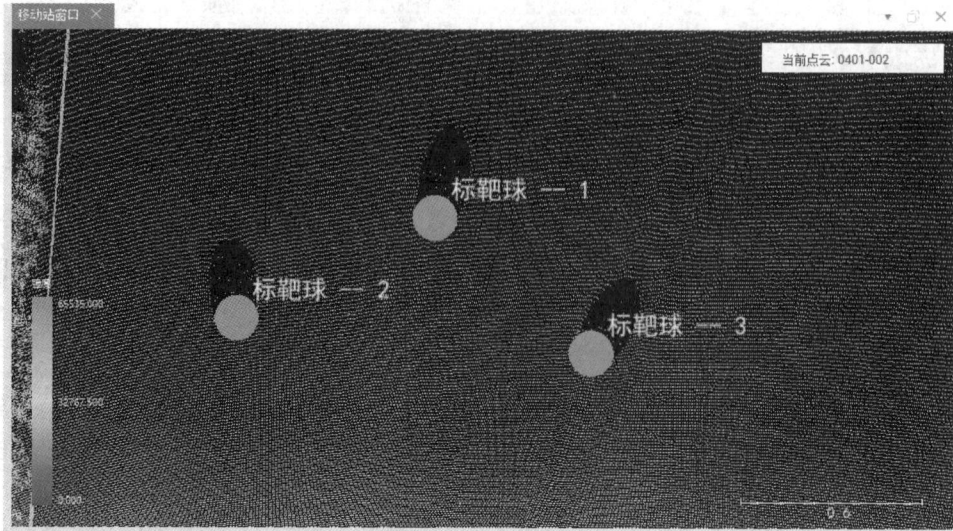

图 14-28　移动站窗口创建标靶球

图 14-29　应用标靶球

（25）查看配准报告，检查精度是否符合要求，如图 14-36 所示。检查无误后，靶球拼接结束。到此，即完成了点云配准工作。

3. 点云去噪

地面三维激光扫描系统在获取高精度的三维扫描数据时，会受到多种外界因素的影响，造成点云数据产生噪点，需要在后期数据处理中剔除。产生噪点的因素主要分为如下 3 类。

（1）由扫描系统本身引起的误差，如扫描设备的测距、定位精度、激光光斑大小、角精度以及扫描仪振动等。此类误差可通过调整仪器设备位置、角度、距离等办法进行消除。

（2）由被测物体表面引起的误差，如被测物体的反射特性、表面粗糙度、表面材质、距离和角度等。此类误差可以通过调整扫描设备或利用如平滑或滤波的方法来进行过滤。

（3）由外界随机因素形成的随机噪点，如在外业数据采集时，汽车、行人、空中飘浮的粉尘、飞鸟等在扫描设备和扫描目标之间移动，都会产生噪声。此类误差需要用软件通过人工交互的办法解决，对于植被，可采样设置灰度阈值进行剔除，或者人工选择剔除。人工分类去噪如图 14-37 所示。

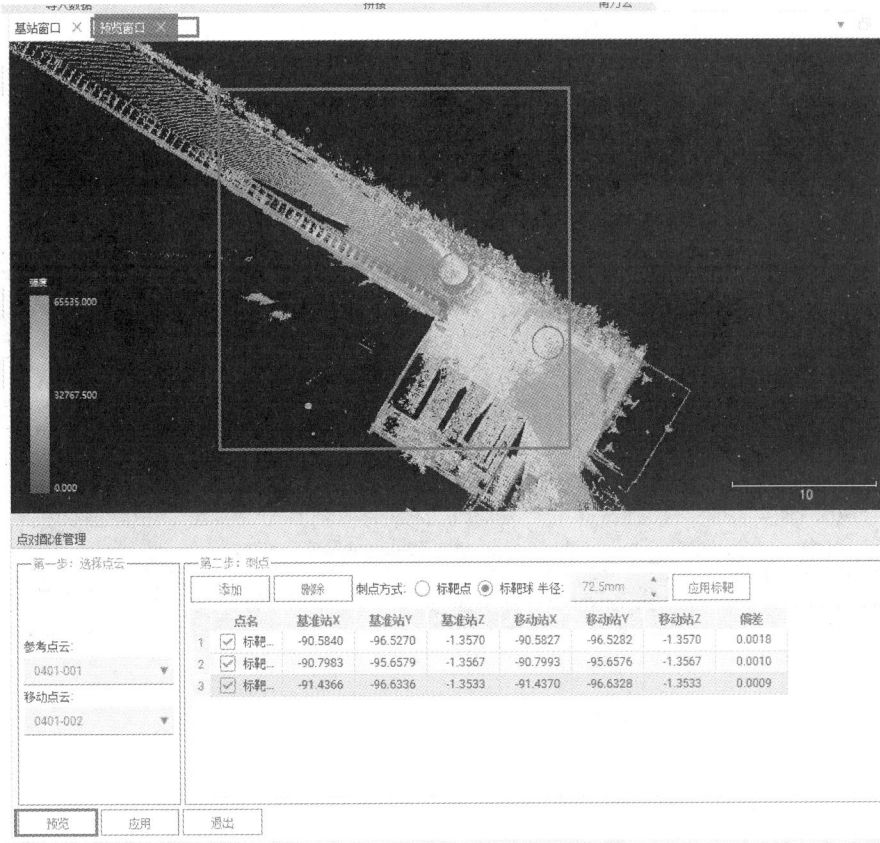

图 14-30　拼接效果预览

图 14-31　点击应用

图 14-32　更新扫描

图 14-33 标靶连接

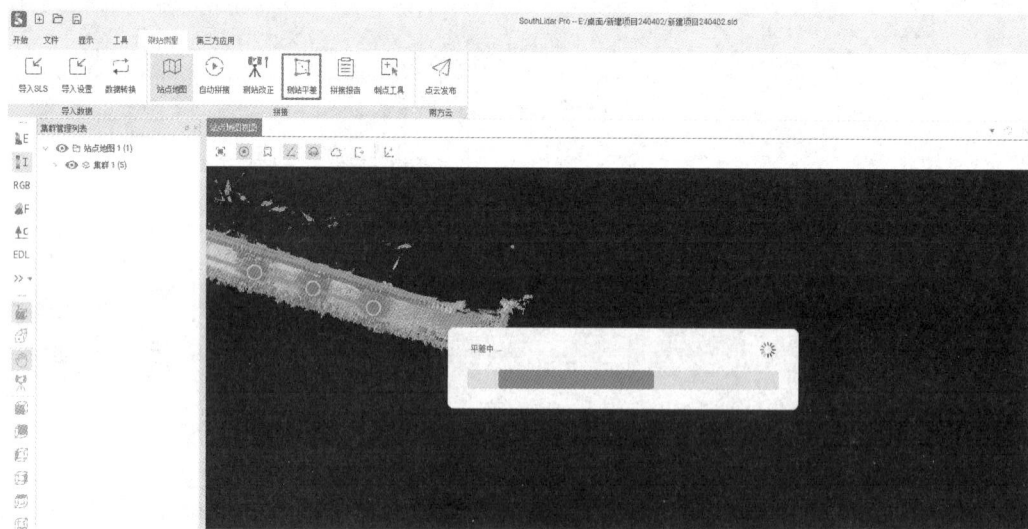

图 14-34 测站平差

4. 点云缩减与点云优化

三维激光扫描仪可在短时间内获取大量的点云数据,目标物要求的扫描分辨率越高、体积越大,获得的点云数据量就越大。大量的数据在存储、操作、显示、输出等方面都会占用大量的系统资源,使得处理速度缓慢、运行效率低下。数据缩减是对密集的点云数据进行缩减,从而实现点云数据量的减少,通过数据缩减,可以极大地提高点云数据的处理效率。

在外业数据采集时可根据目标物的形状及分辨率的要求,设置不同的采样间隔来简化

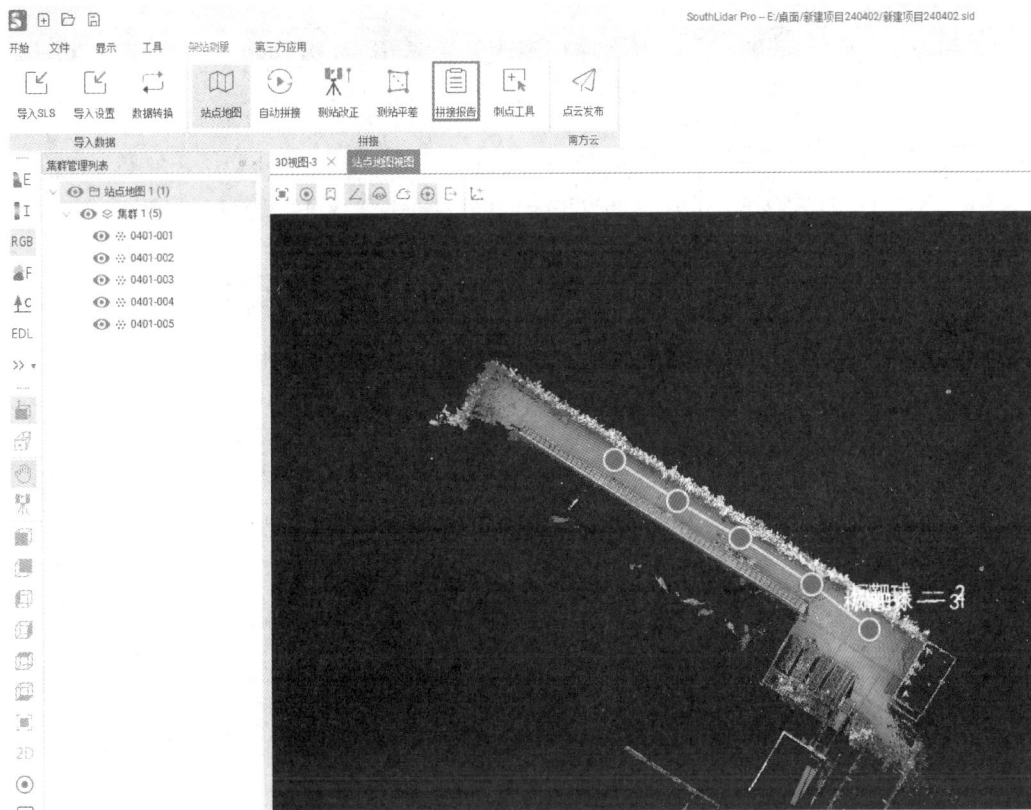

图 14-35 查看拼接报告

配准报告

项目名称: 新建项目240402

报告时间: 2024-04-02 10:56:27

执行标准:

	合格	检查	错误
连接误差	< 30 mm	30-100 mm	> 100 mm
重叠率	> 25 %	10-25 %	< 10 %

1. 报告统计

最大误差(mm)	10.39
平均误差(mm)	5.74
最小重叠率(%)	37.12
扫描数量	5
扫描连接边数	8

图 14-36 查看配准报告

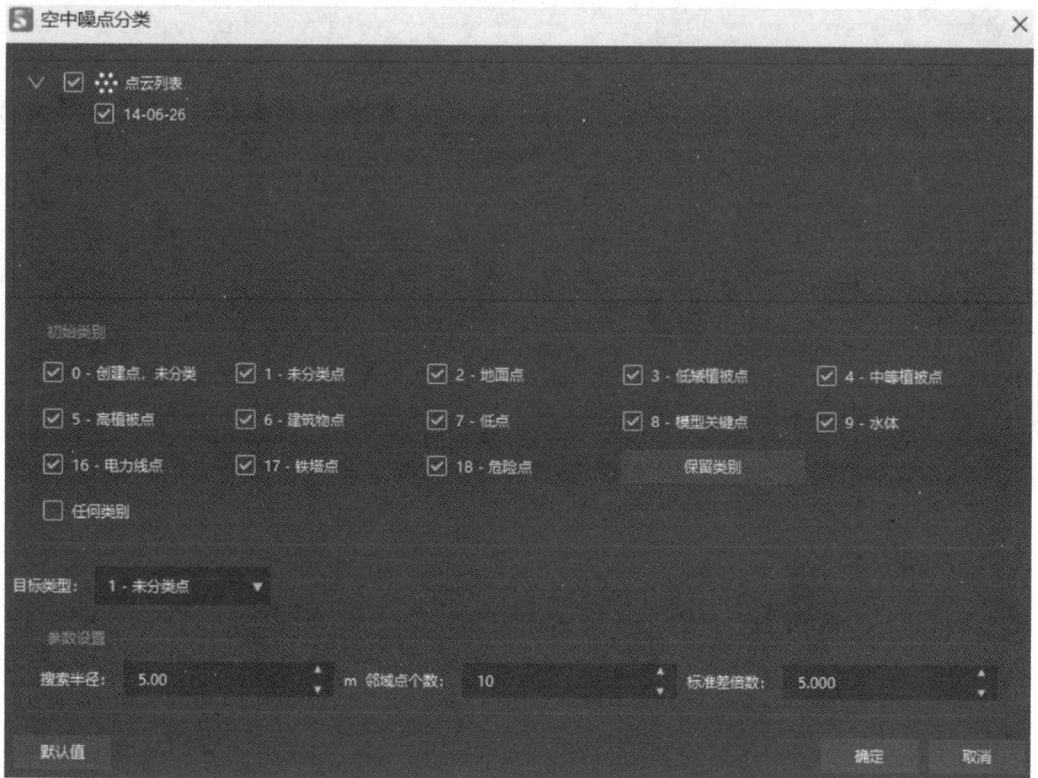

图 14-37 人工分类去噪

数据,同时使得相邻测站没有太多的重叠,该方法效果明显,但会降低模型分辨率。

在内业工作中可利用一些算法来进行缩减。常用的数据缩减算法有基于八叉树采样的数据缩减算法(见图 14-38)、基于 Delaunay 三角化的数据缩减算法、点云数据的直接缩减算法。通过点云缩减,做到用尽量少的点来表示尽量多的信息,在给定的缩减误差范围内找到具有最小采样率的点云,使缩减后的点云模型表面与原始点云模型表面之间的误差最小。

点云数据的优化包括去除冗余和抽稀简化。冗余数据是指多站数据配准后,产生的大量重叠区域的数据。这种重叠区域的数据会占用大量的资源,降低操作和储存的效率。某些地方的点云可能会出现过密的情况,可进行抽稀简化。点云数据优化既保证了合适的精度,又具有更快的处理速度。

5. 点云数据分割

因为获取的点云数据呈离散分布,使用点云数据分割能够更好地获取点云数据的整体信息。点云数据分割能利用点云之间的属性信息的差异性和相似性,将点云划分为多个同质区域。在此基础上计算每个同质区域的整体特征信息,利用特征信息对每个同质区域的类别进行划分,从而达到对整体点云进行分类的效果。点云数据分割可以进行关键地物提取、分析和识别,分割的准确性直接影响后续任务的有效性,具有十分重要的意义。点云数据分割的主要方法有以下 3 种。

1)基于边的分割方法

此方法需要先寻找出特征线,寻找特征线时要先找到特征点,目前最常用的提取特征点的方法是基于曲率和法矢量的提取方法,通常以曲率或法矢量突变的点为特征点。提取出

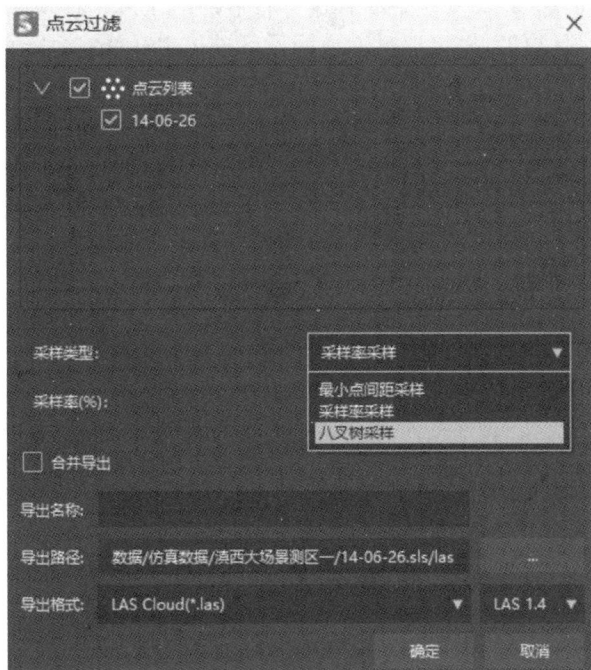

图 14-38　点云过滤

特征线之后,再对特征线围成的区域进行分割。

2)基于面的分割方法

此方法是一个不断迭代的过程,找到具有相同曲面性质的点,将属于同一基本几何特征的点集分割到同一区域,再确定这些点所属的曲面,最后由相邻的曲面决定曲面间的边界。

3)基于聚类的分割方法

此方法就是将相似的几何特征参数数据点分类,可以根据高斯曲率和平均曲率来求出其几何特征再聚类,最后根据所属类来分割。目前的点云数据分割技术是以典型的算法为基础进行粗略分割,辅以人工手动参与,如欧氏聚类算法使用欧氏距离,基于 KD-Tree 的近邻查询算法,寻找 K 个离 P 点最近的点,并计算与 P 点的距离,距离小于设定阈值的点便聚类到集合 Q 中,再在集合 Q 中选取 P 点以外的一点,寻找该点的 K 个最近邻点,再计算 K 个点到该点的距离,将小于设定阈值的点加入集合 Q 中,重复上述过程,直到 Q 中元素数目不再增加,完成一个类别的聚合,再选取 Q 元素以外的点继续进行欧氏聚类算法直至所有点都完成聚类。

6. 点云分类

1)基于语义规则的点云分类

根据各类地物的空间分布特点设定一系列规则,如高程阈值、线性约束、空间位置关系约束等,实现场景地物的逐一要素提取,主要包括基于模型拟合和基于聚类的点云分类算法。

(1)基于模型拟合的点云分类算法。

可有效分割出符合模型几何形态的点云,如直线、平面、圆柱等。该方法利用原始几何形态的数学模型作为先验知识对点云进行分割,将具有相同数学表达式的点云归入同一几何形态区域,这些能够被拟合的点即为可构建模型的点,如电力线、建筑物屋顶等。

①利用整体特征信息完成分类（如粗糙度的计算）：对于某个同质区域，计算每个点的粗糙度，再计算粗糙度的平均值，以该值代表该同质区域的粗糙度。由于建筑物屋顶表面更为光滑，植被表面更为粗糙，植被的粗糙度普遍大于建筑物的粗糙度，设定平均曲率的阈值，将大于该阈值的区域进行去除。

②点的粗糙度的计算方法：搜寻目标点周围的 n 个最近邻点，以该邻域点集拟合出平面（如使用 PCA 主成分分析拟合平面），再计算邻域点到平面距离的标准差，这个标准差的值即为该点的粗糙度。

（2）基于聚类的点云分类算法。

通过分析点云局部特征，将具有相同特征的点划分至同质区域来实现，一般将类间距离阈值或者预定的类别数目作为迭代终止条件。目前，常用的聚类方法有谱聚类、K-Means 聚类、DBSCAN 聚类和均值漂移聚类等。例如，采用高程阈值分类时，对于某些规整的植被，如人工草坪、绿化带等，使用平均粗糙度阈值难以去除，而这些规整的植被相对高程较低，因此利用高程阈值将这些低矮的植被进行去除。如以地面点为参考，将高于地面点 2 m以上的点进行保留，其余点去除。基于聚类的点云分类如图 14-39 所示。

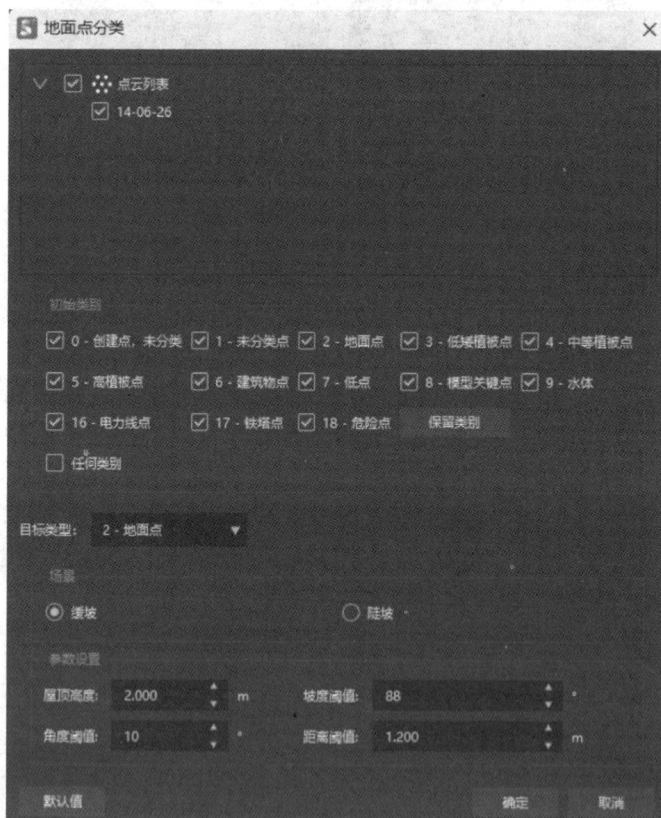

图 14-39　基于聚类的点云分类

2）基于机器学习的点云分类

基于机器学习的点云分类是利用手动整理好的训练样本库进行训练，智能生成分类规则，并依据该规则对目标点云进行分类的方法，如图 14-40 所示。训练模型后，可以批量处理大量数据，以减少人员工作量。通常流程为：选择训练样本、生成训练模型、处理待分类数据。

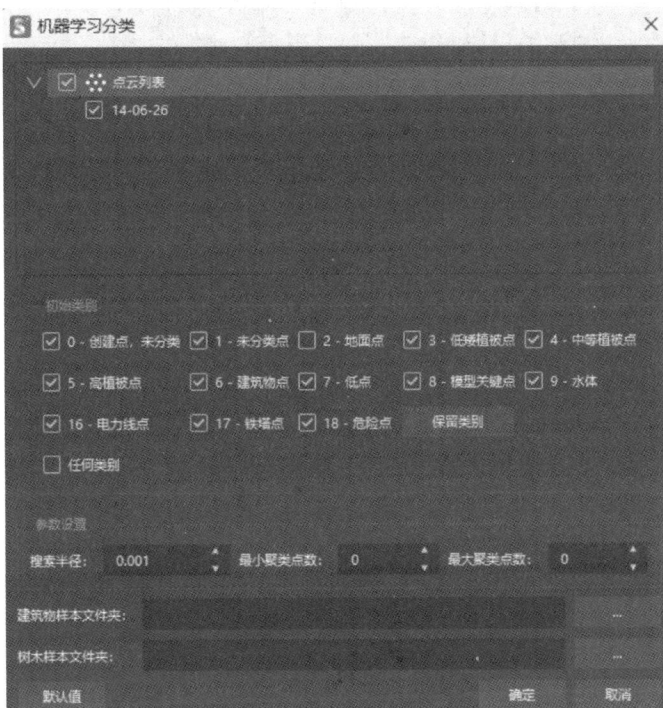

图 14-40　基于机器学习的点云分类

14.3.4　地面三维激光扫描误差来源与控制

1.地面三维激光扫描误差来源

地面三维激光扫描系统在数据采集过程中很容易受到外界因素的干扰而产生误差,由于误差的存在将严重影响原始三维激光点云数据的精度,所以必须要消除或减小误差。三维激光扫描精度一般是指扫描点云的坐标精度,包括绝对精度和相对定位精度,数据采集的精度与扫描仪的测程有很大关系。点云的绝对中误差与距离测量、垂直角测量和水平角测量的精度有关。扫描测量的误差来源与众多因素有关,主要包括分站扫描采集数据误差、仪器误差与数据处理误差。这些因素将会直接影响后续成果质量,为了得到高精度的点云数据,因此需要对误差进行分析及控制。

1)分站扫描采集数据误差

分站扫描采集数据误差包括激光测距误差和扫描操作误差。激光测距除受系统误差影响外,还会受到测量环境的影响,如大气的能见度、杂质颗粒的含量、环境中不稳定因素、测量对象表面状况等。操作误差主要是激光斑点大小、强度、分布密度的变化而引起的误差。

2)仪器误差

(1)激光束发散误差。

光斑大小是影响地面三维激光扫描误差的重要因素之一。水平角和垂直角是由激光光斑中心位置来确定的,斑点面积越小,对于特征点线数据的测量越精细,激光束发散从而产生测角误差,进而导致激光扫描点定位误差。

(2)激光测距误差。

仪器发射的激光束往返两次经过大气,通过计算往返时间来计算距离。由于激光束波长较短,大气对它的吸收和散射作用较强,因此激光在传播过程中不可避免地会受到大气衰减效应和大气折射效应的影响,从而给激光扫描测量带来一定误差。

(3)扫描角测角误差。

由于受到激光扫描仪本身精确性的限制,角度测量也会引起误差。角度测量包括激光束水平扫描角测量和竖直扫描角测量,角度测量引起的误差主要是受扫描镜片的镜面平面角、扫描镜片转动的微小振动、扫描电机的非均匀转动控制等因素的影响。

仪器误差一般通过仪器生产厂家来进行解决或改善。

3)数据处理误差

(1)坐标系统转换误差。

由于地面三维激光扫描系统采用的是以扫描仪的几何中心为原点的空间坐标系(X,Y,Z),实际应用中需要把采集的数据转换到绝对的大地坐标系中,才能为工程提供所需的数据。坐标系的转换需要确定平移参数、旋转参数和比例因子。在扫描仪坐标系向大地坐标系的转换处理过程中,角度的选择直接影响模型转换的精度,最终影响点云数据的精度。

(2)扫描仪定位和定向误差。

市场上大多数扫描仪具有定向功能,在应用扫描仪获取数据时,同样存在仪器的整平及定向的误差等,这些因素同样会影响扫描仪数据获取的精度。在数据获取过程中,量测的方位角误差受到扫描仪定位精度和定向精度的共同影响。

(3)点云拼接误差。

点云拼接的质量是主要误差源,拼接方案直接决定测量精度的级别,如采用靶球拼接模式的精度优于手动拼接模式。基于点云特征点拟合数据的拼接精度可以达到毫米级。

(4)基于点云数据的数据加工误差。

基于点云数据加工生成三维模型、立面图、线划图等成果,在加工过程中因为人员的专业水平和经验等因素,存在人为加工误差和数据的误差积累。

2. 地面三维激光扫描误差控制

地面三维激光扫描系统作业前,需要使用标靶或已知坐标的基准点对扫描仪进行标定,校正系统误差(如测距误差、测角误差等)。检查反射棱镜、旋转马达等硬件是否正常工作。

在制定扫描作业方案时要通过多角度、多站点扫描减少遮挡和盲区,并设置足够重叠区域(建议大于30%)以提高配准精度。根据目标精度调整分辨率(点间距)和扫描速度,避免过度采样或欠采样。在场景中布置高精度标靶(如球形靶、平面靶),利用其几何特征或已知坐标进行多站点数据配准。激光束斑点面积越小,对于特征点线数据的测量越精细。激光斑点大小会随着距离的增长、激光束和目标对象表面夹角的变大而增大,制定扫描作业方案时必须对大范围的目标对象分块扫描,以保证扫描仪和目标对象正对。

在扫描作业时要确保三脚架的稳固,一般尽可能选择在天气晴朗、大气环境稳定、能见度高的环境中进行扫描作业,以减少大气中水汽、杂质等对于激光传输路径及传输时间的影响;避免强光直射或反光表面(如玻璃、金属),尽可能避免非静态因素,如人流、车流、风等。

对扫描数据进行融合处理,不同坐标系统之间转换误差的主要影响因素是同名点坐标的选取和测量的准确程度。因此坐标点应尽可能采用高精度的测量方法。同时确保操作人员熟悉仪器特性、环境干扰识别及数据处理软件的使用。

【复习思考】

 1.简述地面三维激光扫描系统的组成。

 2.简述三维激光扫描系统的工作原理。

 3.简述地面三维激光扫描的作业流程。

 4.三维激光扫描仪按搭载平台分为哪些类型？

 5.简述基于标靶的数据采集方法。

参 考 文 献

[1]　谢爱萍.道路工程测量[M].武汉:武汉理工大学出版社,2021.

[2]　李向民.建筑工程测量[M].北京:机械工业出版社,2019.

[3]　王伟,马华宇.建筑工程测量[M].长沙:国防科技大学出版社,2014.

[4]　刘仁钊.工程测量技术[M].郑州:黄河水利出版社,2020.

[5]　罗显圣,范玉俊.建筑工程测量[M].武汉:武汉理工大学出版社,2019.

[6]　徐刚,李冬松,肖福星.轨道工程测量技术[M].北京:人民交通出版社,2006.

[7]　李仕东.工程测量[M].北京:人民交通出版社,2009.

[8]　速云中,凌培田.无人机测绘技术[M].武汉:武汉大学出版社,2022.

[9]　吕翠华,万保峰.无人机航空摄影测量[M].武汉:武汉大学出版社,2022.

[10]　谭金石,高照忠,武同元.三维激光扫描技术[M].武汉:武汉大学出版社,2024.

[11]　梁静.三维激光扫描技术及应用[M].郑州:黄河水利出版社,2020.